ABITUR 2015

Prüfungsaufgaben
mit Lösungen

Mathematik

Grundkurs
Gymnasium • Gesamtschule
Nordrhein-Westfalen

2011–2014

mit CD-ROM

STARK

ISBN 978-3-8490-1087-4

8. ergänzte Auflage
www.stark-verlag.de

Inhalt

** Für das Abitur 2015 nicht mehr prüfungsrelevant*

Fortsetzung siehe nächste Seite

Sitzen alle mathematischen Begriffe? Unter
www.stark-verlag.de/mathematik-glossar/
finden Sie ein kostenloses Glossar zum schnellen Nachschlagen aller wichtigen Definitionen mitsamt hilfreicher Abbildungen und Erläuterungen.

Die CD-ROM enthält Übungsaufgaben im Stil des Zentralabiturs und weitere Original-Prüfungsaufgaben der Jahre 2011 bis 2014.

Jeweils zu Beginn des neuen Schuljahres erscheinen die neuen Ausgaben der Abiturprüfungsaufgaben mit Lösungen.

Autoren:

Georg Breitenfeld

Lösungen zur Abiturprüfung 2011, Aufgaben 7 (WTR /CAS), 2 (CAS) und 4 (CAS);
Lösungen zur Abiturprüfung 2012, Aufgaben 7 (WTR /CAS), 1 (CAS) und 4 (CAS);
Lösungen zur Abiturprüfung 2013, Aufgaben 7 (WTR /CAS), 2 (CAS) und 4 (CAS);
Lösungen zur Abiturprüfung 2014, Aufgaben 5 (WTR /CAS), 2 (CAS) und 4 (CAS);

CD: Analysis Übungsaufgabe 1; Stochastik Übungsaufgaben; 2011 – 6 (WTR) und 1 (CAS); 2012 – 6 (WTR) und 2 (CAS); 2013 – 6 (WTR) und 1 (CAS); 2014 – 4 (WTR)

Herbert Kompernaß

Lösungen zur Abiturprüfung 2011, Aufgaben 1 (WTR), 2 (WTR) und 5 (WTR /CAS);
Lösungen zur Abiturprüfung 2012, Aufgaben 1 (WTR), 2 (WTR) und 4 (WTR /CAS);
Lösungen zur Abiturprüfung 2013, Aufgaben 1 (WTR), 3 (WTR) und 4 (WTR /CAS);
Lösungen zur Abiturprüfung 2014, Aufgaben 1 (WTR), 3 (WTR /CAS) und 1 (CAS);

CD: Analysis Übungsaufgaben 2 – 6; Analytische Geometrie Übungsaufgaben; 2011 – 3 (WTR) und 4 (WTR /CAS); 2012 – 3 (WTR); 2013 – 2 (WTR); 2014 – 2 (WTR)

Vorwort

Liebe Schülerin, lieber Schüler,

Sie haben Mathematik in Nordrhein-Westfalen als Grundkurs belegt und planen, in diesem Fach Ihr Abitur abzulegen. Mit diesem Buch helfen wir Ihnen, sich effektiv auf das **Zentralabitur 2015** vorzubereiten:

- Sie erhalten im ersten Teil des Buches zahlreiche **Informationen zum Abitur**, deren Kenntnis für die gezielte Vorbereitung auf die Abiturklausur hilfreich und wichtig ist. Dazu gehören u. a. eine komplette, kommentierte Aufstellung der für die Prüfung 2015 relevanten Themen, Hinweise zum genauen Ablauf der Prüfung sowie alles Wissenswerte zur Struktur und zu den Anforderungen der Prüfungsaufgaben.
- Sie finden darüber hinaus viele **praktische Hinweise**, die Ihnen sowohl in der Vorbereitung auf das Abitur als auch während der Prüfung dazu verhelfen, Prüfungsaufgaben gut zu lösen.
- Der Band enthält die **Original-Abituraufgaben 2011 bis 2014**. Damit können Sie sich ein genaues Bild davon machen, wie die Prüfung in den letzten Jahren ausgesehen hat.
- Sämtliche Aufgaben im Buch enthalten **vollständige, kommentierte Lösungsvorschläge** sowie separate **Hinweise und Tipps zum Lösungsansatz**, die Ihnen das selbstständige Lösen der Aufgaben erleichtern.
- Darüber hinaus finden Sie auf der beigelegten **CD-ROM** viele **Übungsaufgaben** für den Grundkurs zu den **Schwerpunktthemen des Zentralabiturs 2015** sowie alle prüfungsrelevanten **Original-Abituraufgaben von 2011 bis 2014** des Grundkurses Mathematik, die nicht in diesem Band abgedruckt wurden. Die Lösungen der Original-Abituraufgaben auf der CD-ROM wurden mit einem kürzeren Lösungsweg versehen.

Sollten nach Erscheinen dieses Bandes noch wichtige Änderungen in der Abitur-Prüfung 2015 vom Schulministerium bekannt gegeben werden, finden Sie aktuelle Informationen dazu im Internet unter www.stark-verlag.de/pruefung-aktuell.

Wir wünschen Ihnen viel Erfolg bei der Abiturprüfung!

Ihr Stark Verlag

Stichwortverzeichnis

I. Analysis

II. Analytische Geometrie

III. Stochastik

Hinweise und Tipps zum Abitur 2015

1 Ablauf der Prüfung

Die zentrale schriftliche Abiturprüfung

Seit dem Schuljahr 2006/2007 gibt es in Nordrhein-Westfalen im Fach Mathematik zentrale schriftliche Abiturprüfungen. Die Aufgaben werden im Auftrag des Ministeriums für Schule und Weiterbildung von einer Fachkommission erstellt und von Gutachtern bewertet. Grundlage für die zentral gestellten Aufgaben der Abiturprüfung sind die verbindlichen Vorgaben der Lehrpläne für die gymnasiale Oberstufe. Da die Lehrpläne vielfach keine hinreichenden Festlegungen bezogen auf die für eine Abiturprüfung mit zentral gestellten Aufgaben relevanten Inhalte enthalten, sind im Hinblick auf die schriftlichen Abiturprüfungen entsprechende inhaltliche Vorgaben (inhaltliche Schwerpunkte und ggf. Medien/Materialien) für den Unterricht in der Qualifikationsphase formuliert, deren Behandlung in den zentral gestellten Aufgaben vorausgesetzt wird. Durch diese Schwerpunktsetzung soll gesichert werden, dass alle Schülerinnen und Schüler, die im Jahr 2015 das Abitur ablegen, gleichermaßen über die notwendigen inhaltlichen Voraussetzungen für eine angemessene Bearbeitung der zentral gestellten Aufgaben verfügen.

Aufbau der Prüfungsaufgaben

Die Schule erhält für den Grundkurs zwei Aufgabensätze mit folgenden Anzahlen von Aufgaben:

	ohne CAS	mit CAS
Aufgabengruppe 1	2	2
Aufgabengruppe 2	3	3

Aufgabengruppe 1 enthält zwei Aufgaben aus dem Bereich Analysis.
Aufgabengruppe 2 enthält zwei Aufgaben aus dem Bereich Lineare Algebra/Analytische Geometrie, von denen jeweils eine Aufgabe die vektorielle Geometrie und die andere Aufgabe die Matrizenrechnung berücksichtigt. Ferner gehört eine Aufgabe aus dem Bereich Stochastik zur Aufgabengruppe 2.

Der Fachlehrer stellt aus den Aufgabensätzen die Prüfungsaufgabe nach folgenden Vorgaben zusammen: Die Prüfungsaufgabe wird aus zwei Aufgaben gebildet, wobei aus jeder Aufgabengruppe eine Aufgabe zu wählen ist. Ebenso entscheidet der Fachlehrer, ob bei der Bearbeitung entsprechender Aufgaben ein wissenschaftlicher Taschenrechner oder ein CAS genutzt werden soll. Ein CAS-Aufgabensatz kann auch Aufgaben enthalten, für deren Lösung ein CAS nicht benötigt wird. Eine Kombination von Aufgaben mit und ohne CAS ist nicht möglich. Eine Aufgabenauswahl durch die Schülerinnen und Schüler ist nicht vorgesehen.

Dauer der Prüfung

Für die Bearbeitung stehen Ihnen im Grundkurs 180 Minuten zur Verfügung.

Zugelassene Hilfsmittel

- Wissenschaftlicher Taschenrechner (mit oder ohne Grafikfähigkeit) **oder** CAS (Computer-Algebra-System)
- Mathematische Formelsammlung
- Deutsches Wörterbuch

Wegen des großen und sich ständig weiter entwickelnden Spektrums der Möglichkeiten programmierbarer und/oder grafikfähiger Taschenrechner wird bei diesem Hilfsmittel nicht weiter differenziert. Aufgabenstellungen für die Bearbeitung mit einem Taschenrechner, also ohne CAS, werden für das Abitur so gestaltet, dass die Benutzung eines programmierbaren und/oder grafikfähigen Taschenrechners keine Vorteile ergibt bzw. diese Vorteile bei der Bewertung berücksichtigt werden.

2 Inhalte und Schwerpunktthemen 2015

Die inhaltlichen Schwerpunkte für den **Grundkurs Mathematik in der Abiturprüfung 2015** sind dabei Folgende:

Schwerpunkte für den GK Mathematik im Abitur 2015	**Beispiele**
Analysis	
• Fortführung der Differenzialrechnung	
– Untersuchung von ganzrationalen Funktionen einschließlich Funktionenscharen in Sachzusammenhängen	2011 – Aufgabe 2 (WTR)
– Untersuchung von Exponentialfunktionen in Sachzusammenhängen	2011 – Aufgabe 1 (WTR)
– Ableitungsregeln: Produkt- und Kettenregel	2013 – Aufgabe 1 (WTR)
• Integralrechnung	
– Untersuchung von Wirkungen (Änderungsrate)	2012 – Aufgabe 1 (WTR)
– Flächenberechnung durch Integration	2011 – Aufgabe 2 (CAS)

Lineare Algebra / Analytische Geometrie	
• Lineare Gleichungssysteme für $n > 2$, Matrix-Vektor-Schreibweise, systematisches Lösungsverfahren für lineare Gleichungssysteme	2011 – Aufgabe 4 (CAS)
• Geraden- und Ebenengleichungen in Koordinaten- und Parameterform, Lagebeziehungen von Geraden und Ebenen	2014 – Aufgabe 3 (WTR/CAS)
• Standard-Skalarprodukt mit den Anwendungen Orthogonalität und Länge von Vektoren	2014 – Aufgabe 3 (WTR/CAS)
• Übergangsmatrizen, Matrizenmultiplikation als Verkettung von Übergängen	2011 – Aufgabe 4 (CAS)
Stochastik	
• Wahrscheinlichkeit, bedingte Wahrscheinlichkeit, Unabhängigkeit	2012 – Aufgabe 7 (WTR/CAS)
• Binomialverteilung einschließlich Erwartungswert und Standardabweichung	2011 – Aufgabe 7 (WTR/CAS)
• Ein- und zweiseitiger Hypothesentest	2011 – Aufgabe 7 (WTR/CAS)

3 Leistungsanforderung und Bewertung

Die Bewertung der Klausuraufgaben erfolgt auf der Grundlage eines der Aufgabenstellung beigefügten Bewertungsschemas. Darin sind Teilleistungen ausgewiesen, die die mit der jeweiligen Aufgabe verbundenen Anforderungen aufschlüsseln. Das Bewertungsschema ist Grundlage der Beurteilung. Von der Modelllösung abweichende Lösungen werden entsprechend bewertet, die für die Aufgabenstellung vorgesehene Höchstpunktzahl kann aber nicht überschritten werden. Ferner können nur ganze Punktzahlen vergeben werden. Ausschlaggebend ist hier die fachliche Richtigkeit und Vollständigkeit.

Ein weiteres wichtiges Bewertungskriterium ist die Darstellungsleistung, in welche der richtige Einsatz der Fachsprache und die Strukturiertheit der Ausführungen einfließen. Die Bewertung der Darstellungsleistung wird in die Bewertung der inhaltlichen Leistungen integriert. Punktabzug aufgrund von gehäuften Verstößen gegen die sprachliche Richtigkeit (Rechtschreibung und Grammatik) kann im Anschluss an die Bewertung der inhaltlichen Leistungen erfolgen.

- Jede Arbeit wird zunächst vom Fachlehrer korrigiert, der die Korrektur mit einem Notenvorschlag abschließt.
- Danach wird jede Arbeit von einer zweiten Lehrkraft nochmals korrigiert.
- Unterscheiden sich die Bewertungen der Erst- und Zweitkorrektur um bis zu drei Punkte (Notenpunkte von 1–15), wird die Note aus dem arithmetischen Mittel der jeweils errechneten Rohpunktzahl ermittelt.
- Bei Abweichungen um vier oder mehr Notenpunkte entscheidet ein von der Schulaufsicht beauftragter Drittkorrektor innerhalb der Bandbreite der Erst- und Zweitkorrektur über die Note.

4 Operatoren und Anwendungsbereiche

Bei der Formulierung der zentralen Prüfungsaufgaben werden sogenannte **Operatoren** verwendet, die sicherstellen sollen, dass alle Schüler und Lehrer unter einer bestimmten Aufgabenstellung das gleiche verstehen. Damit Sie die Aufgabenstellungen korrekt erfassen können, ist es sehr zu empfehlen, sich mit diesen Operatoren auseinanderzusetzen. Die Operatoren sind in verschiedene Anforderungsbereiche untergliedert, die den Schwierigkeitsgrad der Aufgabe wiedergeben. Im Folgenden finden Sie eine vollständige Liste dieser Operatoren.

Anforderungsbereich I

Arbeitsauftrag	**Definition**	**Beispiele**
angeben, nennen	Führen Sie Sachverhalte, Begriffe und Daten ohne genauere Begründungen, Lösungsansätze und -wege auf.	2012 – Aufgabe 2a (2) (WTR)
berechnen	Sie sollen die Ergebnisse durch Rechenoperationen erzielen, indem Sie von einem Ansatz ausgehen.	2012 – Aufgabe 7b (1) (WTR/CAS)
beschreiben	Hier sollen Sie Sachverhalte oder Methoden in eigenen Worten und angemessener Fachsprache darstellen.	2011 – Aufgabe 4a (CAS)
erstellen, darstellen	Stellen Sie Sachverhalte, Beziehungen und Vorgehensweisen in fachlich sachgerechter Form dar.	2012 – Aufgabe 4a (CAS)
skizzieren	Stellen Sie die wesentlichen Merkmale von Sachverhalten grafisch dar.	2011 – Aufgabe 4e (1) (CAS)
zeichnen, grafisch darstellen	Sie sollen ein hinreichend genaues Abbild von Objekten oder Daten erstellen.	2014 – Aufgabe 5d (1) (WTR/CAS)

Anforderungsbereich II

Arbeitsauftrag	Definition	Beispiele
begründen	Benutzen Sie Regeln und mathematische Beziehungen, um Sachverhalte auf Gesetzmäßigkeiten zurückzuführen.	2013 – Aufgabe 7e (1) (WTR/CAS)
beschreiben	Hier sollen Sie komplexere Sachverhalte oder Methoden in angemessener Fachsprache wiedergeben.	2012 – Aufgabe 1a (2) (WTR)
bestimmen, ermitteln	Sie sollen Lösungswege und Zusammenhänge finden und anwenden, sodass Sie das Ergebnis anschließend angeben können.	2012 – Aufgabe 7b (2) (WTR/CAS)
entscheiden	Sie sollen sich bei Alternativen für eine entscheiden und dies begründen.	2011 – Aufgabe 7a (3) (WTR/CAS)
erklären	Erläutern Sie Sachverhalte mithilfe Ihres eigenen Wissens verständlich und nachvollziehbar und bringen Sie es in Zusammenhänge.	2012 – Aufgabe 2b (2) (WTR)
herleiten	Sie sollen für gegebene Sachverhalte beschreiben, wie sie entstehen oder wie sie aus anderen Zusammenhängen abgeleitet werden können.	2014 – Aufgabe 3b (1) (WTR/CAS)
interpretieren	Hier sollen Sie Fragen nach Beziehungen und Ergebnissen deuten.	2012 – Aufgabe 1b (4) (CAS)
untersuchen, überprüfen	Sie sollen Probleme und Fragestellungen auf bestimmte Kriterien hin behandeln.	2014 – Aufgabe 4b (1) (CAS)
zeichnen, grafisch darstellen	Hier sollen Sie ein hinreichend genaues Abbild von komplexeren Objekten oder Daten erstellen.	Zeichnen Sie den Graphen der Funktion.
zeigen, nachweisen	Bestätigen Sie die Aussagen der Fragestellung mithilfe von Berechnungen und Herleitungen.	2011 – Aufgabe 1b (1) (WTR)

Anforderungsbereich III

Arbeitsauftrag	Definition	Beispiele
begründen	Benutzen Sie Regeln und mathematische Beziehungen, um komplexere Sachverhalte auf Gesetzmäßigkeiten zurückzuführen.	2011 – Aufgabe 2c (3) (WTR)
bestimmen, ermitteln	Hier sollen Sie komplexere Lösungswege und Zusammenhänge finden und anwenden, sodass Sie das Ergebnis anschließend angeben können.	2011 – Aufgabe 5a (WTR)
beurteilen	Fällen Sie unter Verwendung von Fachwissen ein eigenes Urteil und erläutern Sie dies.	2012 – Aufgabe 1c (3) (WTR)
beweisen, widerlegen	Verwenden Sie mathematische Sätze, Äquivalenzumformungen und logische Schlussfolgerungen, um Aussagen zu bestätigen oder gegebenenfalls durch ein Gegenbeispiel zu widerlegen.	Beweisen Sie die Gültigkeit dieser Formel.
interpretieren	Beziehen Sie komplexere Zusammenhänge bzw. Ergebnisse begründet auf eine gegebene Fragestellung.	2011 – Aufgabe 1a (4) (WTR)
vergleichen	Finden Sie Gemeinsamkeiten und Unterschiede komplexerer Zusammenhänge.	2012 – Aufgabe 2a (1) (WTR)
zeigen, nachweisen	Hier sollen Sie komplexere Aussagen mithilfe von Berechnungen und Herleitungen bestätigen.	2011 – Aufgabe 7c (1) (WTR/CAS)

5 Methodische Hinweise und allgemeine Tipps zur schriftlichen Prüfung

Vorbereitung

- Bereiten Sie sich **langfristig** (spätestens ab Januar) auf die Abiturprüfung vor und fertigen Sie sich eine Übersicht über die von Ihnen bereits bearbeiteten Themen, Inhalte und Verfahren an. Teilen Sie die Inhalte in sinnvolle Teilbereiche ein und legen Sie fest, bis wann Sie welche Teilbereiche bearbeitet haben wollen.
  Es ist zweckmäßig, alle schriftlichen Bearbeitungen dieser Aufgaben übersichtlich aufzubewahren, das erleichtert spätere Wiederholungen.
- Benutzen Sie zur Prüfungsvorbereitung neben diesem Übungsbuch Ihre **Unterrichtsaufzeichnungen** und das Lehrbuch.

- Verwenden Sie während der Prüfungsvorbereitung grundsätzlich die **Hilfsmittel**, die auch in der Prüfung zugelassen sind. Prägen Sie sich wichtige Seiten in Ihrer Formelsammlung ein und nutzen Sie Ihren Taschenrechner mit allen Funktionen.
- Oft ist der Zeitfaktor ein großes Problem. Testen Sie, ob Sie eine Aufgabe in der dafür vorgegebenen Zeit allein lösen können. **Simulieren Sie selbst eine Prüfungssituation.**
- Gehen Sie optimistisch in die Prüfung. Wer sich gut vorbereitet hat, braucht sich keine Sorgen zu machen.

Bearbeitung der Prüfung

- Es ist hilfreich, wenn Sie bei der Analyse der Aufgabenstellungen wichtige Angaben oder Informationen (z. B. gegebene Größen, Lösungshinweise) **farbig markieren**.
- Um den Lösungsansatz zu einer Aufgabe zu finden oder die gegebene Problemstellung zu veranschaulichen, kann das **Anfertigen einer Skizze** nützlich sein.
- Beachten Sie, dass in manchen Teilaufgaben „**Zwischenlösungen**" angegeben sind, die Ihnen als Kontrolle dienen bzw. mit denen Sie weiterarbeiten können.
- Falls Sie mit einer Aufgabe gar nicht weiterkommen, so halten Sie sich nicht zu lange daran auf. Versuchen Sie, mit der nächsten Teilaufgabe oder mit einer Aufgabe aus einem anderen Schwerpunkt weiterzumachen. Wenn Sie die anderen Aufgaben bearbeitet haben, kommen Sie nochmals auf die angefangene Aufgabe zurück und versuchen Sie in Ruhe, eine Lösung zu finden.
- Orientieren Sie sich an der angegebenen **Punktezahl**: Je mehr Punkte eine Aufgabe ergibt, desto mehr Zeit sollte für die Bearbeitung eingeplant werden.
- Achten Sie auf die **sprachliche Richtigkeit** und eine **saubere äußere Form** Ihrer Lösungen.

Lösungsplan

Aufgrund des Umfangs und der Komplexität von Aufgaben auf Abiturniveau empfiehlt es sich, beim Lösen systematisch zu arbeiten. Folgende Vorgehensweise hilft Ihnen dabei:

Schritt 1:
Nehmen Sie sich ausreichend Zeit zum **Analysieren** der Aufgabenstellung. Stellen Sie fest, zu welchem Themenbereich die Aufgabe gehört. Sammeln Sie alle Informationen, welche direkt gegeben sind, und achten Sie darauf, ob evtl. versteckte Informationen enthalten sind.

Schritt 2:
Markieren Sie die **Operatoren** in der Aufgabenstellung. Diese geben an, was in der Aufgabe von Ihnen verlangt wird. Vergegenwärtigen Sie sich die Bedeutung der verwendeten Fachbegriffe.

Schritt 3:
Versuchen Sie, den Sachverhalt zu veranschaulichen. Fertigen Sie gegebenenfalls mithilfe der Angaben und Zwischenergebnisse aus vorherigen Teilaufgaben eine **Skizze** an.

Schritt 4:
Erarbeiten Sie nun schrittweise den **Lösungsplan**, um aus den gegebenen Größen die gesuchte Größe zu erhalten. Notieren Sie sich, welche Einzel- bzw. Zwischenschritte auf dem Lösungsweg notwendig sind. Prinzipiell haben Sie zwei Möglichkeiten, oft hilft auch eine Kombination beider Vorgehensweisen:

- Sie gehen vom Gegebenen aus und versuchen, das Gesuchte zu erschließen.
- Sie gehen von dem Gesuchten aus und überlegen „rückwärts", wie Sie zur Ausgangssituation kommen.

Bei diesem Schritt wird dann sukzessive die **Lösung dargestellt**.

Schritt 5:
Suchen Sie nach geeigneten Möglichkeiten, das Endergebnis zu **kontrollieren**. Oftmals sind bereits Überschlagsrechnungen, Punktproben oder Grobskizzen ausreichend.
Anhand der folgenden **Beispielaufgabe** werden diese Schritte veranschaulicht:

Gegeben ist eine Schar von Funktionen f_k durch die Gleichung $f_k(x) = kx^3 + 4x^2$ mit $k \in \mathbb{R} \setminus \{0\}$. Der Graph von f_k sei G_k.

a) Untersuchen Sie G_k auf Extrempunkte.

b) Zeigen Sie: Die Stammfunktion der Schar ist

$$F_k(x) = \frac{k}{4}x^4 + \frac{4}{3}x^3.$$

Berechnen Sie für $k = -1$ die Fläche, die G_k mit der x-Achse einschließt.

Lösungsvorschlag für Teilaufgabe a:

Schritt 1:

- Themenbereich: Kurvendiskussion einer Funktionenschar
- Der Funktionsterm weist einen Parameter k auf. Dieser Parameter bereitet jedoch beim Rechnen keine Probleme, solange er nicht im Nenner, unter einer Wurzel usw. steht. Er wird ganz normal wie eine Zahl behandelt.
- Der Definitionsbereich ist nicht angegeben, daher wird $\mathbb{R}$ als der größtmögliche angenommen.

Schritt 2:

- Der Operator „Untersuchen Sie" bedeutet, mögliche Eigenschaften festzustellen und anzugeben.
- Unter Extrempunkten versteht man Hoch- oder Tiefpunkte.

Schritt 3:
Eine Veranschaulichung ist aufgrund des Parameters k nur schwer möglich. Anzahl, Art und Lage der Extrempunkte können zudem von k abhängen. Eine Skizze ist daher wenig sinnvoll.

Schritt 4:

Ausgehend von der gegebenen Funktionenschar werden mögliche Extremstellen berechnet und damit Art und Lage der Extrempunkte bestimmt:

- f_k ist ein Polynom und lässt sich trotz Parameter leicht ableiten (Summenregel, Faktorregel, Potenzregel):

  $$f_k'(x) = 3kx^2 + 8x$$

  Die Nullstellen der Ableitung sind mögliche Extremstellen:

  $$3kx^2 + 8x = x \cdot (3kx + 8) = 0 \overset{k \neq 0}{\Leftrightarrow} x = 0 \vee x = -\frac{8}{3k}$$

- Ob tatsächlich Extremstellen vorliegen, lässt sich durch Einsetzen in die zweite Ableitung überprüfen:

  $$f_k''(x) = 6kx + 8$$

  $$f_k''(0) = 8 > 0 \Rightarrow \text{Minimum bei } x = 0$$

  $$f_k''\left(-\frac{8}{3k}\right) = 6k\left(-\frac{8}{3k}\right) + 8 = -8 < 0 \Rightarrow \text{Maximum bei } x = -\frac{8}{3k}$$

- Um die Lage angeben zu können, braucht man noch die y-Koordinate. Dazu werden die Extremstellen in den Funktionsterm f_k eingesetzt:

  $$f_k(0) = 0$$

  $$f_k\left(-\frac{8}{3k}\right) = k\left(-\frac{8}{3k}\right)^3 + 4\left(-\frac{8}{3k}\right)^2 = -\frac{512}{27k^2} + \frac{256 \cdot 3}{3 \cdot 9k^2} = \frac{256}{27k^2}$$

- Ergebnis:

  $$\text{Tiefpunkt } (0|0) \text{ und Hochpunkt } \left(-\frac{8}{3k} \middle| \frac{256}{27k^2}\right)$$

Schritt 5:

Um das Ergebnis zu überprüfen, könnte man die Funktion f_k für ein gewähltes k skizzieren. Dazu muss eine Wertetabelle erstellt werden. Ablesen der Extrempunkte aus dem Graphen ermöglicht einen Vergleich mit den berechneten Punkten.

Lösungsvorschlag für Teilaufgabe b:

Schritt 1:

- Themenbereich: Flächenberechnung mithilfe eines Integrals
- Es ist die Funktion, die Stammfunktion und der Parameterwert $k = -1$ gegeben. Weiter ist implizit gegeben, dass die Funktion mindestens zwei verschiedene Nullstellen hat, weil der Graph eine Fläche mit der x-Achse einschließt.

Schritt 2:

- Der erste Operator ist „Zeigen Sie", das bedeutet, dass Sie die Aussage mithilfe von Berechnungen bestätigen sollen. Die Funktion und die zugehörige Stammfunktion sind dabei gegeben.

- Um zu zeigen, dass F(x) eine Stammfunktion von f(x) ist, kann entweder f(x) integriert oder F(x) abgeleitet werden. Es muss dann F'(x) = f(x) gelten. Da das Bilden der Ableitung leichter ist als die Funktion zu integrieren, bietet es sich hier an, die Stammfunktion abzuleiten.

$$F(x) = \frac{k}{4}x^4 + \frac{4}{3}x^3$$

$$F'(x) = kx^3 + 4x^2 \quad \Rightarrow \quad F'(x) = f(x) \quad \text{q. e. d.}$$

- Der zweite Operator in der Aufgabe ist „Berechnen Sie“, das bedeutet, dass Sie das Ergebnis durch Berechnungen erzielen sollen.

Schritt 3:
Nutzen Sie die Lage des Hochpunkts und die Vorgabe k = –1, um den Graphen zu skizzieren.

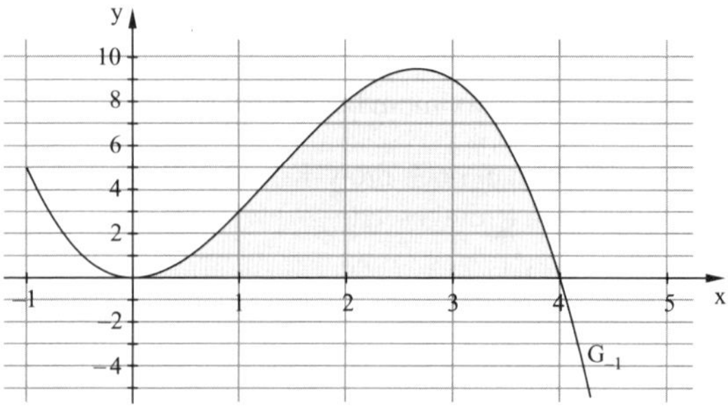

Schritt 4: Vom Gegebenen zum Gesuchten
Wie Sie an der Lösungsskizze erkennen, brauchen Sie für die Bestimmung der Fläche die beiden Nullstellen:

$$-x^3 + 4x^2 = 0 \quad \Leftrightarrow \quad x^2(-x+4) = 0 \quad \Leftrightarrow \quad x_1 = 0 \vee x_2 = 4$$

Für die Berechnung der Fläche benötigen Sie die Stammfunktion der Funktion, die angegeben ist:

$$\int_0^4 f(x)\,dx = [F(x)]_0^4 = \left[-\frac{1}{4}x^4 + \frac{4}{3}x^3\right]_0^4 = -\frac{256}{4} + \frac{256}{3} = \frac{256}{12} = \frac{64}{3}$$

Schritt 4: Vom Gesuchten zum Gegebenen
Um die gesuchte Fläche zu berechnen, benötigen Sie die Stammfunktion der Funktion, die angegeben ist:

$$\int_{x_1}^{x_2} f(x)\,dx = [F(x)]_{x_1}^{x_2} = \left[-\frac{1}{4}x^4 + \frac{4}{3}x^3\right]_{x_1}^{x_2}$$

Für die Berechnung des Integrals benötigen Sie die Integralgrenzen. Diese sind die Nullstellen der Funktion, wie Sie an der Lösungsskizze erkennen können.

$$-x^3 + 4x^2 = 0 \quad \Leftrightarrow \quad x^2(-x+4) = 0 \quad \Leftrightarrow \quad x_1 = 0 \vee x_2 = 4$$

Damit ergibt sich für das Integral:

$$\left[-\frac{1}{4}x^4+\frac{4}{3}x^3\right]_{x_1}^{x_2}=\left[-\frac{1}{4}x^4+\frac{4}{3}x^3\right]_0^4=-\frac{256}{4}+\frac{256}{3}=\frac{256}{12}=\frac{64}{3}$$

Schritt 5:
Um die Fläche abzuschätzen, können Sie in der Skizze die Kästchen abzählen, die von dem Graphen und der x-Achse eingeschlossen werden. Man erhält ca. 21 Kästchen, das passt gut zu dem errechneten Wert.

6 Hinweise zu GTR und CAS

Hinweise zum Lösen mit dem GTR

Bei dieser Einführung gelten folgende Festlegungen:
Die Erstbelegung der Tasten (weiße Schrift auf den Tasten) ist durch einen geschlossenen Rahmen dargestellt, wie z. B. `WINDOW`, `X,T,Θ,n`, `ZOOM` usw.
Die Zweitbelegung der Tasten, also blaue Schrift über den Tasten (beim TI-83 gelbe Schrift), ist in eckiger Klammer dargestellt, z. B. [TABLE], [CALC], [TEST] usw.
Beim Drücken einer Taste öffnet sich meist ein Untermenü. Die einzelnen Abschnitte dieses Untermenüs sind in spitze Klammern gesetzt, z. B. <Zoom In>, <Zero> usw.
Alle Bilder wurden mit dem TI-84 Plus (Betriebssystem 2.55 MP) erstellt.

1. Graphen von Funktionen

① `Y=`

② Funktionsnummer mit dem Cursor oder direkt mit einer Zahlentaste auswählen.

③ Gleichung eingeben; z. B. wird $y=-0{,}05x^3+0{,}7x^2-2$ eingegeben als:
`Y=` `(-)` `0` `.` `0` `5` `×` `X,T,Θ,n` `^` `3` `▸` `+` `0` `.` `7` `X,T,Θ,n` `x²` `−` `2`
Das Multiplikationszeichen `×` kann man in den meisten Fällen weglassen.
Zu beachten ist der richtige Gebrauch des Minuszeichens. Das Zeichen `(-)` ist als Vorzeichen vor 0.05 zu setzen, das Zeichen `−` ist als Rechenzeichen zu verwenden. Die Zahl 0,05 muss mit Punkt, also als 0.05 eingegeben werden.

④ Die richtige Einstellung des `WINDOW` kann eventuell Schwierigkeiten bereiten. Der Graph der Funktion aus Abschnitt ③ könnte zunächst so wie im nebenstehenden Bild aussehen.

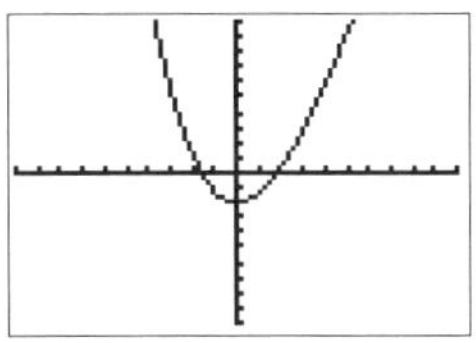

Um den prinzipiellen Verlauf des Graphen zu erkennen, muss das Bild verkleinert werden, z. B. mit `ZOOM` <Zoom Out> `ENTER`. Diese Tastenfolge kann mehrmals angewendet werden, bis der Verlauf des Graphen gut erkennbar ist. Es könnte sich das nebenstehende Bild ergeben.

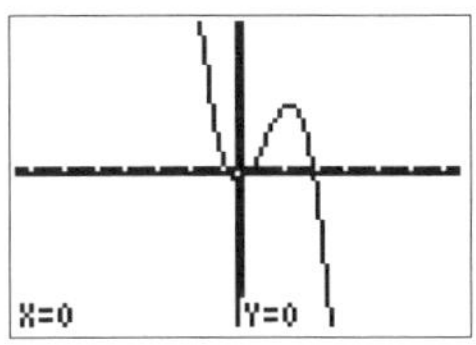

Um den gewünschten Ausschnitt des Graphen zu bekommen, verwendet man am besten [ZOOM] <ZBox>.
Vorgehensweise für <ZBox>:
[ZOOM] <ZBox> [ENTER]
Jetzt den Cursor mithilfe der Pfeiltasten z. B. in die linke obere Ecke des gewünschten Bereichs stellen.

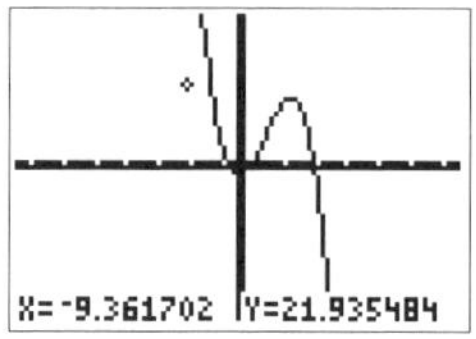

[ENTER], Cursor wird zu einem Quadrat.
Mit Pfeiltasten Cursor nach rechts bewegen, bis zur oberen rechten Ecke des gewünschten Bereichs.
Pfeiltaste nach unten erzeugt ein Rechteck.

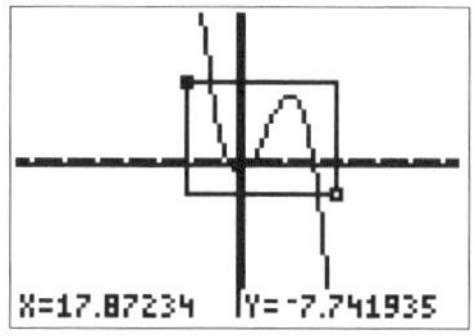

[ENTER] ergibt dann den vergrößerten Graphen.
Die Einstellung des [WINDOW] lässt sich natürlich auch über die Taste [WINDOW] durchführen. Im Display sieht das wie im unteren Bild aus. Dabei bedeuten die einzelnen Angaben:
Xmin: kleinster x-Wert im anzuzeigenden Bereich
Xmax: größter x-Wert im anzuzeigenden Bereich
Xscl: Schrittweite auf der x-Achse

Entsprechend die drei Angaben für die y-Achse.

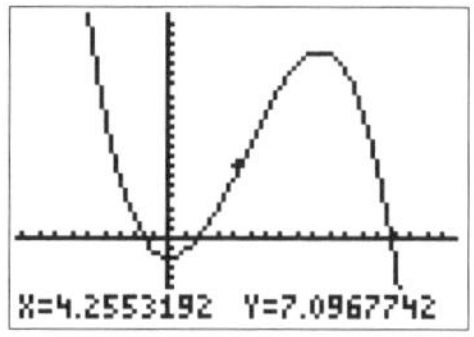

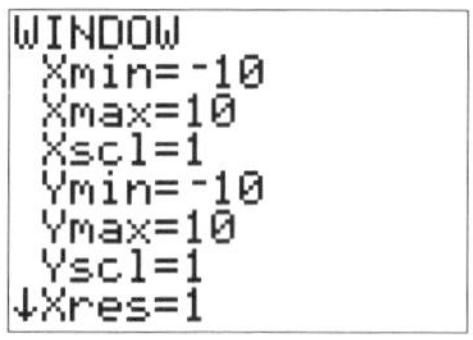

⑤ In [TABLE] ([2nd] [GRAPH]) findet sich eine Wertetabelle der Funktion. Die Einstellungen zu dieser Wertetabelle lassen sich bei [TBLSET] ([2nd] [WINDOW]) machen, nämlich unter <TblStart=> der kleinste x-Wert, unter <ΔTbl=> die Schrittweite. Alternativ können die Funktionswerte mit [TRACE] aus dem Graphen abgelesen werden: [TRACE] und z. B. die Zahl 1 eingeben, [ENTER].

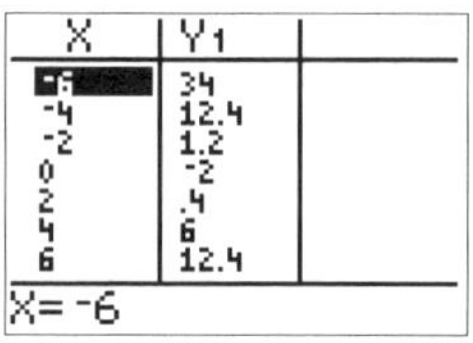

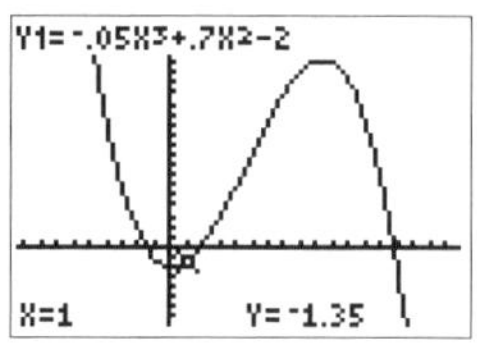

2. Bestimmung der Nullstellen einer Funktion

① Der Graph der Funktion wird in geeigneter Weise (siehe Kapitel 1) auf dem Display angezeigt.

② [CALC] ([2nd] [TRACE]). Dort Cursor auf <zero> (oder mit der Zahlentaste [2]), es ergibt sich das nebenstehende Bild.

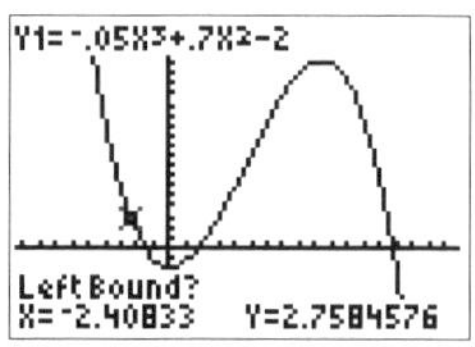

Die Abfrage <Left Bound?> kann durch Eingabe eines x-Wertes, der knapp links von der gesuchten Nullstelle liegt, oder durch Verschieben des Cursors auf einen Kurvenpunkt links vom gesuchten Wert erfüllt werden.
[ENTER]
Mit der rechten Grenze <Right Bound?> wird ebenso verfahren.
Die Eingabe eines Näherungswertes (<Guess?>) kann das Auffinden der gesuchten Nullstelle beschleunigen. In den meisten Fällen kann man aber den Prozess mit [ENTER] überspringen.
Für die Berechnung weiterer Nullstellen verfährt man entsprechend.

Hinweis: Falls versehentlich Linke Grenze > Rechte Grenze eingegeben wurde, erfolgt eine Fehlermeldung. Dann mit [QUIT] ([2nd] [MODE]) diese Meldung verlassen und den Prozess wiederholen.

3. Bestimmung der Extrema einer Funktion

① Der Graph der Funktion wird in geeigneter Weise (siehe Kapitel 1) auf dem Display angezeigt.

② [CALC] ([2nd] [TRACE])

③ Die Vorgehensweise ist dieselbe wie bei der Bestimmung der Nullstellen, hier mit <minimum> (Zahlentaste [3]) bzw. <maximum> (Zahlentaste [4]) anstelle von <zero> (siehe Kapitel 2).

4. Bestimmung der Schnittpunkte zweier Graphen

① Die beiden Graphen sind in geeigneter Weise gezeichnet (siehe Kapitel 1).

② [CALC] ([2nd] [TRACE])

③ <intersect> auswählen (oder Zahlentaste [5]).
Mit der Funktion aus Kapitel 1 und der neuen Funktion Y = 0,5 X + 4 ergibt sich nebenstehendes Bild.

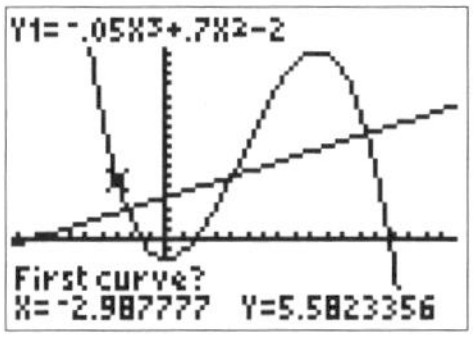

Der Cursor steht auf einer der beiden Kurven und muss mittels der Pfeiltasten [◄] bzw. [►] in die Nähe des ausgewählten Schnittpunktes verschoben werden.
[ENTER]
Jetzt steht der Cursor auf der anderen Kurve in der Nähe des gewählten Schnittpunktes.
Über 2-mal [ENTER] erhält man den Schnittpunkt.
Mit den anderen Schnittpunkten verfährt man entsprechend.

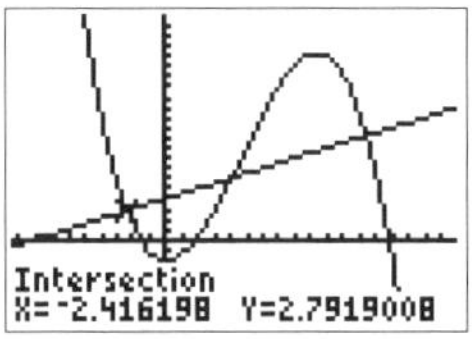

Hinweis: Bei drei oder mehr angezeigten Graphen können die Kurven, deren Schnittpunkt berechnet werden soll, mittels der Pfeiltasten [▲] bzw. [▼] und jeweiliger Bestätigung mit [ENTER] ausgewählt werden.

5. Fläche zwischen zwei Graphen

① Beispiel:
Gegeben sind die Funktionsgleichungen:

$$y_1 = \frac{1}{48}x^4 - x^2 + 9, \quad y_2 = 0{,}01x^3 + 3$$

Die Eingabe der Gleichungen erfolgt wie in Kapitel 1 beschrieben.

② Graphen:

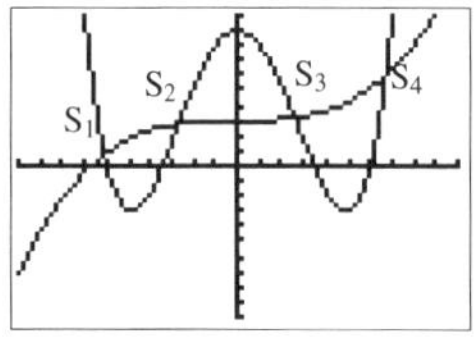

Es soll die Summe aller drei von den Kurven eingeschlossenen Flächen berechnet werden. Dazu könnte man, wie in Kapitel 4 beschrieben, die x-Werte der Schnittpunkte S_1 bis S_4 bestimmen und dann die einzelnen Integrale berechnen.

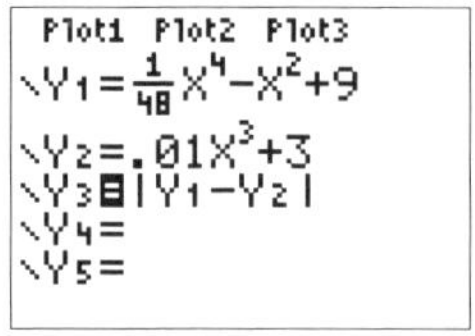

Der Rechner bietet eine elegantere Lösung:
Dazu erzeugt man eine Funktion Y3 als | Y1 – Y2 | und zeichnet den Graphen für Y3.
Damit die Funktionen Y1 und Y2 nicht gezeichnet werden, darf das „="-Zeichen nicht schwarz unterlegt sein. Dazu stellt man den Cursor auf dieses Zeichen und drückt die [ENTER]-Taste.

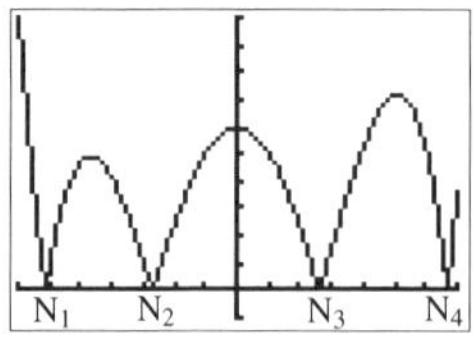

Die Betragsfunktion findet man unter [MATH], Cursor nach rechts auf < NUM >, dann < abs(> (oder [1]).
Die Zeichen Y1 und Y2 findet man unter [VARS], dann Cursor nach rechts auf < Y-VARS >, [ENTER], dann Funktion mit Cursor (oder Zahlentaste) auswählen, [ENTER].

③ Berechnung der Flächen mithilfe von:
[CALC] ([2nd] [TRACE]) < ∫f(x)dx > (oder [7])
Als linke Grenze fährt man mit dem Cursor zur Nullstelle N_1 der Betragsfunktion (siehe dazu auch den Text am Ende dieses Abschnitts).
[ENTER]
Mit der rechten Grenze (der Nullstelle N_4 der Betragsfunktion) verfährt man genauso.
[ENTER]

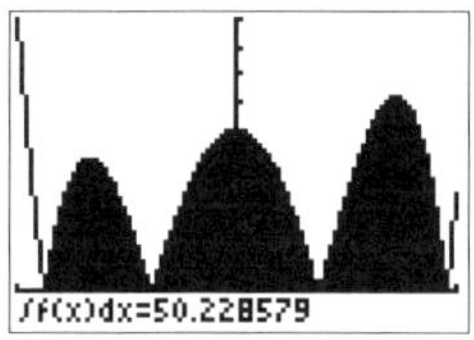

Die beiden Schnittpunkte S_2 und S_3 der Graphen aus Abschnitt ② bzw. die Nullstellen N_2 und N_3 der Betragsfunktion sind also nur dann wichtig, wenn man nicht die Gesamtfläche, sondern die einzelnen Flächen berechnen will.

Hinweis: Da der Cursor unter Umständen nicht genau auf die gewünschte Nullstelle positioniert werden kann, können die so ermittelten Flächeninhalte ungenau sein.

Falls man an genaueren Ergebnissen interessiert ist, kann man wie folgt vorgehen, falls noch die Graphen der Funktionen Y1 und Y2 gezeichnet sind:

1. Schnittstelle x_1 berechnen wie in Kapitel 4 beschrieben.
2. Grafik mit [QUIT] ([2nd] [MODE]) verlassen.
3. Mit [STO▸] A wird die Schnittstelle x_1 im Speicher A festgehalten.
4. Mit [GRAPH] zurück in die Zeichnung, Schnittstelle x_4 analog berechnen und im Speicher B ablegen.
5. Nur noch den Graphen der Funkion Y3 wie am Ende von Abschnitt ② beschrieben zeichnen lassen. Bei der Flächenberechnung ([CALC] [7]) als untere Grenze A ([ALPHA] [MATH]) und als obere Grenze B ([ALPHA] [APPS]) eingeben.
6. [ENTER]

6. Lösen von Gleichungen

① [MATH] <Solver>

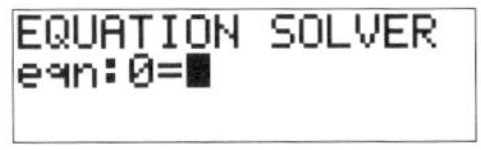

Beispiel:
Es sollen die Lösungen der Gleichung
$0 = x^2 - 16x + 25$ berechnet werden.

Falls im Display schon eine Gleichung erscheint, mit dem Cursor in die erste Zeile fahren.
Jetzt die neue Gleichung hinter dem Gleichheitszeichen einfügen, eine evtl. schon vorhandene Gleichung wird überschrieben.

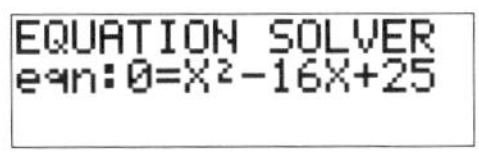

② [ENTER]
In der zweiten Zeile kann jetzt ein Schätzwert eingetragen werden, z. B. X = 4. (Dazu den Cursor wieder in die zweite Zeile setzen.)

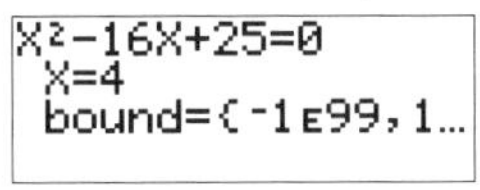

③ [SOLVE] ([ALPHA] [ENTER]) ergibt nebenstehendes Bild.
Die erste Lösung heißt also X = 1,755…

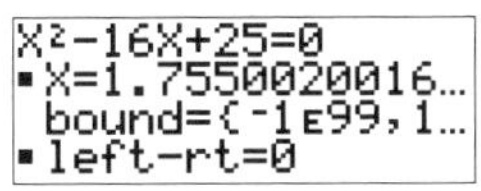

Jetzt einen zweiten Schätzwert eingeben, z. B.
X = 20.

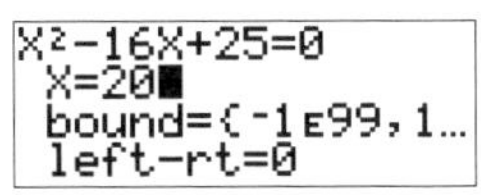

Wieder [SOLVE]. Als zweite Lösung ergibt sich
X = 14,244…

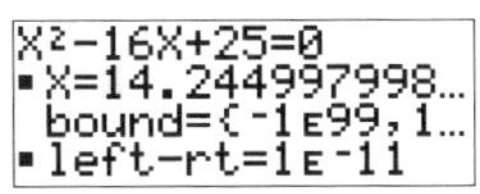

Die Funktion [SOLVE] kann für verschiedene Aufgaben eingesetzt werden, z. B. Nullstellen bestimmen oder Schnittpunkte von Graphen berechnen. Dazu muss man alle Terme auf eine Seite der Gleichung bringen und diesen Term in den <Solver> eingeben.
Es ist aber fast immer übersichtlicher, die Funktionen zu zeichnen und am Graphen die gesuchten Werte zu bestimmen (siehe Kapitel 2 und 4).

7. Gleichungssystem lösen

① Es soll das folgende System gelöst werden:

$$\begin{aligned} 3a - 4b + 5c &= 0 \\ -2a + b - 8c &= 1 \\ a + 2c &= -2 \end{aligned}$$

Das gesamte System hat 3 Zeilen und 4 Spalten.
Die zugehörige Matrix wird wie folgt eingegeben:
[MATRIX] ([2nd] [x^{-1}])
Cursor ganz nach rechts auf <EDIT>, Matrixnamen mit Pfeiltasten auswählen, z. B. [D].
[ENTER]
Cursor blinkt in der oberen Zeile. Dort ist zunächst die Zeilenzahl, also 3, dann die Spaltenzahl, also 4, einzugeben (jeweils mit [ENTER]), dann die Elemente der Matrix.

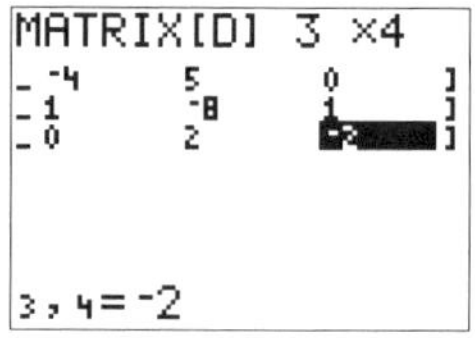

② Jetzt mit [QUIT] ([2nd] [MODE]) das Menü verlassen.

③ [MATRIX], Cursor nach rechts auf <MATH>, dann nach unten auf <rref(> (oder B eingeben).
[ENTER], [MATRIX]
Cursor auf die entsprechende Matrix, in diesem Fall auf [D].
2-mal [ENTER]
Man erhält eine Einheitsmatrix mit angehängter Lösung des LGS.

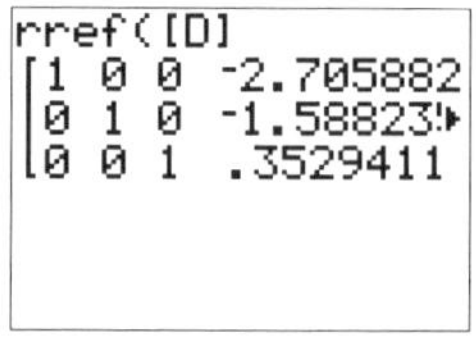

④ Die Lösungen können noch mit [MATH] <Frac> (oder [1]) in Brüche umgewandelt werden.
[ENTER]

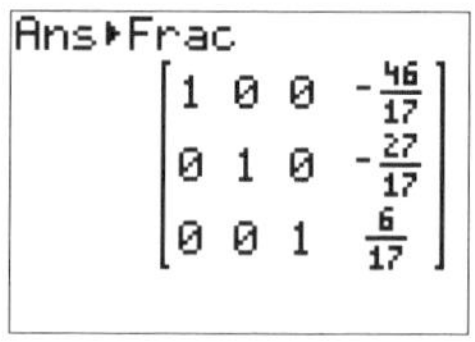

8. Speichern von Ergebnissen

① Ausführen einer Berechnung.

② Speichern des Ergebnisses mit
[STO▸] C ([ALPHA] [PRGM]) [ENTER]
oder in irgendeinen anderen Speicher.

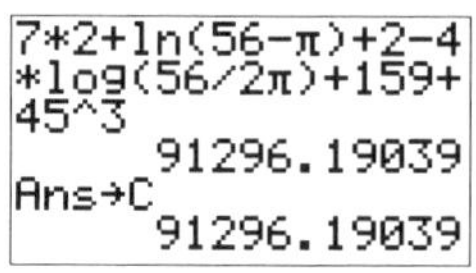

③ Matrizen werden mittels [STO▸] [MATRIX] gespeichert, dann eine der Matrizen auswählen und mit [ENTER] abschließen.

④ Die gespeicherten Werte werden wieder zurückgeholt mit [RCL] ([2nd] [STO▸]) oder [ALPHA] und dem entsprechenden Buchstaben. Bei Matrizen [MATRIX] eingeben, dann mit dem Cursor den entsprechenden Buchstaben anfahren, [ENTER].

Hinweise zum Lösen mit dem CAS

Schülerinnen und Schüler, die im Unterricht der gymnasialen Oberstufe mit Taschencomputern gearbeitet haben, dürfen diese selbstverständlich auch im schriftlichen Abitur einsetzen. Damit Sie die damit verbundenen Vorteile auch effektiv nutzen können, sind hier einige Hinweise für das Lösen von Abituraufgaben mit CAS-Rechnern[1] aufgelistet.

1. Wegen der Gleichwertigkeit der äußeren Bedingungen wird verlangt, dass bei der Prüfung verwendete Taschencomputer **vor dem Beginn des schriftlichen Mathematikabiturs** durch **ein RESET** in einen für alle Abiturienten einheitlichen Ausgangszustand mit leerem Arbeitsspeicher zurückgesetzt werden. Dieses RESET sollten Sie bereits spätestens am Vortag zu Hause vornehmen. So können Sie wichtige Dateien von Ihrem Taschencomputer auf einen PC übertragen und abspeichern, um sie später wieder zur Verfügung zu haben. Bei der Gelegenheit sollten Sie auch den technischen Zustand Ihres Taschencomputers überprüfen, eventuell neue Batterien einsetzen oder die Akkus aufladen. Schaden kann es auch nicht, wenn Sie Ersatzbatterien für den Prüfungstag bereithalten.

2. Empfehlenswert ist es auch, jede neue größere Aufgabe mit dem im Bildschirmausdruck angezeigten Befehl **NeuAufg**[2] zu beginnen. Dadurch werden alle aus einem Buchstaben bestehenden Variablen und der Bildschirm gelöscht, sodass es nicht so leicht zu Missverständnissen bei der Verwendung dieser Buchstaben im Zusammenhang mit der neuen Aufgabe kommen kann. Ebenso ist es möglich, für jede neue Aufgabe einen entsprechenden Unterordner anzulegen[3] und zum Bearbeiten der Aufgabe in diesen Unterordner zu wechseln[4]. Dies hat den Vorteil, dass Sie die einmal gespeicherten Funktionen auch zu einem späteren Zeitpunkt immer zur Verfügung haben, da die Variablen sich nur auf den aktuellen Ordner beziehen.

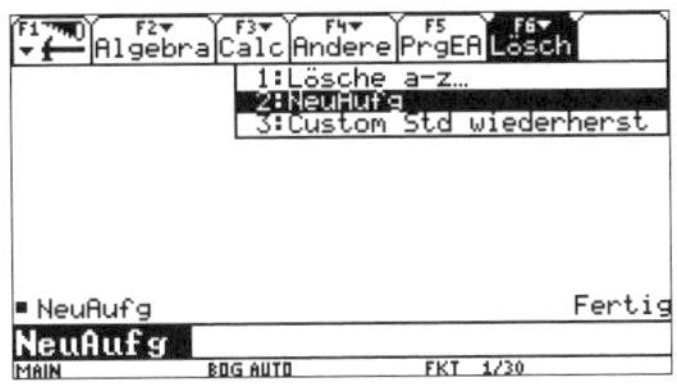

3. Beim Abspeichern z. B. von Ableitungsfunktionen mit Parametern muss man **„dynamische Definitionen vermeiden"**.

   Beispiel:
   Für $f(x) = k \cdot x^2$ ist bekanntlich die 1. Ableitungsfunktion $f'(x) = 2k \cdot x$ und damit gilt für die 1. Ableitung von f an der Stelle k:
   $f'(k) = 2k^2$

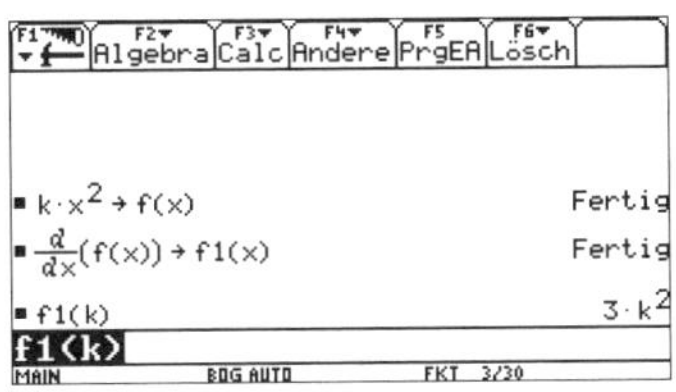

---

1 Diese Hinweise haben keinen Anspruch auf Vollständigkeit und können das Handbuch nicht ersetzen, sollen aber auf Sachverhalte hinweisen, die erfahrungsgemäß einigen Schülern Probleme bereiten.
2 [HOME]; [F6]; 2: (engl: Newprob)
3 [VAR-LINK]; [F1]; 5: Verzeichnis anlegen (engl.: Create Folder)
4 [MODE] 2: akt. Verzeichnis (engl. Current Folder)

Der Taschencomputer gibt bei folgendem – **falschem!** – Vorgehen aber den Term $f'(k) = 3 \cdot k^2$ an. Woran liegt das? Speichert man wie im Beispiel nur die Vorschrift zum Bilden der 1. Ableitung unter dem Namen $f_1(x)$ ab, so rechnet der Taschencomputer erst den Wert von f(x) an der Stelle $x = k$ aus und bildet davon die 1. Ableitung nach k:

$f(k) = k \cdot k^2 = k^3$ und damit $f'(k) = 3k^2$.

Man vermeidet dynamische Definitionen, indem man immer erst den Term der Ableitungsfunktion ausgeben lässt und den Funktionsterm dann (ggf. unter Verwendung der [ANS]-Taste) unter einem geeigneten Namen abspeichert, wie es für dieses Beispiel gezeigt wird.

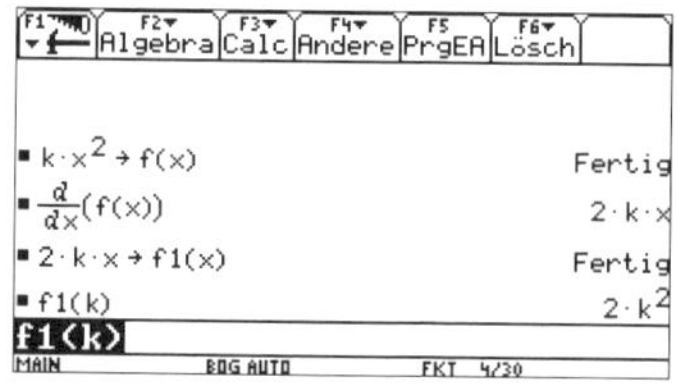

4. Es kommt nicht oft vor, aber man kann es nicht völlig ausschließen, dass der Taschencomputer an seine **technischen Grenzen** stößt. Deshalb sollte man **Warnhinweise** des Rechners **ernst nehmen** und versuchen, die **Lösung auf einem anderen Lösungsweg abzusichern**[5].

   Beispiel:

   Die Lösungen der Gleichung $\sin(x) = e^x$ werden mit dem Taschencomputer auf algebraischem Wege ermittelt.

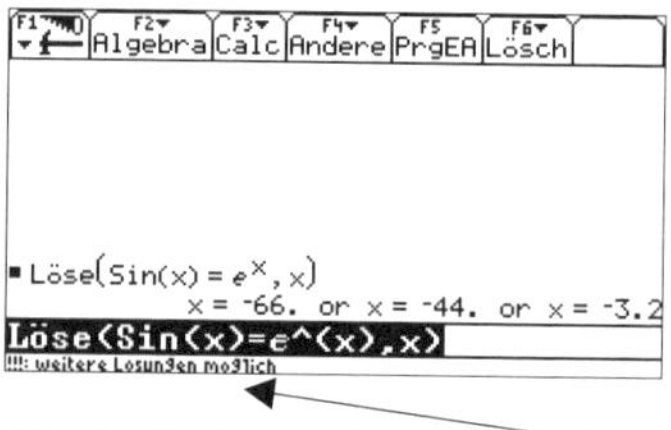

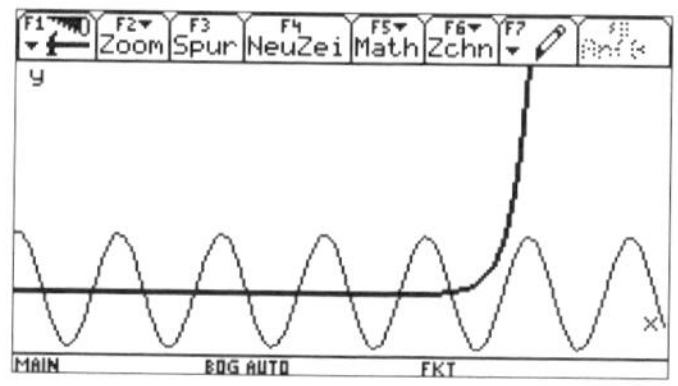

   Algebraisch werden nur drei Näherungslösungen ermittelt, aber es wird eine Warnung „weitere Lösungen möglich“ angezeigt. In der grafischen Veranschaulichung erkennt man, dass es mehr als drei Lösungen geben muss. Durch inhaltliche Überlegungen (Periodizität der Sinusfunktion und asymptotisches Verhalten der e-Funktion bezüglich der negativen x-Achse) wird klar, dass es sogar unendlich viele Lösungen dieser Gleichung gibt.

5. Auch wenn der Taschencomputer keinen Warnhinweis anzeigt, kann die **Kontrolle auf einem anderen Lösungsweg** helfen, Fehler zu vermeiden, die z. B. durch falsche inhaltliche Überlegungen oder Eingabefehler entstehen können.

---

5 Nicht jeder Warnhinweis ist berechtigt.

Beispiele:

a) Es soll die Gleichung der Tangente t an $f_k(x) = k \cdot x^2$ in $P(1; f_k(1))$ ermittelt werden.
Durch inhaltliche Überlegungen kommt man zu der Tangentengleichung
$y = t_k(x) = 2k \cdot x - k$.

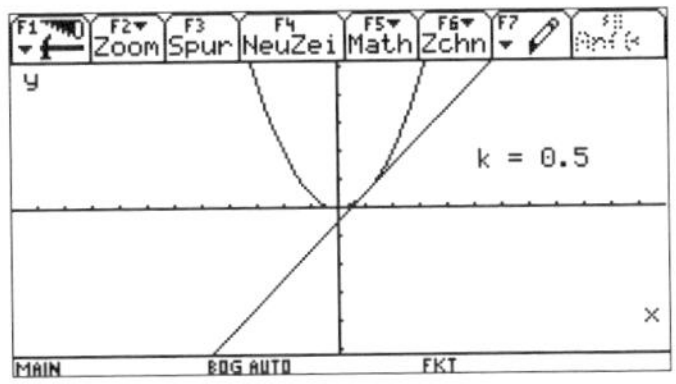

Man sollte es nicht versäumen, dieses algebraisch ermittelte Ergebnis anhand einiger Beispiele grafisch zu verifizieren.

b) Die Funktion $y = f(x) = \frac{(x-5)\cdot(x+3)}{x+4}$ soll auf lokale Extrempunkte untersucht werden.
Sie besitzt genau zwei lokale Extrempunkte. Die grafische Darstellung[6] zeigt aber nur einen lokalen Tiefpunkt an, obwohl die Funktion auch einen lokalen Hochpunkt besitzt. Der Nachweis über die Existenz und Anzahl aller lokalen Extrempunkte gelingt letztlich nur mithilfe algebraischer Methoden.

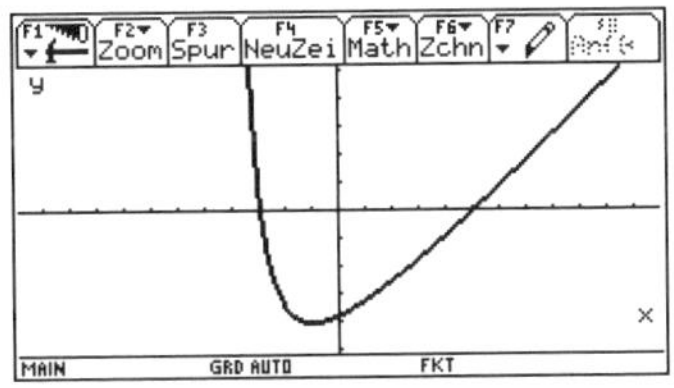

6. Rechnungen lassen sich weitgehend an den CAS-Rechner übertragen. Das spart Zeit und vermeidet Rechenfehler. Sie sollten stets sehr **sorgfältig die Eingabe** in den Rechner **kontrollieren,** um Eingabefehler zu vermeiden. Auch bei der Auswahl der Variablenbezeichnungen muss man aufpassen, dass keine rechnerinternen Überschneidungen entstehen.

   Beispiel:
   Es führt zu einem Fehler, innerhalb ein und derselben Aufgabe die Variable t gleichzeitig als Parameter für den Ortsvektor eines Punktes D(t) und außerdem als Bezeichnung eines anderen Objektes wie einer Geraden zu verwenden.

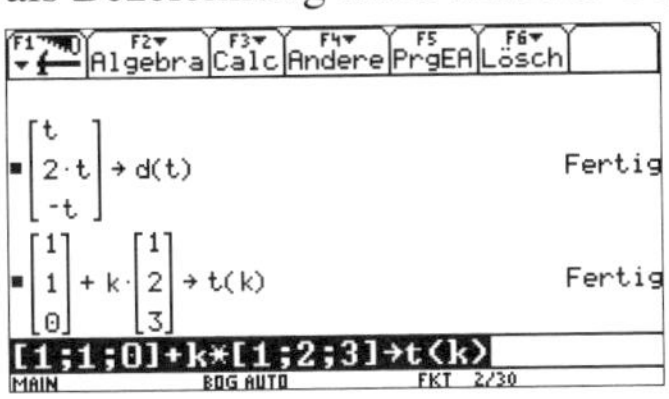

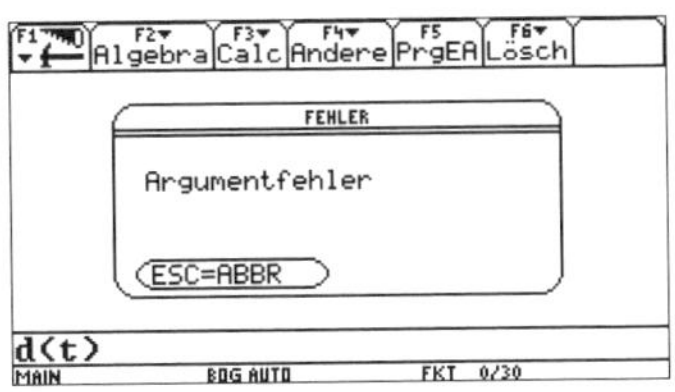

   Die Fehlermeldung kommt dadurch zustande, dass der Rechner bei d(t) für t die Eingabe einer Variablen oder Zahl erwartet, aber t hier als ein Vektor abgespeichert ist.

6 Dies ist natürlich abhängig von den eingestellten Fensterparametern.

7. Um Rundungsfehler zu vermeiden, sollte man die **Zwischenergebnisse** direkt **über Kopieren und Einfügen** im weiteren Rechengang **nutzen.**[7]

   Beispiel:

   Eine Stadt hatte 70 000 Einwohner im Jahr 2000, im Jahre 2006 sind es 85 000. Unter der Annahme, dass exponentielles Wachstum vorliegt, soll das Jahr berechnet werden, in dem sich die Bevölkerungszahl gegenüber dem Jahr 2000 verdoppelt hat.

   Aus dem Ansatz ergibt sich ein exakter Wachstumsfaktor oder ein als Dezimalbruch angegebener Faktor mit vielen Nachkommastellen (siehe Bildschirmausdruck). Man ist versucht, mit einem gerundeten Wert weiterzurechnen, beispielsweise hier mit x = 1,03. Mit diesem gerundeten Zwischenergebnis erhält man eine Abweichung von fast zwei Jahren gegenüber dem Ergebnis, das aus dem nicht gerundeten Wert entsteht.

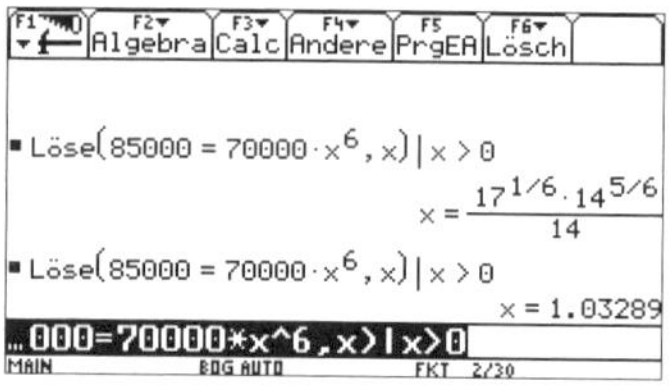

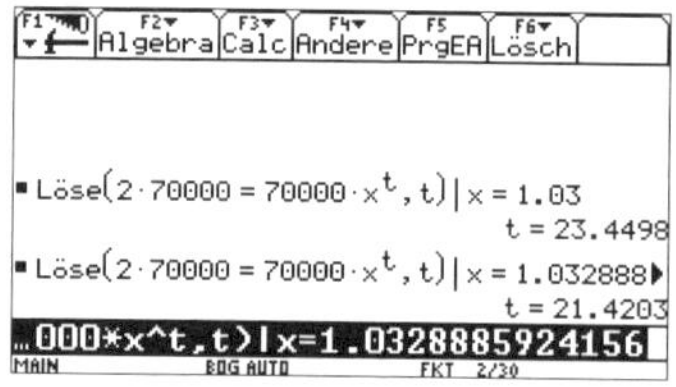

8. Weil der Taschencomputer Ihnen viel Arbeit abnimmt, kann es passieren, dass Ihre Lösungsdarstellung zu knapp ausfällt. Gewöhnen Sie sich beizeiten daran, den Lösungsweg immer so zu notieren, dass er von anderen gut nachvollzogen werden kann. **Kommentieren Sie Ihre Lösungsansätze, notieren Sie Zwischenschritte und nehmen Sie in der Antwort immer Bezug auf die gestellte Aufgabe.** So haben Sie eine nachträgliche Kontrolle, ob Sie wirklich alle gestellten Aufgabenteile bearbeitet haben. Eventuell ist es dann auch möglich, bei der Korrektur Folgefehler anzuerkennen. Selbstverständlich trägt eine saubere und übersichtliche Darstellung des Lösungsweges zu einem positiven Gesamteindruck Ihrer Abiturarbeit bei.

9. Für TI-Voyage200 und TI-89-Titanium gibt es seit dem Sommer 2005 das **Betriebssystem 3.10**.

   Unter anderem bietet dieses Betriebssystem den Vorteil, Gleichungssysteme auch in vektorieller Form zu lösen. Solche kommen beispielsweise in der analytischen Geometrie häufig vor.

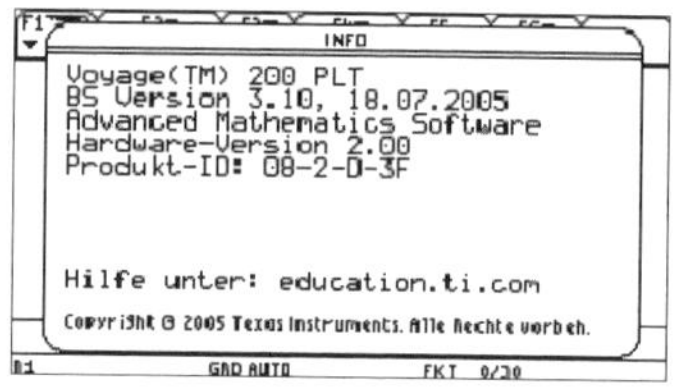

---

7 [HOME]; [F1]; 5 bzw. [HOME]; [F1]; 6

Beispiel:

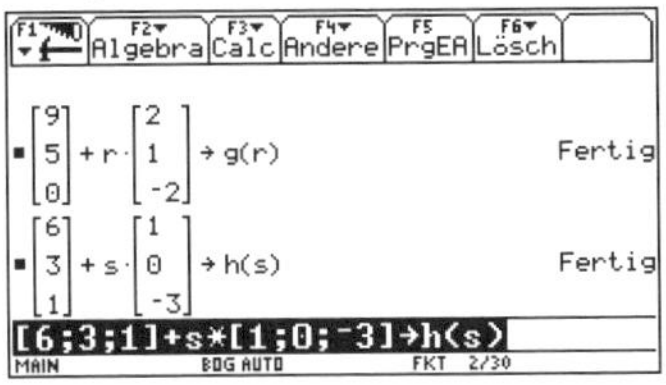

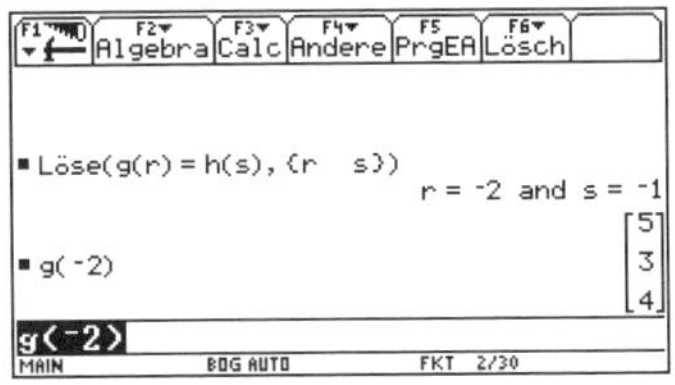

10. Für Berechnungen in der Stochastik kann man sich kostenlos von der Internetseite www.education.ti.com die Flash-Applikation „Statistik mit Listeneditor" herunterladen. Dieses Zusatzprogramm, das beim Reset nicht gelöscht wird, beinhaltet u. a. die Funktionen binompdf (berechnet eine diskrete Einzelwahrscheinlichkeit) und binomcdf (berechnet eine Intervallwahrscheinlichkeit) für die Berechnungen zu Binomialverteilungen. Diese Funktionen finden Sie dann z. B. im Katalog [CATALOG] unter [F3].

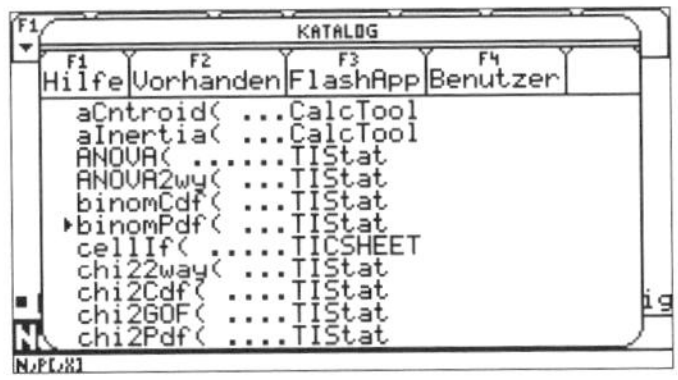

Beispiel:
Berechnen Sie für eine binomialverteilte Zufallsgröße die Einzelwahrscheinlichkeit für $n = 10$, $p = 0{,}8$ und $k = 8$ sowie die Intervallwahrscheinlichkeit für $8 \leq k \leq 10$.

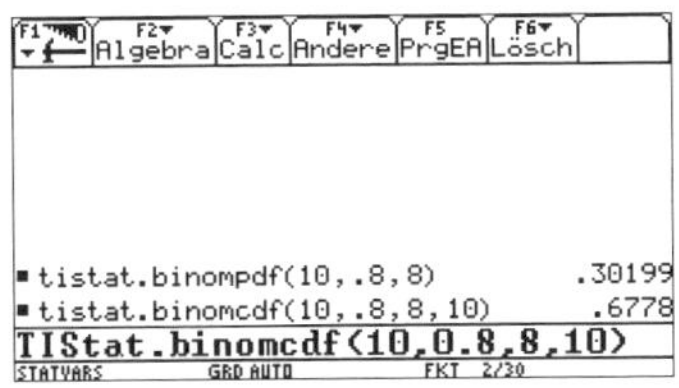

Tabellen

Tabelle 1: σ-Regeln für Binomialverteilungen

Eine mit den Parametern n und p binomialverteilte Zufallsgröße X hat den Erwartungswert $\mu = n \cdot p$ und die Standardabweichung $\sigma = \sqrt{n \cdot p \cdot (1-p)}$.
Wenn die Laplace-Bedingung $\sigma > 3$ erfüllt ist, gelten die σ-Regeln:

$P(\mu - 1{,}64\sigma \le X \le \mu + 1{,}64\sigma) \approx 0{,}90$	$P(\mu - 1{,}64\sigma \le X) \approx 0{,}95$
	$P(X \le \mu + 1{,}64\sigma) \approx 0{,}95$
$P(\mu - 1{,}96\sigma \le X \le \mu + 1{,}96\sigma) \approx 0{,}95$	$P(\mu - 1{,}96\sigma \le X) \approx 0{,}975$
	$P(X \le \mu + 1{,}96\sigma) \approx 0{,}975$
$P(\mu - 2{,}58\sigma \le X \le \mu + 2{,}58\sigma) \approx 0{,}99$	$P(\mu - 2{,}58\sigma \le X) \approx 0{,}995$
	$P(X \le \mu + 2{,}58\sigma) \approx 0{,}995$

$P(\mu - 1\sigma \le X \le \mu + 1\sigma) \approx 0{,}683$	$P(\mu - 1\sigma \le X) \approx 0{,}841$
	$P(X \le \mu + 1\sigma) \approx 0{,}841$
$P(\mu - 2\sigma \le X \le \mu + 2\sigma) \approx 0{,}955$	$P(\mu - 2\sigma \le X) \approx 0{,}977$
	$P(X \le \mu + 2\sigma) \approx 0{,}977$
$P(\mu - 3\sigma \le X \le \mu + 3\sigma) \approx 0{,}997$	$P(\mu - 3\sigma \le X) \approx 0{,}999$
	$P(X \le \mu + 3\sigma) \approx 0{,}999$

Tabelle 2: Kumulierte Binomialverteilung für n = 10 und n = 20

$$F(n;\,p;\,k) = B(n;\,p;\,0) + \ldots + B(n;\,p;\,k) = \binom{n}{0} p^0 (1-p)^{n-0} + \ldots + \binom{n}{k} p^k (1-p)^{n-k}$$

n	k	p = 0,02	0,05	0,08	0,1	0,15	0,2	0,25	0,3	0,5	k	n
10	0	0,8171	0,5987	0,4344	0,3487	0,1969	0,1074	0,0563	0,0282	0,0010	9	10
	1	0,9838	0,9139	0,8121	0,7361	0,5443	0,3758	0,2440	0,1493	0,0107	8	
	2	0,9991	0,9885	0,9599	0,9298	0,8202	0,6778	0,5256	0,3828	0,0547	7	
	3		0,9990	0,9942	0,9872	0,9500	0,8791	0,7759	0,6496	0,1719	6	
	4		0,9999	0,9994	0,9984	0,9901	0,9672	0,9219	0,8497	0,3770	5	
	5				0,9999	0,9986	0,9936	0,9803	0,9527	0,6230	4	
	6					0,9999	0,9991	0,9965	0,9894	0,8281	3	
	7						0,9999	0,9996	0,9984	0,9453	2	
	8								0,9999	0,9893	1	
	9									0,9990	0	
20	0	0,6676	0,3585	0,1887	0,1216	0,0388	0,0115	0,0032	0,0008	0,0000	19	20
	1	0,9401	0,7358	0,5169	0,3917	0,1756	0,0692	0,0243	0,0076	0,0000	18	
	2	0,9929	0,9245	0,7879	0,6769	0,4049	0,2061	0,0913	0,0355	0,0002	17	
	3	0,9994	0,9841	0,9294	0,8670	0,6477	0,4114	0,2252	0,1071	0,0013	16	
	4		0,9974	0,9817	0,9568	0,8298	0,6296	0,4148	0,2375	0,0059	15	
	5		0,9997	0,9962	0,9887	0,9327	0,8042	0,6172	0,4164	0,0207	14	
	6			0,9994	0,9976	0,9781	0,9133	0,7858	0,6080	0,0577	13	
	7			0,9999	0,9996	0,9941	0,9679	0,8982	0,7723	0,1316	12	
	8				0,9999	0,9987	0,9900	0,9591	0,8867	0,2517	11	
	9					0,9998	0,9974	0,9861	0,9520	0,4119	10	
	10						0,9994	0,9961	0,9829	0,5881	9	
	11						0,9999	0,9991	0,9949	0,7483	8	
	12							0,9998	0,9987	0,8684	7	
	13								0,9997	0,9423	6	
	14									0,9793	5	
	15									0,9941	4	
	16									0,9987	3	
	17									0,9998	2	
n		p = 0,98	0,95	0,92	0,9	0,85	0,8	0,75	0,7	0,5	k	n

Bei grau unterlegtem Eingang, d. h. $p \geq 0{,}5$, gilt: $F(n;\,p;\,k) = 1 -$ abgelesener Wert.
Nicht aufgeführte Werte sind (auf 4 Dez.) 1,0000.

Tabelle 3: Kumulierte Binomialverteilung für n = 50

$$F(n;p;k) = B(n;p;0) + \ldots + B(n;p;k) = \binom{n}{0} p^0 (1-p)^{n-0} + \ldots + \binom{n}{k} p^k (1-p)^{n-k}$$

k	p: 0,02	0,05	0,1	0,125	0,15	0,2	0,25	0,3	0,4	0,5	
0	0,3642	0,0769	0,0052	0,0013	0,0003	0,0000	0,0000	0,0000	0,0000	0,0000	49
1	0,7358	0,2794	0,0338	0,0103	0,0029	0,0002	0,0000	0,0000	0,0000	0,0000	48
2	0,9216	0,5405	0,1117	0,0418	0,0142	0,0013	0,0001	0,0000	0,0000	0,0000	47
3	0,9822	0,7604	0,2503	0,1138	0,0460	0,0057	0,0005	0,0000	0,0000	0,0000	46
4	0,9968	0,8964	0,4312	0,2346	0,1121	0,0185	0,0021	0,0002	0,0000	0,0000	45
5	0,9995	0,9622	0,6161	0,3935	0,2194	0,0480	0,0070	0,0007	0,0000	0,0000	44
6	0,9999	0,9882	0,7702	0,5637	0,3613	0,1034	0,0194	0,0025	0,0000	0,0000	43
7		0,9968	0,8779	0,7165	0,5188	0,1904	0,0453	0,0073	0,0001	0,0000	42
8		0,9992	0,9421	0,8339	0,6681	0,3073	0,0916	0,0183	0,0002	0,0000	41
9		0,9998	0,9755	0,9121	0,7911	0,4437	0,1637	0,0402	0,0008	0,0000	40
10			0,9906	0,9579	0,8801	0,5836	0,2622	0,0789	0,0022	0,0000	39
11			0,9968	0,9817	0,9372	0,7107	0,3816	0,1390	0,0057	0,0000	38
12			0,9990	0,9928	0,9699	0,8139	0,5110	0,2229	0,0133	0,0002	37
13			0,9997	0,9974	0,9868	0,8894	0,6370	0,3279	0,0280	0,0005	36
14			0,9999	0,9991	0,9947	0,9393	0,7481	0,4468	0,0540	0,0013	35
15				0,9997	0,9981	0,9692	0,8369	0,5692	0,0955	0,0033	34
16				0,9999	0,9993	0,9856	0,9017	0,6839	0,1561	0,0077	33
17					0,9998	0,9937	0,9449	0,7822	0,2369	0,0164	32
18					0,9999	0,9975	0,9713	0,8594	0,3356	0,0325	31
19						0,9991	0,9861	0,9152	0,4465	0,0595	30
20						0,9997	0,9937	0,9522	0,5610	0,1013	29
21						0,9999	0,9974	0,9749	0,6701	0,1611	28
22							0,9990	0,9877	0,7660	0,2399	27
23							0,9996	0,9944	0,8438	0,3359	26
24							0,9999	0,9976	0,9022	0,4439	25
25								0,9991	0,9427	0,5561	24
26								0,9997	0,9686	0,6641	23
27								0,9999	0,9840	0,7601	22
28									0,9924	0,8389	21
29									0,9966	0,8987	20
30									0,9986	0,9405	19
31									0,9995	0,9675	18
32									0,9998	0,9836	17
33									0,9999	0,9923	16
34										0,9967	15
35										0,9987	14
36										0,9995	13
37										0,9998	12
	p: 0,98	0,95	0,9	0,875	0,85	0,8	0,75	0,7	0,6	0,5	k

Bei grau unterlegtem Eingang, d. h. $p \geq 0{,}5$, gilt: F(n; p; k) = 1 – abgelesener Wert.
Nicht aufgeführte Werte sind (auf 4 Dez.) 1,0000.

Tabelle 4: Kumulierte Binomialverteilung für n = 100

$$F(n; p; k) = B(n; p; 0) + \ldots + B(n; p; k) = \binom{n}{0} p^0 (1-p)^{n-0} + \ldots + \binom{n}{k} p^k (1-p)^{n-k}$$

k	p = 0,02	0,03	0,05	0,08	0,1	0,15	$\frac{1}{6}$	
0	0,1326	0,0476	0,0059	0,0002	0,0000	0,0000	0,0000	99
1	0,4033	0,1946	0,0371	0,0023	0,0003	0,0000	0,0000	98
2	0,6767	0,4198	0,1183	0,0113	0,0019	0,0000	0,0000	97
3	0,8590	0,6472	0,2578	0,0367	0,0078	0,0001	0,0000	96
4	0,9492	0,8179	0,4360	0,0903	0,0237	0,0004	0,0001	95
5	0,9845	0,9192	0,6160	0,1799	0,0576	0,0016	0,0004	94
6	0,9959	0,9688	0,7660	0,3032	0,1172	0,0047	0,0013	93
7	0,9991	0,9894	0,8720	0,4471	0,2061	0,0122	0,0038	92
8	0,9998	0,9968	0,9369	0,5926	0,3209	0,0275	0,0095	91
9		0,9991	0,9718	0,7220	0,4513	0,0551	0,0213	90
10		0,9998	0,9885	0,8243	0,5832	0,0994	0,0427	89
11			0,9957	0,8972	0,7030	0,1635	0,0777	88
12			0,9985	0,9441	0,8018	0,2473	0,1297	87
13			0,9995	0,9718	0,8761	0,3474	0,2000	86
14			0,9999	0,9867	0,9274	0,4572	0,2874	85
15				0,9942	0,9601	0,5683	0,3877	84
16				0,9976	0,9794	0,6725	0,4942	83
17				0,9991	0,9900	0,7633	0,5994	82
18				0,9997	0,9954	0,8372	0,6965	81
19				0,9999	0,9980	0,8935	0,7803	80
20					0,9992	0,9337	0,8481	79
21					0,9997	0,9607	0,8998	78
22					0,9999	0,9779	0,9369	77
23						0,9881	0,9621	76
24						0,9939	0,9783	75
25						0,9970	0,9881	74
26						0,9986	0,9938	73
27						0,9994	0,9969	72
28						0,9997	0,9985	71
29						0,9999	0,9993	70
30							0,9997	69
31							0,9999	68
	0,98	0,97	0,95	0,92	0,9	0,85	$\frac{5}{6}$	k
				p				

Bei grau unterlegtem Eingang, d. h. $p \geq 0{,}5$, gilt: F(n; p; k) = 1 – abgelesener Wert.
Nicht aufgeführte Werte sind (auf 4 Dez.) 1,0000.

Kumulierte Binomialverteilung für n = 100

$$F(n;p;k) = B(n;p;0) + \ldots + B(n;p;k) = \binom{n}{0} p^0 (1-p)^{n-0} + \ldots + \binom{n}{k} p^k (1-p)^{n-k}$$

	p							
k	0,2	0,25	0,27	0,3	$\frac{1}{3}$	0,4	0,5	
0	0,0000	0,0000	0,0000	0,0000	0,0000	0,0000	0,0000	99
1	0,0000	0,0000	0,0000	0,0000	0,0000	0,0000	0,0000	98
2	0,0000	0,0000	0,0000	0,0000	0,0000	0,0000	0,0000	97
3	0,0000	0,0000	0,0000	0,0000	0,0000	0,0000	0,0000	96
4	0,0000	0,0000	0,0000	0,0000	0,0000	0,0000	0,0000	95
5	0,0000	0,0000	0,0000	0,0000	0,0000	0,0000	0,0000	94
6	0,0001	0,0000	0,0000	0,0000	0,0000	0,0000	0,0000	93
7	0,0003	0,0000	0,0000	0,0000	0,0000	0,0000	0,0000	92
8	0,0009	0,0000	0,0000	0,0000	0,0000	0,0000	0,0000	91
9	0,0023	0,0000	0,0000	0,0000	0,0000	0,0000	0,0000	90
10	0,0057	0,0001	0,0000	0,0000	0,0000	0,0000	0,0000	89
11	0,0126	0,0004	0,0001	0,0000	0,0000	0,0000	0,0000	88
12	0,0253	0,0010	0,0002	0,0000	0,0000	0,0000	0,0000	87
13	0,0469	0,0025	0,0006	0,0001	0,0000	0,0000	0,0000	86
14	0,0804	0,0054	0,0014	0,0002	0,0000	0,0000	0,0000	85
15	0,1285	0,0111	0,0033	0,0004	0,0000	0,0000	0,0000	84
16	0,1923	0,0211	0,0068	0,0010	0,0001	0,0000	0,0000	83
17	0,2712	0,0376	0,0133	0,0022	0,0002	0,0000	0,0000	82
18	0,3621	0,0630	0,0243	0,0045	0,0005	0,0000	0,0000	81
19	0,4602	0,0995	0,0420	0,0089	0,0011	0,0000	0,0000	80
20	0,5595	0,1488	0,0684	0,0165	0,0024	0,0000	0,0000	79
21	0,6540	0,2114	0,1057	0,0288	0,0048	0,0000	0,0000	78
22	0,7389	0,2864	0,1552	0,0479	0,0091	0,0001	0,0000	77
23	0,8109	0,3711	0,2172	0,0755	0,0164	0,0003	0,0000	76
24	0,8686	0,4617	0,2909	0,1136	0,0281	0,0006	0,0000	75
25	0,9125	0,5535	0,3737	0,1631	0,0458	0,0012	0,0000	74
26	0,9442	0,6417	0,4620	0,2244	0,0715	0,0024	0,0000	73
27	0,9658	0,7224	0,5516	0,2964	0,1066	0,0046	0,0000	72
28	0,9800	0,7925	0,6379	0,3768	0,1524	0,0084	0,0000	71
29	0,9888	0,8505	0,7172	0,4623	0,2093	0,0148	0,0000	70
30	0,9939	0,8962	0,7866	0,5491	0,2766	0,0248	0,0000	69
31	0,9969	0,9307	0,8446	0,6331	0,3525	0,0398	0,0001	68
32	0,9984	0,9554	0,8909	0,7107	0,4344	0,0615	0,0002	67
33	0,9993	0,9724	0,9261	0,7793	0,5188	0,0913	0,0004	66
34	0,9997	0,9836	0,9518	0,8371	0,6019	0,1303	0,0009	65
35	0,9999	0,9906	0,9697	0,8839	0,6803	0,1795	0,0018	64
36	0,9999	0,9948	0,9817	0,9201	0,7511	0,2386	0,0033	63
37		0,9973	0,9893	0,9470	0,8123	0,3068	0,0060	62
38		0,9986	0,9940	0,9660	0,8630	0,3822	0,0105	61
39		0,9993	0,9968	0,9790	0,9034	0,4621	0,0176	60
40		0,9997	0,9983	0,9875	0,9341	0,5433	0,0284	59

41		0,9999	0,9992	0,9928	0,9566	0,6225	0,0443	58
42		0,9999	0,9996	0,9960	0,9724	0,6967	0,0666	57
43			0,9998	0,9979	0,9831	0,7635	0,0967	56
44			0,9999	0,9989	0,9900	0,8211	0,1356	55
45				0,9995	0,9943	0,8689	0,1841	54
46				0,9997	0,9969	0,9070	0,2421	53
47				0,9999	0,9983	0,9362	0,3086	52
48				0,9999	0,9991	0,9577	0,3822	51
49					0,9996	0,9729	0,4602	50
50					0,9998	0,9832	0,5398	49
51					0,9999	0,9900	0,6178	48
52						0,9942	0,6914	47
53						0,9968	0,7579	46
54						0,9983	0,8159	45
55						0,9991	0,8644	44
56						0,9996	0,9033	43
57						0,9998	0,9334	42
58						0,9999	0,9557	41
59							0,9716	40
60							0,9824	39
61							0,9895	38
62							0,9940	37
63							0,9967	36
64							0,9982	35
65							0,9991	34
66							0,9996	33
67							0,9998	32
68							0,9999	31
	0,8	0,75	0,73	0,7	$\frac{2}{3}$	0,6	0,5	k
				p				

Bei grau unterlegtem Eingang, d. h. $p \geq 0{,}5$, gilt: $F(n; p; k) = 1 -$ abgelesener Wert.
Nicht aufgeführte Werte sind (auf 4 Dez.) 1,0000.

Tabelle 5: Kumulierte Binomialverteilung für n = 200

$$F(n;p;k) = B(n;p;0) + \ldots + B(n;p;k) = \binom{n}{0} p^0 (1-p)^{n-0} + \ldots + \binom{n}{k} p^k (1-p)^{n-k}$$

k	p = 0,02	0,04	0,05	0,1	0,15	$\frac{1}{6}$	0,2	0,25	
0	0,0176	0,0003	0,0000	0,0000	0,0000	0,0000	0,0000	0,0000	199
1	0,0894	0,0027	0,0004	0,0000	0,0000	0,0000	0,0000	0,0000	198
2	0,2351	0,0125	0,0023	0,0000	0,0000	0,0000	0,0000	0,0000	197
3	0,4315	0,0395	0,0090	0,0000	0,0000	0,0000	0,0000	0,0000	196
4	0,6288	0,0950	0,0264	0,0000	0,0000	0,0000	0,0000	0,0000	195
5	0,7867	0,1856	0,0623	0,0000	0,0000	0,0000	0,0000	0,0000	194
6	0,8914	0,3084	0,1237	0,0001	0,0000	0,0000	0,0000	0,0000	193
7	0,9507	0,4501	0,2133	0,0005	0,0000	0,0000	0,0000	0,0000	192
8	0,9798	0,5926	0,3270	0,0014	0,0000	0,0000	0,0000	0,0000	191
9	0,9925	0,7192	0,4547	0,0035	0,0000	0,0000	0,0000	0,0000	190
10	0,9975	0,8200	0,5831	0,0081	0,0000	0,0000	0,0000	0,0000	189
11	0,9992	0,8925	0,6998	0,0168	0,0000	0,0000	0,0000	0,0000	188
12	0,9998	0,9401	0,7965	0,0320	0,0001	0,0000	0,0000	0,0000	187
13	0,9999	0,9688	0,8701	0,0566	0,0002	0,0000	0,0000	0,0000	186
14		0,9848	0,9219	0,0929	0,0004	0,0000	0,0000	0,0000	185
15		0,9930	0,9556	0,1431	0,0010	0,0001	0,0000	0,0000	184
16		0,9970	0,9762	0,2075	0,0021	0,0003	0,0000	0,0000	183
17		0,9988	0,9879	0,2849	0,0043	0,0006	0,0000	0,0000	182
18		0,9995	0,9942	0,3724	0,0082	0,0013	0,0000	0,0000	181
19		0,9998	0,9973	0,4655	0,0149	0,0027	0,0000	0,0000	180
20		0,9999	0,9988	0,5592	0,0255	0,0052	0,0001	0,0000	179
21			0,9995	0,6484	0,0415	0,0094	0,0002	0,0000	178
22			0,9998	0,7290	0,0645	0,0163	0,0005	0,0000	177
23			0,9999	0,7983	0,0959	0,0269	0,0010	0,0000	176
24				0,8551	0,1368	0,0426	0,0020	0,0000	175
25				0,8995	0,1876	0,0648	0,0036	0,0000	174
26				0,9328	0,2480	0,0945	0,0064	0,0000	173
27				0,9566	0,3166	0,1329	0,0110	0,0000	172
28				0,9729	0,3914	0,1803	0,0179	0,0001	171
29				0,9837	0,4697	0,2366	0,0283	0,0002	170
30				0,9905	0,5485	0,3007	0,0430	0,0004	169
31				0,9946	0,6247	0,3711	0,0632	0,0008	168
32				0,9971	0,6958	0,4454	0,0899	0,0014	167
33				0,9985	0,7596	0,5210	0,1239	0,0026	166
34				0,9992	0,8150	0,5953	0,1656	0,0044	165
35				0,9996	0,8613	0,6658	0,2151	0,0073	164
36				0,9998	0,8987	0,7305	0,2717	0,0117	163
37				0,9999	0,9280	0,7877	0,3345	0,0182	162
38					0,9502	0,8369	0,4019	0,0276	161

39					0,9665	0,8777	0,4718	0,0405	160
40					0,9780	0,9106	0,5422	0,0578	159
41					0,9860	0,9362	0,6108	0,0804	158
42					0,9913	0,9556	0,6758	0,1089	157
43					0,9947	0,9699	0,7355	0,1438	156
44					0,9969	0,9801	0,7887	0,1852	155
45					0,9982	0,9872	0,8349	0,2332	154
46					0,9990	0,9919	0,8738	0,2870	153
47					0,9995	0,9950	0,9056	0,3458	152
48					0,9997	0,9970	0,9310	0,4083	151
49					0,9998	0,9983	0,9506	0,4729	150
50					0,9999	0,9990	0,9655	0,5379	149
51						0,9995	0,9764	0,6017	148
52						0,9997	0,9843	0,6626	147
53						0,9998	0,9897	0,7192	146
54						0,9999	0,9934	0,7707	145
55							0,9959	0,8162	144
56							0,9975	0,8555	143
57							0,9985	0,8885	142
58							0,9991	0,9157	141
59							0,9995	0,9375	140
60							0,9997	0,9546	139
61							0,9998	0,9677	138
62							0,9999	0,9774	137
63								0,9846	136
64								0,9897	135
65								0,9932	134
66								0,9956	133
67								0,9972	132
68								0,9983	131
69								0,9990	130
70								0,9994	129
71								0,9996	128
72								0,9998	127
73								0,9999	126
74								0,9999	137
	0,98	0,96	0,95	0,9	0,85	$\frac{5}{6}$	0,8	0,75	k
				p					

Bei grau unterlegtem Eingang, d. h. $p \geq 0{,}5$, gilt: $F(n; p; k) = 1 -$ abgelesener Wert.
Nicht aufgeführte Werte sind (auf 4 Dez.) 1,0000.

Tabelle 6: Kumulierte Binomialverteilung für n = 400

$$F(n; p; k) = B(n; p; 0) + \ldots + B(n; p; k) = \binom{n}{0} p^0 (1-p)^{n-0} + \ldots + \binom{n}{k} p^k (1-p)^{n-k}$$

k	p = 0,01	p = 0,02	p = 0,05	p = 0,1	
0	0,0180	0,0003	0,0000	0,0000	399
1	0,0905	0,0028	0,0000	0,0000	398
2	0,2366	0,0131	0,0000	0,0000	397
3	0,4325	0,0410	0,0000	0,0000	396
4	0,6288	0,0973	0,0000	0,0000	395
5	0,7859	0,1885	0,0001	0,0000	394
6	0,8904	0,3109	0,0002	0,0000	393
7	0,9498	0,4515	0,0006	0,0000	392
8	0,9792	0,5926	0,0017	0,0000	391
9	0,9922	0,7179	0,0042	0,0000	390
10	0,9973	0,8179	0,0094	0,0000	389
11	0,9992	0,8903	0,0190	0,0000	388
12	0,9998	0,9381	0,0355	0,0000	387
13	0,9999	0,9673	0,0614	0,0000	386
14		0,9838	0,0990	0,0000	385
15		0,9924	0,1499	0,0000	384
16		0,9966	0,2145	0,0000	383
17		0,9986	0,2912	0,0000	382
18		0,9994	0,3771	0,0000	381
19		0,9998	0,4680	0,0001	380
20		0,9999	0,5591	0,0002	379
21			0,6459	0,0004	378
22			0,7246	0,0009	377
23			0,7927	0,0017	376
24			0,8490	0,0031	375
25			0,8935	0,0054	374
26			0,9274	0,0092	373
27			0,9520	0,0149	372
28			0,9693	0,0235	371
29			0,9810	0,0357	370
30			0,9886	0,0524	369
31			0,9933	0,0746	368
32			0,9962	0,1030	367
33			0,9979	0,1382	366
34			0,9989	0,1805	365
35			0,9994	0,2296	364
36			0,9997	0,2849	363
37			0,9999	0,3453	362
38			0,9999	0,4095	361
39				0,4756	360
40				0,5420	359
41				0,6067	358

42				0,6682	357
43				0,7251	356
44				0,7763	355
45				0,8214	354
46				0,8600	353
47				0,8924	352
48				0,9188	351
49				0,9399	350
50				0,9564	349
51				0,9689	348
52				0,9783	347
53				0,9851	346
54				0,9900	345
55				0,9934	344
56				0,9957	343
57				0,9973	342
58				0,9983	341
59				0,9989	340
60				0,9994	339
61				0,9996	338
62				0,9998	337
63				0,9999	336
64				0,9999	335
	0,99	0,98	0,95	0,9	k
		p			

Bei grau unterlegtem Eingang, d. h. p ≥ 0,5, gilt: F(n; p; k) = 1 – abgelesener Wert.
Nicht aufgeführte Werte sind (auf 4 Dez.) 1,0000.

Tabelle 7: Kumulierte Binomialverteilung für n = 1 000

$$F(n;p;k) = B(n;p;0) + \ldots + B(n;p;k) = \binom{n}{0} p^0 (1-p)^{n-0} + \ldots + \binom{n}{k} p^k (1-p)^{n-k}$$

	p							
k	0,01	0,015	0,02	0,025	0,03	0,035	0,04	
0	0,0000	0,0000	0,0000	0,0000	0,0000	0,0000	0,0000	999
1	0,0005	0,0000	0,0000	0,0000	0,0000	0,0000	0,0000	998
2	0,0027	0,0000	0,0000	0,0000	0,0000	0,0000	0,0000	997
3	0,0101	0,0002	0,0000	0,0000	0,0000	0,0000	0,0000	996
4	0,0287	0,0008	0,0000	0,0000	0,0000	0,0000	0,0000	995
5	0,0661	0,0026	0,0001	0,0000	0,0000	0,0000	0,0000	994
6	0,1289	0,0073	0,0002	0,0000	0,0000	0,0000	0,0000	993
7	0,2189	0,0174	0,0007	0,0000	0,0000	0,0000	0,0000	992
8	0,3317	0,0364	0,0019	0,0001	0,0000	0,0000	0,0000	991
9	0,4573	0,0684	0,0047	0,0002	0,0000	0,0000	0,0000	990
10	0,5830	0,1166	0,0102	0,0005	0,0000	0,0000	0,0000	989
11	0,6974	0,1828	0,0204	0,0013	0,0001	0,0000	0,0000	988
12	0,7925	0,2657	0,0376	0,0029	0,0001	0,0000	0,0000	987
13	0,8656	0,3618	0,0642	0,0060	0,0003	0,0000	0,0000	986
14	0,9176	0,4649	0,1025	0,0116	0,0008	0,0000	0,0000	985
15	0,9521	0,5681	0,1539	0,0211	0,0017	0,0001	0,0000	984
16	0,9736	0,6649	0,2185	0,0360	0,0035	0,0002	0,0000	983
17	0,9862	0,7501	0,2947	0,0582	0,0066	0,0005	0,0000	982
18	0,9931	0,8211	0,3797	0,0893	0,0119	0,0010	0,0001	981
19	0,9967	0,8769	0,4694	0,1304	0,0204	0,0020	0,0001	980
20	0,9985	0,9186	0,5591	0,1822	0,0333	0,0038	0,0003	979
21	0,9993	0,9482	0,6446	0,2442	0,0519	0,0068	0,0006	978
22	0,9997	0,9683	0,7222	0,3149	0,0774	0,0116	0,0012	977
23	0,9999	0,9813	0,7895	0,3919	0,1110	0,0191	0,0022	976
24		0,9894	0,8455	0,4724	0,1534	0,0302	0,0039	975
25		0,9942	0,8901	0,5529	0,2045	0,0458	0,0067	974
26		0,9969	0,9242	0,6304	0,2637	0,0670	0,0110	973
27		0,9984	0,9493	0,7020	0,3299	0,0948	0,0175	972
28		0,9992	0,9671	0,7658	0,4009	0,1299	0,0270	971
29		0,9996	0,9793	0,8207	0,4746	0,1725	0,0402	970
30		0,9998	0,9874	0,8662	0,5484	0,2225	0,0580	969
31		0,9999	0,9925	0,9027	0,6197	0,2793	0,0812	968
32			0,9957	0,9311	0,6866	0,3416	0,1105	967
33			0,9976	0,9524	0,7472	0,4079	0,1463	966
34			0,9987	0,9680	0,8005	0,4763	0,1887	965
35			0,9993	0,9790	0,8461	0,5448	0,2374	964
36			0,9996	0,9865	0,8838	0,6114	0,2919	963
37			0,9998	0,9916	0,9142	0,6743	0,3511	962
38			0,9999	0,9949	0,9381	0,7321	0,4135	961
39				0,9969	0,9563	0,7839	0,4777	960
40				0,9982	0,9698	0,8289	0,5419	959
41				0,9990	0,9796	0,8672	0,6046	958

42				0,9994	0,9865	0,8989	0,6642	957
43				0,9997	0,9912	0,9246	0,7196	956
44				0,9998	0,9944	0,9448	0,7698	955
45				0,9999	0,9965	0,9603	0,8142	954
46					0,9979	0,9721	0,8526	953
47					0,9987	0,9807	0,8851	952
48					0,9993	0,9869	0,9119	951
49					0,9996	0,9913	0,9337	950
50					0,9998	0,9943	0,9509	949
51					0,9999	0,9964	0,9643	948
52					0,9999	0,9977	0,9745	947
53						0,9986	0,9821	946
54						0,9991	0,9876	945
55						0,9995	0,9916	944
56						0,9997	0,9944	943
57						0,9998	0,9963	942
58						0,9999	0,9976	941
59						0,9999	0,9985	940
60							0,9991	939
61							0,9994	938
62							0,9996	937
63							0,9998	936
64							0,9999	935
65							0,9999	934
	0,99	0,985	0,98	0,975	0,97	0,965	0,96	k
				p				

Bei grau unterlegtem Eingang, d. h. $p \geq 0{,}5$, gilt: $F(n; p; k) = 1 -$ abgelesener Wert.
Nicht aufgeführte Werte sind (auf 4 Dez.) 1,0000.

Kumulierte Binomialverteilung für n = 1 000

$$F(n;p;k) = B(n;p;0) + \ldots + B(n;p;k) = \binom{n}{0} p^0 (1-p)^{n-0} + \ldots + \binom{n}{k} p^k (1-p)^{n-k}$$

	p				
k	0,2	0,25	0,3	0,35	
250	0,9999	0,5170	0,0003	0,0000	749
251	1,0000	0,5460	0,0003	0,0000	748
252	1,0000	0,5747	0,0004	0,0000	747
253	1,0000	0,6031	0,0006	0,0000	746
254	1,0000	0,6308	0,0007	0,0000	745
255	1,0000	0,6579	0,0009	0,0000	744
256	1,0000	0,6842	0,0012	0,0000	743
257	1,0000	0,7095	0,0015	0,0000	742
258	1,0000	0,7338	0,0019	0,0000	741
259	1,0000	0,7571	0,0023	0,0000	740
260	1,0000	0,7791	0,0029	0,0000	739
261	1,0000	0,8000	0,0036	0,0000	738
262	1,0000	0,8196	0,0044	0,0000	737
263	1,0000	0,8380	0,0055	0,0000	736
264	1,0000	0,8550	0,0067	0,0000	735
265	1,0000	0,8708	0,0081	0,0000	734
266	1,0000	0,8854	0,0098	0,0000	733
267	1,0000	0,8987	0,0118	0,0000	732
268	1,0000	0,9109	0,0142	0,0000	731
269	1,0000	0,9219	0,0169	0,0000	730
270	1,0000	0,9319	0,0201	0,0000	729
271	1,0000	0,9408	0,0238	0,0000	728
272	1,0000	0,9488	0,0280	0,0000	727
273	1,0000	0,9559	0,0329	0,0000	726
274	1,0000	0,9622	0,0384	0,0000	725
275	1,0000	0,9677	0,0446	0,0000	724
276	1,0000	0,9725	0,0516	0,0000	723
277	1,0000	0,9768	0,0594	0,0000	722
278	1,0000	0,9804	0,0682	0,0000	721
279	1,0000	0,9836	0,0779	0,0000	720
280	1,0000	0,9863	0,0886	0,0000	719
281	1,0000	0,9886	0,1003	0,0000	718
282	1,0000	0,9905	0,1132	0,0000	717
283	1,0000	0,9922	0,1271	0,0000	716
284	1,0000	0,9936	0,1422	0,0000	715
285	1,0000	0,9948	0,1585	0,0000	714
286	1,0000	0,9957	0,1759	0,0000	713
287	1,0000	0,9966	0,1945	0,0000	712
288	1,0000	0,9972	0,2142	0,0000	711
289	1,0000	0,9978	0,2350	0,0000	710
290	1,0000	0,9982	0,2569	0,0000	709
291	1,0000	0,9986	0,2798	0,0000	708

n					k
292	1,0000	0,9989	0,3036	0,0001	707
293	1,0000	0,9991	0,3282	0,0001	706
294	1,0000	0,9993	0,3536	0,0001	705
295	1,0000	0,9995	0,3797	0,0001	704
296	1,0000	0,9996	0,4063	0,0002	703
297	1,0000	0,9997	0,4333	0,0002	702
298	1,0000	0,9997	0,4606	0,0003	701
299	1,0000	0,9998	0,4881	0,0004	700
300	1,0000	0,9999	0,5156	0,0005	699
301	1,0000	0,9999	0,5430	0,0006	698
302	1,0000	0,9999	0,5702	0,0007	697
303	1,0000	0,9999	0,5971	0,0009	696
304	1,0000	1,0000	0,6235	0,0012	695
305	1,0000	1,0000	0,6493	0,0014	694
306	1,0000	1,0000	0,6744	0,0018	693
307	1,0000	1,0000	0,6988	0,0022	692
308	1,0000	1,0000	0,7223	0,0028	691
309	1,0000	1,0000	0,7448	0,0034	690
310	1,0000	1,0000	0,7663	0,0041	689
311	1,0000	1,0000	0,7868	0,0050	688
312	1,0000	1,0000	0,8061	0,0061	687
313	1,0000	1,0000	0,8244	0,0074	686
314	1,0000	1,0000	0,8415	0,0089	685
	0,8	0,75	0,7	0,65	k
	p				

Bei grau unterlegtem Eingang, d. h. $p \geq 0{,}5$, gilt: $F(n; p; k) = 1 -$ abgelesener Wert.

Tabelle 8: Normalverteilung

$\phi(z) = 0, \ldots$ $\qquad\qquad$ $\phi(-z) = 1 - \phi(z)$

z	0	1	2	3	4	5	6	7	8	9
0,0	5000	5040	5080	5120	5160	5199	5239	5279	5319	5359
0,1	5398	5438	5478	5517	5557	5596	5636	5675	5714	5753
0,2	5793	5832	5871	5910	5948	5987	6026	6064	6103	6141
0,3	6179	6217	6255	6293	6331	6368	6406	6443	6480	6517
0,4	6554	6591	6628	6664	6700	6736	6772	6808	6844	6879
0,5	6915	6950	6985	7019	7054	7088	7123	7157	7190	7224
0,6	7257	7291	7324	7357	7389	7422	7454	7486	7517	7549
0,7	7580	7611	7642	7673	7704	7734	7764	7794	7823	7852
0,8	7881	7910	7939	7967	7995	8023	8051	8078	8106	8133
0,9	8159	8186	8212	8238	8264	8289	8315	8340	8365	8389
1,0	8413	8438	8461	8485	8508	8531	8554	8577	8599	8621
1,1	8643	8665	8686	8708	8729	8749	8770	8790	8810	8830
1,2	8849	8869	8888	8907	8925	8944	8962	8980	8997	9015
1,3	9032	9049	9066	9082	9099	9115	9131	9147	9162	9177
1,4	9192	9207	9222	9236	9251	9265	9279	9292	9306	9319
1,5	9332	9345	9357	9370	9382	9394	9406	9418	9429	9441
1,6	9452	9463	9474	9484	9495	9505	9515	9525	9535	9545
1,7	9554	9564	9573	9582	9591	9599	9608	9616	9625	9633
1,8	9461	9649	9656	9664	9671	9678	9686	9693	9699	9706
1,9	9713	9719	9726	9732	9738	9744	9750	9756	9761	9767
2,0	9772	9778	9783	9788	9793	9798	9803	9808	9812	9817
2,1	9821	9826	9830	9834	9838	9842	9846	9850	9854	9857
2,2	9861	9864	9868	9871	9875	9878	9881	9884	9887	9890
2,3	9893	9896	9898	9901	9904	9906	9909	9911	9913	9916
2,4	9918	9920	9922	9925	9927	9929	9931	9932	9934	9936
2,5	9938	9940	9941	9943	9945	9946	9948	9949	9951	9952
2,6	9953	9955	9956	9957	9959	9960	9961	9962	9963	9964
2,7	9965	9966	9967	9968	9969	9970	9971	9972	9973	9974
2,8	9974	9975	9976	9977	9977	9978	9979	9979	9980	9981
2,9	9981	9982	9982	9983	9984	9984	9985	9985	9986	9986
3,0	9987	9987	9987	9988	9988	9989	9989	9989	9990	9990
3,1	9990	9991	9991	9991	9992	9992	9992	9992	9993	9993
3,2	9993	9993	9994	9994	9994	9994	9994	9995	9995	9995
3,3	9995	9995	9995	9996	9996	9996	9996	9996	9996	9997
3,4	9997	9997	9997	9997	9997	9997	9997	9997	9997	9998
3,5	9998	9998	9998	9998	9998	9998	9998	9998	9998	9998
3,6	9998	9998	9999	9999	9999	9999	9999	9999	9999	9999
3,7	9999	9999	9999	9999	9999	9999	9999	9999	9999	9999
3,8	9999	9999	9999	9999	9999	9999	9999	9999	9999	9999

Beispiele für den Gebrauch: $\phi(2{,}32) = 0{,}9898$; $\quad \phi(z) = 0{,}994 \Rightarrow z = 2{,}51$
$\phi(-0{,}9) = 1 - \phi(0{,}9) = 0{,}1841$

Nordrhein-Westfalen – Mathematik Grundkurs
2011 – Aufgabe 1: Analysis (WTR)

Ein Medikament wird über eine (intravenöse) Dauerinfusion dem Körper kontinuierlich und gleichmäßig zugeführt. Die Konzentration des Wirkstoffes im Blut steigt dabei kontinuierlich an und strebt bei „langfristiger Infusion“ auf eine „Endkonzentration“ zu.

Punkte

a) (1) Zeigen Sie rechnerisch, dass die Funktion f_a mit der Funktionsgleichung
$f_a(t) = a \cdot (1 - e^{-0{,}25 \cdot t})$ für $t \geq 0$ $(a > 0)$
die Wirkstoffkonzentration des Medikaments im Blut angemessen beschreibt, d. h., dass die Funktion die beiden oben im Text genannten Kriterien erfüllt.
(t in Stunden; $f_a(t)$ in $\frac{mg}{\ell}$)

Die Graphen von f_5, f_{10} und f_{15} sind in Abbildung 1 dargestellt.
(t-Achse: 1 LE entspricht 1 Stunde; f (t)-Achse: 1 LE entspricht $1\,\frac{mg}{\ell}$)

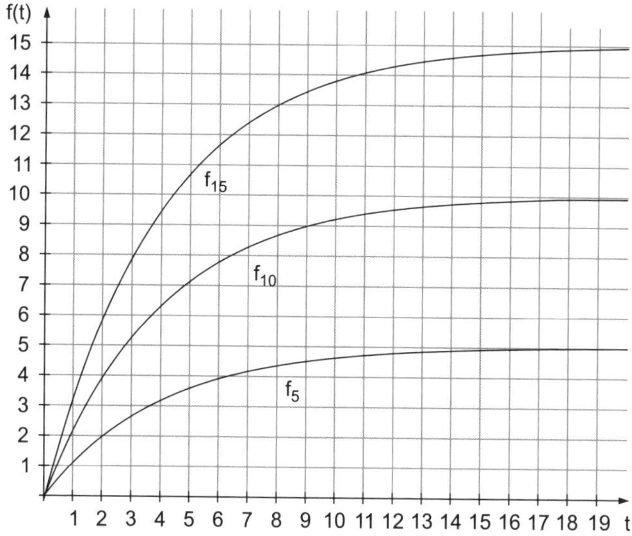

Abbildung 1

(2) Beschreiben Sie die Bedeutung des Parameters a im Sachzusammenhang. Nutzen Sie dazu den Funktionsterm von f_a und die drei Beispielgraphen.

Die Infusion wird am 15. April um 9 Uhr ($t=0$) begonnen.
Um 11 Uhr wird eine Wirkstoffkonzentration des Medikaments von $5{,}902\,\frac{\text{mg}}{\ell}$ im Blut gemessen.

(3) Berechnen Sie den Parameterwert von a in der Funktionsgleichung von f_a, die den zeitlichen Verlauf der Wirkstoffkonzentration des Medikaments modelliert.

Im Folgenden soll die Wirkstoffkonzentration durch die Funktion f mit der Funktionsgleichung $f(t)=15\cdot(1-e^{-0{,}25\cdot t})$ modelliert werden.

(4) Berechnen Sie f(3) und interpretieren Sie den Wert im Sachzusammenhang. 17

Wenn die Infusion nach t_E Stunden abgebrochen wird, nimmt die Wirkstoffkonzentration des Medikaments im Blut ab. Modellhaft wird angenommen, dass unmittelbar nach Abbruch der Infusion die Abnahme der Wirkstoffkonzentration beginnt.

Die Wirkstoffkonzentration kann jetzt durch die Funktion g mit der Funktionsgleichung $g(t)=f(t_E)\cdot e^{-0{,}25\cdot(t-t_E)}$ ($t\geq t_E$) beschrieben werden.

Um 1 Uhr des nächsten Tages wird die Infusion abgebrochen.

b) (1) Zeigen Sie, dass $g(t)=804\cdot e^{-0{,}25\cdot t}$ die Wirkstoffkonzentration für $t\geq 16$ näherungsweise beschreibt.

Der Graph von g ist in Abbildung 2 dargestellt.
(t-Achse: 1 LE entspricht 1 Stunde; g(t)-Achse: 1 LE entspricht $1\,\frac{\text{mg}}{\ell}$)

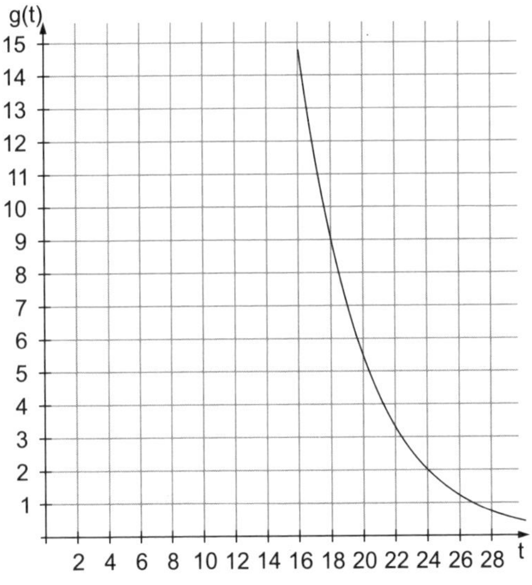

Abbildung 2

(2) Berechnen Sie die Funktionsgleichung der Änderung der Wirkstoffkonzentration für $t > 16$.

(3) Bestimmen Sie, um wie viel Prozent der Betrag der Änderung der Wirkstoffkonzentration des Medikaments am 16. April von 4 Uhr bis 5 Uhr abnimmt. 11

c) (1) Medizinische Untersuchungen haben ergeben, dass das Medikament nur wirksam ist, wenn die Wirkstoffkonzentration im Blut mindestens $8\,\frac{mg}{\ell}$ beträgt.
Bestimmen Sie die Zeitspanne, in der das Medikament wirksam ist.

(2) Wenn die Funktion h die Wirkstoffkonzentration eines Medikaments beschreibt, wird durch

$$m = \frac{1}{t_2 - t_1} \int_{t_1}^{t_2} h(t)\,dt$$

die mittlere Wirkstoffkonzentration im Zeitintervall $[t_1; t_2]$ bestimmt.
Ermitteln Sie die mittlere Wirkstoffkonzentration im Zeitraum 15. April (9 Uhr) und 16. April (9 Uhr).

Um Wechselwirkungen zwischen verschiedenen Medikamenten zu vermeiden, wird ein neues Medikament erst eingesetzt werden, wenn die Wirkstoffkonzentration des alten Medikaments unter $1\,\frac{mg}{\ell}$ im Blut beträgt. Am 16. April um 10 Uhr wird mit der intravenösen Dauerinfusion eines neuen Medikaments begonnen.

(3) Prüfen Sie, ob die Aufnahme der Infusion mit dem neuen Medikament zu diesem Zeitpunkt im Sachzusammenhang sinnvoll ist. 22

Hinweise und Tipps

Teilaufgabe a

(1) Überlegen Sie, was die Beschreibungen „steigt kontinuierlich an“ und „strebt bei langfristiger Infusion auf eine Endkonzentration zu“ mathematisch bedeuten.

Achten Sie auf die Definitionsmengen von a und t.

Bilden Sie die Ableitung mithilfe der Konstanten- und Kettenregel.

Beachten Sie das Grenzwertverhalten der e-Funktion.

(2) Beachten Sie, dass a ein positiver Faktor ist.

Überlegen Sie, wie sich eine Vergrößerung/Verkleinerung des positiven Faktors im Funktionsterm auswirkt.

(3) Beachten Sie, dass die Infusion um 9 Uhr beginnt, und überlegen Sie, wie viele Stunden bis 11 Uhr vergangen sind.

Berechnen Sie den entsprechenden Funktionswert.

(4) Denken Sie daran, den Funktionswert im Sachzusammenhang zu interpretieren.

Teilaufgabe b

(1) Bestimmen Sie die Zeit, die von 9 Uhr des 15. April bis 1 Uhr des 16. April vergangen ist.

Setzen Sie diese Zeit in den vorgegebenen Funktionsterm ein.

Formen Sie den Funktionsterm um und vergleichen Sie diesen mit dem vorgegebenen Funktionsterm.

(2) Beachten Sie die mathematische Bedeutung des Wortes „Änderung".

Bilden Sie dazu die 1. Ableitungsfunktion.

(3) Bestimmen Sie die Zeit, die von 9 Uhr des 15. April bis 4 Uhr bzw. 5 Uhr des 16. April vergangen ist.

Bestimmen Sie die Änderungen zu diesen Zeitpunkten mithilfe der 1. Ableitungsfunktion.

Berechnen Sie den Quotienten der Änderungen $\frac{g'(20)}{g'(19)}$.

Geben Sie die prozentuale Abnahme an.

Teilaufgabe c

(1) Überlegen Sie, zu welchen Zeiten eine Wirkstoffkonzentration von $8\,\frac{\text{mg}}{\ell}$ erreicht werden kann.

Stellen Sie mithilfe der Funktionen f(t) und g(t) die Exponentialgleichungen auf.

Lösen Sie die Gleichungen.

Berechnen Sie aus den Lösungen die Zeitspanne.

(2) Bestimmen Sie die Stammfunktion der e-Funktionen mittels linearer Substitution.

Achten Sie darauf, dass in dem angegebenen Intervall zwei verschiedene Funktionen vorliegen.

(3) Bestimmen Sie die Zeit, die von 9 Uhr des 15. April bis 10 Uhr des 16. April vergangen ist.

Berechnen Sie den Funktionswert zu diesem Zeitpunkt und vergleichen Sie diesen mit dem vorgegebenen Wert.

Lösung

a) (1) Die beiden im Text genannten Kriterien sind:
1. Die Konzentration des Wirkstoffs im Blut steigt kontinuierlich an.
2. Bei langfristiger Infusion strebt sie auf eine Endkonzentration zu.

Mathematisch bedeutet dies:
1. Der Graph der Funktion ist streng monoton steigend.
2. Für $t \to \infty$ ist ein Grenzwert vorhanden.

Eine Funktion ist streng monoton steigend, wenn die 1. Ableitungsfunktion immer größer als null ist. Die 1. Ableitung wird mithilfe der Konstanten- und Kettenregel gebildet.

$$f_a'(t) = -a \cdot (-0{,}25) \cdot e^{-0{,}25t} = 0{,}25a \cdot e^{-0{,}25t}$$

Da a nach der Definitionsmenge größer als null ist und $e^{-0{,}25t}$ ebenfalls größer als null ist, ist die 1. Ableitung für alle $t \geq 0$ positiv. Der Graph der Funktionen f_a ist streng monoton steigend und erfüllt das 1. Kriterium.

Für den Grenzwert gilt:

$$\lim_{t \to \infty} f_a(t) = \lim_{t \to \infty} (a - ae^{-0{,}25t}) = a - \lim_{t \to \infty} ae^{-0{,}25t}$$
$$= a - \lim_{t \to \infty} \frac{a}{e^{0{,}25t}} = a - 0 = a$$

Die e-Funktion ist streng monoton steigend und strebt für $t \to \infty$ gegen unendlich.

Bei langfristiger Infusion strebt die Konzentration gegen die Endkonzentration $a\,\frac{\text{mg}}{\ell}$. Damit ist auch das 2. Kriterium erfüllt.

(2) Der Funktionsterm enthält den positiven Faktor a. Vergrößert/verkleinert man a, so vergrößert/verkleinert sich die Wirkstoffkonzentration zum selben Zeitpunkt in dem gleichen Maße. Gleichzeitig vergrößert/verkleinert sich auch die Endkonzentration und nimmt einen Wert von $a\,\frac{\text{mg}}{\ell}$ an.

(3) Da die Infusion um 9 Uhr beginnt, sind um 11 Uhr 2 Stunden vergangen. Daher ist $t = 2$.

$$f_a(2) = 5{,}902 \iff a \cdot (1 - e^{-0{,}25 \cdot 2}) = 5{,}902 \iff a = \frac{5{,}902}{1 - e^{-0{,}5}} \iff a \approx 15$$

Bei der Funktion $f_{15}(t) = 15 \cdot (1 - e^{-0{,}25t})$ beträgt die Wirkstoffkonzentration im Blut um 11 Uhr $5{,}902\,\frac{\text{mg}}{\ell}$.

(4) $f(3) = 15 \cdot (1 - e^{-0{,}25 \cdot 3}) = 15 \cdot (1 - e^{-0{,}75}) \approx 7{,}91 \left[\frac{\text{mg}}{\ell}\right]$

Um 12 Uhr beträgt die Wirkstoffkonzentration im Blut ca. $7{,}91\,\frac{\text{mg}}{\ell}$.

b) (1) Von 9 Uhr des 15. April bis 1 Uhr des 16. April sind 16 Stunden vergangen. Daher ist $t_E = 16$.

$$g(t) = f(16) \cdot e^{-0,25 \cdot (t-16)} = 15 \cdot (1 - e^{-0,25 \cdot 16}) \cdot e^{-0,25 \cdot (t-16)}$$
$$= 15 \cdot (1 - e^{-4}) \cdot e^{-0,25 \cdot t + 4} = 15 \cdot (1 - e^{-4}) \cdot e^{4} \cdot e^{-0,25 \cdot t}$$
$$= 15 \cdot (e^{4} - 1) \cdot e^{-0,25 \cdot t} \approx 804 \cdot e^{-0,25 \cdot t}$$

Die Wirkstoffkonzentration kann näherungsweise beschrieben werden durch folgende Funktion:
$g(t) = 804 \cdot e^{-0,25 \cdot t}, \; t \geq 16$

(2) Die Änderung der Wirkstoffkonzentration wird beschrieben durch die 1. Ableitungsfunktion der Funktion g(t).

Die 1. Ableitung wird mithilfe der Konstanten- und Kettenregel gebildet.
$g'(t) = 804 \cdot (-0,25) \cdot e^{-0,25 \cdot t} = -201 \cdot e^{-0,25 \cdot t}$

(3) Beginnt die Infusion am 15. April um 9 Uhr, so sind bis 4 Uhr (5 Uhr) des 16. April 19 (20) Stunden vergangen. Da der Graph der Funktion monoton fallend ist, gibt der Quotient $\frac{g'(20)}{g'(19)}$ die prozentuale Abnahme der Änderung der Wirkstoffkonzentration an.

$$\frac{g'(20)}{g'(19)} = \frac{-201 \cdot e^{-0,25 \cdot 20}}{-201 \cdot e^{-0,25 \cdot 19}} = e^{-0,25} \approx 0,779$$

Die Änderung der Wirkstoffkonzentration nimmt in jeder Stunde um ca. 100 % − 77,9 % = 22,1 % ab.

c) (1) Die Wirkstoffkonzentration beginnt um 9 Uhr bei $0 \frac{mg}{\ell}$. Gesucht wird daher der Zeitpunkt t_1, bei dem der Funktionswert $f(t_1)$ gleich 8 ist. Bei weiterer Infusion steigt die Konzentration weiter an, sodass $8 \frac{mg}{\ell}$ erst wieder erreicht werden, wenn die Infusion abgebrochen wird. Gesucht wird somit der Zeitpunkt $t_2 > 16$, bei dem der Funktionswert der Funktion $g(t_2) = 8$ ist.

$$f(t_1) = 8$$
$$\Leftrightarrow \quad 15 \cdot (1 - e^{-0,25 t_1}) = 8$$
$$\Leftrightarrow \quad (1 - e^{-0,25 t_1}) = \frac{8}{15}$$
$$\Leftrightarrow \quad e^{-0,25 t_1} = \frac{7}{15}$$
$$\Leftrightarrow \quad -0,25 t_1 = \ln\left(\frac{7}{15}\right)$$
$$\Leftrightarrow \quad t_1 = -4 \cdot \ln\left(\frac{7}{15}\right) \approx 3,049$$

$g(t_2)=8$

$\Leftrightarrow \quad 804\cdot e^{-0,25t_2}=8$

$\Leftrightarrow \quad e^{-0,25t_2}=\frac{8}{804}$

$\Leftrightarrow \quad -0,25t_2=\ln\left(\frac{8}{804}\right)$

$\Leftrightarrow \quad t_2=-4\cdot\ln\left(\frac{8}{804}\right)\approx 18,441$

Die Zeitspanne berechnet sich als Differenz der berechneten Zeiten (gemessen ab 9 Uhr):

$18,441\text{ h}-3,049\text{ h}=15,392\text{ h}$

$15,392\text{ h}\approx 15\text{ h }24$ (Umformung nicht verlangt)

Das Medikament wirkt ca. 15 Stunden und 24 Minuten.

(2) $m=\frac{1}{24}\cdot\left[\int_0^{16} f(t)\,dt+\int_{16}^{24} g(t)\,dt\right]$

$=\frac{1}{24}\cdot\left[\int_0^{16} 15\cdot(1-e^{-0,25t})\,dt+\int_{16}^{24} 804\cdot e^{-0,25t}\,dt\right]$

$=\frac{1}{24}\cdot\left\{\left[15\cdot\left(t-\frac{1}{-0,25}e^{-0,25t}\right)\right]_0^{16}+\left[804\cdot\frac{1}{-0,25}e^{-0,25t}\right]_{16}^{24}\right\}$

$=\frac{1}{24}\cdot\{[15\cdot(t+4\cdot e^{-0,25t})]_0^{16}+[804\cdot(-4)\cdot e^{-0,25t}]_{16}^{24}\}$

$=\frac{1}{24}\cdot\{[15\cdot(16+4\cdot e^{-4})-15\cdot 4\cdot 1]+[-3\,216\cdot e^{-6}+3\,216\cdot e^{-4}]\}$

$=\frac{1}{24}\cdot\{181,1+50,93\}\approx 9,668\left[\frac{mg}{\ell}\right]$

Die mittlere Wirkstoffkonzentration des Medikaments innerhalb der ersten 24 Stunden, also in der Zeit vom 15. April 9 Uhr bis zum 16. April 9 Uhr, beträgt 9,668 $\frac{mg}{\ell}$.

(3) Beginnt die Infusion am 15. April um 9 Uhr, so sind bis 10 Uhr des Folgetages 25 Stunden vergangen. Zu überprüfen ist, ob der Funktionswert zum Zeitpunkt $t=25$ kleiner als $1\,\frac{mg}{\ell}$ ist.

$g(25)=804\cdot e^{-0,25\cdot 25}=804\cdot e^{-6,25}\approx 1,552\left[\frac{mg}{\ell}\right]$

Es ist nicht sinnvoll, das neue Medikament schon um 10 Uhr des Folgetages einzusetzen, da die Wirkstoffkonzentration noch größer als $1\,\frac{mg}{\ell}$ ist.

Nordrhein-Westfalen – Mathematik Grundkurs
2011 – Aufgabe 2: Analysis (WTR)

Das Logo der Firma Westwerk ist eine Fläche, deren Rand sich in einem geeigneten Koordinatensystem durch Teile der Graphen der Funktionen g und h mit den Funktionsgleichungen

$g(x) = x^4 - 3{,}75x^2 - 1,$

$h(x) = x^4 - 3x^2 - 4, \; x \in \mathbb{R},$

beschreiben lässt (siehe Abbildung auf der nächsten Seite). Das Logo wird bei dieser Beschreibung durch die Graphen von g und h eingeschlossen. 1 Längeneinheit entspricht 1 cm.

Punkte

a) (1) Zeigen Sie, dass das Logo eine achsensymmetrische Figur ist.

(2) Geben Sie die maximale Breite des Logos an.

(3) Die Punkte P und Q liegen zwei Millimeter direkt „unter" den tiefsten Punkten der oberen Begrenzungslinie des Logos. Zur Befestigung verbindet eine Querstrebe die Punkte P und Q.
Bestimmen Sie rechnerisch die Länge der Querstrebe.

(4) Die Graphen von g und h besitzen jeweils genau zwei Wendepunkte. Weisen Sie rechnerisch nach, dass die Wendepunkte der Graphen der Begrenzungskurven des Logos an verschiedenen Stellen liegen. 26

b) Zum Firmenjubiläum soll das Logo für verdiente Mitarbeiter in Silber produziert werden. Die Dicke soll 1 mm betragen.

(1) Weisen Sie nach, dass das Volumen von einem Logo 0,8 cm^3 beträgt.

(2) Berechnen Sie die Silbermasse, die für 150 Logos benötigt wird.
[1 cm^3 Silber hat eine Masse von 10,5 g.] 9

c) Die Punkte $P(-x\,|\,g(-x))$, $Q(-x\,|\,-4)$, $R(x\,|\,-4)$ und $S(x\,|\,g(x))$ sind für alle $0 < x < a$ ($a \approx 1{,}08$) die Eckpunkte eines Rechtecks, das ganz im Inneren des Logos liegt. In das Rechteck soll der Name der Firma eingefügt werden.

(1) Zeichnen Sie das Rechteck für $x = 0{,}5$ in die Abbildung.

(2) Weisen Sie nach, dass der Flächeninhalt des beschriebenen Rechtecks allgemein durch die Funktionsgleichung $A(x) = 2x^5 - 7{,}5x^3 + 6x$ beschrieben werden kann.

(3) Unter den Rechtecken gibt es genau ein relativ größtes, das zugleich auch das absolut größte Rechteck ist.
Begründen Sie, dass die Breite des flächengrößten Rechtecks zwischen 1 cm und 1,2 cm liegt.

(4) Für die Beschriftung soll das Rechteck eine Breite von 1,5 cm haben. Berechnen Sie die Höhe des Rechtecks.

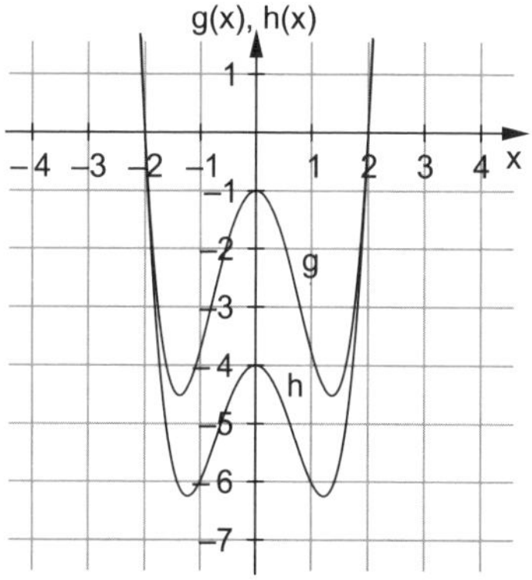

Abbildung

Hinweise und Tipps

Teilaufgabe a

(1) Die Fläche ist achsensymmetrisch, wenn die Graphen, die die Fläche einschließen, achsensymmetrisch sind.

Der Graph einer ganzrationalen Funktion f ist achsensymmetrisch, falls $f(x)=f(-x)$ gilt, d. h., falls der Funktionsterm nur gerade Exponenten enthält.

(2) Betrachten Sie hierfür die Schnittstellen der Graphen der Funktionen g und h.

(3) Überlegen Sie die Bedeutung von „direkt unter“.

Die notwendige Bedingung zur Berechnung der Minimumstellen ist $g'(x)=0$.

Die hinreichende Bedingung für eine Minimumstelle lautet: $g'(x)=0$ und $g''(x)>0$

Die Länge der Querstrebe entspricht dem Abstand der x-Koordinaten von P und Q.

(4) Die notwendige Bedingung zur Berechnung einer Wendestelle der Funktion f ist $f''(x)=0$.

Beachten Sie, dass es nach Aufgabenstellung genau zwei Wendestellen gibt.

Vergleichen Sie die Wendestellen der Graphen der Funktionen g und h.

Teilaufgabe b

(1) Das Logo hat die Form eines Prismas.

Das Volumen eines Prismas wird berechnet nach der Formel: $V = G \cdot h$

Beachten Sie, dass die Grundfläche des Logos von den Graphen der Funktionen g und h eingeschlossen wird.

Achten Sie auf die Lage der Graphen zueinander.

Übernehmen Sie die Schnittstellen der Graphen als Integrationsgrenzen.

(2) Die Masse berechnet sich nach der Formel $m = V \cdot \rho$.

Teilaufgabe c

(1) Setzen Sie für x den vorgegebenen Wert 0,5 ein und berechnen Sie die Koordinaten der Punkte.

(2) Beachten Sie, dass das Rechteck achsensymmetrisch zur y-Achse liegen soll und $x > 0$ ist.

Überlegen Sie, welcher Funktionswert eine untere Begrenzung für das Logo darstellt.

Die Funktionswerte in dem „Logobereich" sind negativ.

Der Flächeninhalt eines Rechtecks mit den Seitenlängen a und b berechnet sich nach der Formel $A = a \cdot b$.

(3) Die notwendige Bedingung für eine Extremstelle ist $A'(x) = 0$.

Lösen Sie die biquadratische Gleichung durch Substitution.

Beachten Sie, dass nach Aufgabenstellung das relativ flächengrößte Rechteck auch das absolut flächengrößte Rechteck ist.

Vergleichen Sie die Maximumstelle mit der vorgegebenen Breite des Rechtecks.

Alternativ: Die notwendige Bedingung für eine Extremstelle ist $A'(x) = 0$.

Bestimmen Sie die x-Werte, die zu den vorgegebenen Breiten gehören.

Berechnen Sie die Werte der 1. Ableitung an diesen Stellen und überlegen Sie, welche Bedeutung ein Vorzeichenwechsel hat.

(4) Bestimmen Sie den x-Wert, der zu der vorgegebenen Breite gehört.

Überlegen Sie, welcher Funktionswert eine untere Begrenzung für das Logo darstellt.

Beachten Sie, dass die Funktionswerte in dem „Logobereich" negativ sind.

Alternativ: Der Flächeninhalt des Logos kann berechnet werden mit der Funktionsgleichung aus Teilaufgabe c (2).

Bestimmen Sie den x-Wert, der zu der vorgegebenen Breite gehört.

Lösen Sie die Flächeninhaltsformel für das Rechteck nach der Höhe des Rechtecks auf.

Lösung

a) (1) Die Fläche des Logos ist achsensymmetrisch, wenn die Graphen, die das Logo einschließen, achsensymmetrisch sind. Der Graph einer ganzrationalen Funktion f ist achsensymmetrisch, falls $f(x) = f(-x)$ gilt.

$$g(x) = x^4 - 3{,}75x^2 - 1 \qquad h(x) = x^4 - 3x^2 - 4$$

$$g(-x) = (-x)^4 - 3{,}75 \cdot (-x)^2 - 1 \qquad h(-x) = (-x)^4 - 3 \cdot (-x)^2 - 4$$

$$= x^4 - 3{,}75x^2 - 1 \qquad = x^4 - 3x^2 - 4$$

Dies lässt sich auch an den geraden Exponenten in den Funktionstermen ablesen.

Das Logo ist eine achsensymmetrische Fläche.

Für die Achsensymmetrie reicht es nicht aus, dass die Funktionswerte an der Stelle a und $-a$ übereinstimmen (z. B. $g(1) = g(-1)$). Ein Beweis mit der Differenzfunktion $f(x) = h(x) - g(x)$, die für die Berechnung der Fläche des Logos herangezogen werden kann, ist nicht möglich. So ist z. B. die Differenzfunktion zu den Funktionen $h(x) = x^4 - x^3$ und $g(x) = x^3 - x^2$ achsensymmetrisch, nicht aber die Fläche, die von diesen beiden Funktionen eingeschlossen wird.

(2) Die maximale Breite tritt an den Schnittstellen der Graphen der Funktionen g und h auf.

$$x^4 - 3{,}75x^2 - 1 = x^4 - 3x^2 - 4$$
$$0{,}75x^2 = 3$$
$$x^2 = 4$$
$$x_{1;\,2} = \pm 2$$

Die maximale Breite des Logos beträgt 4 cm.

Da der Operator „Geben Sie an …“ ist, reicht es aus, die Schnittpunkte aus der Abbildung abzulesen und die maximale Breite anzugeben.

(3) Da die Punkte P und Q „direkt unter“ den Tiefpunkten liegen, entspricht der Abstand der Punkte P und Q dem Abstand der Minimumstellen des Graphen der Funktion g.
Die notwendige Bedingung zur Berechnung der Minimumstellen ist $g'(x) = 0$.

$$g'(x) = 4x^3 - 7{,}5x = 0$$

$$4x \cdot \left(x^2 - \frac{15}{8}\right) = 0$$

Ein Produkt wird null, wenn wenigstens ein Faktor null wird.

$$x = 0 \lor x = \sqrt{\frac{15}{8}} \lor x = -\sqrt{\frac{15}{8}}$$

Die hinreichende Bedingung für eine Minimumstelle lautet: $g'(x)=0$ und $g''(x)>0$

$g''(x)=12x^2-7{,}5$

$g''(0)=-7{,}5 \Rightarrow$ Maximumstelle

$g''\left(\pm\sqrt{\frac{15}{8}}\right)=12\cdot\frac{15}{8}-7{,}5=15 \Rightarrow$ Minimumstelle

Der Graph der Funktion hat die Minimumstellen $x=\sqrt{\frac{15}{8}}$ und $x=-\sqrt{\frac{15}{8}}$.

Die Länge der Querstrebe ist gleich dem Abstand der Minimumstellen, sie beträgt also $2\cdot\sqrt{\frac{15}{8}}\approx 2{,}74\,[\text{cm}]$.

(4) Die notwendige Bedingung für eine Wendestelle lautet: $g''(x)=0$ bzw. $h''(x)=0$

$g'(x)=4x^3-7{,}5x$	$h'(x)=4x^3-6x$
$g''(x)=12x^2-7{,}5$	$h''(x)=12x^2-6$
$12x^2-7{,}5=0$	$12x^2-6=0$
$x^2=\frac{5}{8}$	$x^2=\frac{1}{2}$
$x_{1;\,2}=\pm\sqrt{\frac{5}{8}}\approx\pm 0{,}79$	$x_{1;\,2}=\pm\sqrt{\frac{1}{2}}\approx\pm 0{,}71$

Da die Graphen der Funktionen g und h nach Aufgabenstellung genau zwei Wendestellen besitzen, liegen diese beim Graphen der Funktion ungefähr bei $\pm 0{,}79$ und beim Graphen der Funktion g ungefähr bei $\pm 0{,}71$.

Alternativ:
Die hinreichende Bedingung für eine Wendestelle ist: $g''(x)=0 \wedge g'''(x)\neq 0$ bzw. $h''(x)=0 \wedge h'''(x)\neq 0$

Mit $g'''(x)=h'''(x)=24x$ erhält man

$g'''\left(\pm\sqrt{\frac{5}{8}}\right)=\pm 24\cdot\sqrt{\frac{5}{8}}\neq 0$ und $h'''\left(\pm\sqrt{\frac{1}{2}}\right)=\pm 24\cdot\sqrt{\frac{1}{2}}\neq 0$

An den möglichen Wendestellen liegen Wendepunkte vor.

Die Wendestellen der Graphen der Begrenzungsfunktionen sind unterschiedlich.

Obwohl im 1. Satz von Wendepunkten gesprochen wird, ist es nicht erforderlich, die y-Koordinaten zu berechnen.

b) (1) Das Logo hat die Form eines Prismas.

Das Volumen eines Prismas wird berechnet nach der Formel: $V = G \cdot h$

Die Grundfläche des Logos ist gleich der von den Graphen der Funktionen g und h eingeschlossenen Fläche. Beachtet man die Lage der Graphen im Koordinatensystem (der Graph von g liegt oberhalb des Graphen von h), so erhält man den Flächeninhalt durch Integration über die Differenzfunktion im Intervall [–2; 2]. Dabei kann die Achsensymmetrie ausgenutzt werden.

$$\int_{-2}^{2} (g(x) - h(x))\,dx = 2 \cdot \int_{0}^{2} (g(x) - h(x))\,dx$$

$$= 2 \cdot \int_{0}^{2} (x^4 - 3{,}75x^2 - 1 - (x^4 - 3x^2 - 4))\,dx$$

$$= 2 \cdot \int_{0}^{2} (-0{,}75x^2 + 3)\,dx$$

$$= 2 \cdot [-0{,}25x^3 + 3x]_0^2$$

$$= 2 \cdot [(-2 + 6) - 0] = 8\,[\text{FE}]$$

Das Logo hat eine Grundfläche von 8 cm^2.

Mit 1 mm = 0,1 cm gilt für das Volumen:

$V = 8\,cm^2 \cdot 0{,}1\,cm = 0{,}8\,cm^3$

(2) $m = 150 \cdot 0{,}8\,cm^3 \cdot 10{,}5\,\frac{g}{cm^3} = 1\,260\,g$

Die Silbermasse der Logos beträgt 1 260 g = 1,26 kg.

c) (1) Setzt man für x den Wert 0,5 ein, so erhält man die Punkte P(–0,5 | –1,875), Q(–0,5 | –4), R(0,5 | –4) und S(0,5 | –1,875).

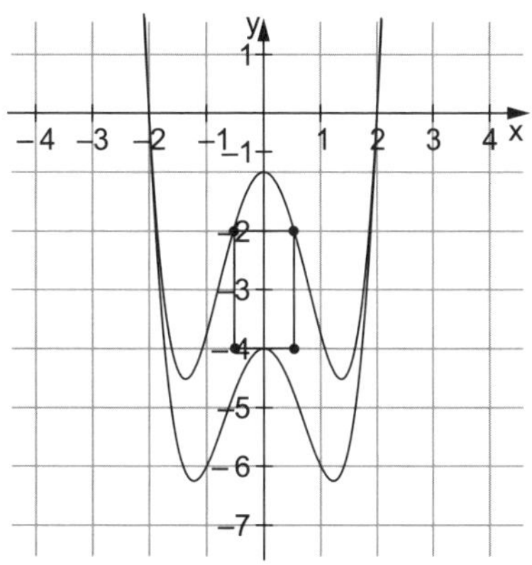

(2) Da $x > 0$ ist, beträgt die Breite b des symmetrischen Rechtecks $b = 2x$.
In der Höhe reicht das Rechteck von $y = -4$ bis zu g(0,5). Beachtet man die Lage des Rechtecks im Koordinatensystem (unterhalb der x-Achse), so erhält man als Höhe h des Rechtecks:
$h = 4 + g(x) = 4 + x^4 - 3{,}75x^2 - 1 = x^4 - 3{,}75x^2 + 3$

Der Flächeninhalt eines Rechtecks mit den Seiten a und b berechnet sich nach der Formel $A = a \cdot b$.

Mit den Seitenlängen b und h erhält man die Funktionsgleichung:
$A(x) = 2x \cdot (x^4 - 3{,}75x^2 + 3) = 2x^5 - 7{,}5x^3 + 6x, \quad x > 0$

(3) Die notwendige Bedingung für eine Extremstelle lautet: $A'(x) = 0$

$$A'(x) = 10x^4 - 22{,}5x^2 + 6 = 0$$
$$x^4 - 2{,}25x^2 + 0{,}6 = 0$$

Substitution $z := x^2$

$$z^2 - \frac{9}{4}z + \frac{3}{5} = 0$$

$$z_{1;\,2} = \frac{9}{8} \pm \sqrt{\frac{81}{64} - \frac{3}{5}} = \frac{9}{8} \pm \sqrt{\frac{213}{320}}$$

$z_1 \approx 0{,}309; \quad z_2 \approx 1{,}941$

Rücksubstitution führt zu den Lösungen:

$x_{1;\,2} = \pm\sqrt{0{,}309} \approx \pm 0{,}556; \quad x_{3;\,4} = \pm\sqrt{1{,}941} \approx \pm 1{,}393$

Aufgrund der Definitionsmenge kommt nur $x = 0{,}556$ als mögliche Maximumstelle infrage.

Hinreichende Bedingung für eine Maximumstelle: $A'(x) = 0$ und $A''(x) < 0$

$A''(x) = 40x^3 - 45x$
$A''(0{,}556) = 40 \cdot 0{,}556^3 - 45 \cdot 0{,}556 = -18{,}14 < 0$

Für $x = 0{,}556$ erhält man das relativ flächengrößte Rechteck. Dies ist nach Aufgabenstellung auch das absolut flächengrößte Rechteck.
Da das Rechteck symmetrisch zur y-Achse liegt, ist die Breite des Rechtecks gleich $2 \cdot x = 1{,}112$. Die Breite des flächengrößten Rechtecks liegt somit zwischen 1 cm und 1,2 cm.

Alternativ:
Laut Aufgabenstellung ist das Rechteck zwischen 1 cm und 1,2 cm breit. Die zur Breite gehörenden x-Werte sind aufgrund der Symmetrie der Beschriftungsfläche $x = 0{,}5$ bzw. $x = 0{,}6$.
Es gilt:
$A'(0{,}5) = 1$
$A'(0{,}6) = -0{,}804$

Die 1. Ableitungsfunktion hat somit im Intervall]0,5; 0,6[einen +/– Vorzeichenwechsel und besitzt daher in diesem Intervall ein relatives Maximum. Da der Graph nach Aufgabenstellung c (3) nur ein relatives Maximum besitzt, das zugleich ein absolutes Maximum ist, liegt der x-Wert für das flächengrößte Rechteck zwischen 0,5 und 0,6. Die Breite des Rechtecks ist gleich dem doppelten x-Wert, sie liegt daher zwischen 1 cm und 1,2 cm.

(4) Das Rechteck für die Beschriftung soll achsensymmetrisch zur y-Achse liegen, es reicht somit von $x = -0{,}75$ bis $x = 0{,}75$.

Wegen der Achsensymmetrie reicht es aus, nur den Fall für $x = 0{,}75$ zu betrachten.

Für die Höhe h des Rechtecks gilt nun:

$$h = 4 + g(0{,}75) = 4 - 2\frac{203}{256} = 1\frac{53}{256} \approx 1{,}21\,[\text{cm}]$$

Die Höhe der 1,5 cm breiten Beschriftungsfläche beträgt ca. 1,21 cm.

Alternativ:

Mit der Funktionsgleichung aus Teilaufgabe c (2) erhält man die Höhe des Rechtecks, indem man den Flächeninhalt durch die Breite des Rechtecks dividiert.

Zur Breite des Rechtecks gehört der x-Wert $x = 0{,}75$.

$$h = \frac{A(0{,}75)}{1{,}5} = \frac{\frac{927}{512}}{1{,}5} = \frac{309}{256} \approx 1{,}21\,[\text{cm}]$$

Die Höhe der 1,5 cm breiten Beschriftungsfläche beträgt ca. 1,21 cm.

Gegeben sind in der Ebene $\mathbb{R}^2$ die Punkte A(1 | 2), B(–3 | 2) und C(–1 | 4) sowie die Abbildung f durch die Gleichung $f(\vec{x}) = M \cdot \vec{x}$ mit $M = \begin{pmatrix} a & b \\ c & d \end{pmatrix}$ und $\vec{x} = \begin{pmatrix} x_1 \\ x_2 \end{pmatrix}$.

Punkte

a) Die Bildpunkte der Punkte A und B bezüglich der Abbildung f seien gegeben durch A'(10 | 11) und B'(–6 | –1).
Bestimmen Sie rechnerisch die Matrix M der Abbildung f.
[Zur Kontrolle: $M = \begin{pmatrix} 4 & 3 \\ 3 & 4 \end{pmatrix}$] 8

b) Gegeben ist zusätzlich die Gerade h: $\vec{x} = a \cdot \begin{pmatrix} -1 \\ 1 \end{pmatrix}$, $a \in \mathbb{R}$.

(1) Zeigen Sie, dass alle Punkte der Geraden h durch f auf sich selbst abgebildet werden.

(2) Skizzieren Sie die Gerade h sowie die Punkte A, B, A', B' in einem kartesischen Koordinatensystem.

(3) Beschreiben Sie die geometrische Wirkung der Abbildung, indem Sie darstellen, wie die Bildpunkte A', B' aus den Punkten A, B durch eine geometrische Konstruktion gefunden werden können. 13

c) (1) Zeigen Sie, dass das Dreieck ABC rechtwinklig und gleichschenklig ist, und berechnen Sie seinen Flächeninhalt.

(2) Berechnen Sie die Koordinaten des Bildpunktes C'.

(3) Zeigen Sie, dass das Bilddreieck A'B'C' bezüglich der Abbildung f rechtwinklig, aber nicht gleichschenklig ist. 16

d) Gegeben sei die Gerade g: $\vec{x} = \begin{pmatrix} -2 \\ -5 \end{pmatrix} + a \cdot \begin{pmatrix} 3 \\ 3 \end{pmatrix}$, $a \in \mathbb{R}$.

(1) Bestimmen Sie eine Gleichung der Bildgeraden g' von g bezüglich der Abbildung f und untersuchen Sie die Lagebeziehung der Geraden g und g'.

(2) Zeigen Sie: Ist eine Gerade zu g parallel, so ist ihr Bild bezüglich der Abbildung f ebenfalls parallel zu g. 13

Hinweise und Tipps

Teilaufgabe a

Setzen Sie die Ortsvektoren von Punkt und zugehörigem Bildpunkt in die Matrixgleichung $M \cdot \vec{x} = \vec{x}\,'$ ein und multiplizieren Sie die Matrixgleichung aus.

Lösen Sie das entstehende Gleichungssystem nach den Variablen a, b, c und d auf.

Teilaufgabe b

(1) Ist P ein beliebiger Punkt auf der Geraden h, so werden alle Punkte auf sich selbst abgebildet, falls $M \cdot \vec{p} = \vec{p}$ (Fixpunkteigenschaft) gilt.

(3) Beachten Sie die Lage der Geraden $g_{AA'}$ und $g_{BB'}$ bzgl. der Geraden g.

Bestimmen Sie die Abstände von Punkt und Bildpunkt zur Geraden und setzen Sie die Abstände ins Verhältnis.

Teilaufgabe c

(1) Ein Dreieck ABC ist rechtwinklig, wenn das Skalarprodukt von zwei der Vektoren $\overrightarrow{AB}$, $\overrightarrow{BC}$ und $\overrightarrow{AC}$ null ergibt.

Ein Dreieck ist gleichschenklig, wenn die Beträge von zwei der drei Vektoren $\overrightarrow{AB}$, $\overrightarrow{BC}$ und $\overrightarrow{AC}$ gleich sind.

Bestimmen Sie mithilfe der Ortsvektoren der Eckpunkte des Dreiecks die Vektoren $\overrightarrow{AB}$, $\overrightarrow{BC}$ und $\overrightarrow{AC}$ und deren Beträge.

Der Flächeninhalt eines rechtwinkligen Dreiecks berechnet sich nach der Formel: $A = \frac{1}{2} \cdot \text{Kathete 1} \cdot \text{Kathete 2}$

(2) Berechnen Sie den Ortsvektor des Bildpunktes mithilfe der Matrixgleichung.

(3) Berechnen Sie wie beim Ausgangsdreieck die Vektoren der Seiten und deren Beträge.

Überprüfen Sie mit diesen Ergebnissen, ob des Dreieck rechtwinklig bzw. gleichschenklig ist.

Teilaufgabe d

(1) Bilden Sie die einzelnen Komponenten der Geraden ab.

Zwei Geraden können sich schneiden, sie können parallel oder identisch sein.

Zwei Geraden sind parallel, wenn die Richtungsvektoren der Geraden linear abhängig sind.

Zwei parallele Geraden sind identisch, wenn der Anbindungspunkt der einen Geraden auf der anderen Geraden liegt.

(2) Stellen Sie einen zu g parallelen Richtungsvektor auf.

Bilden Sie diesen durch f ab.

Überprüfen Sie, ob der so entstandene Richtungsvektor parallel zu g ist.

Lösung

a) Durch Einsetzen der Ortsvektoren von Punkt und zugehörigem Bildpunkt in die Matrixgleichung $M \cdot \vec{x} = \vec{x}\,'$ erhält man:

$$\begin{pmatrix} a & b \\ c & d \end{pmatrix} \cdot \begin{pmatrix} 1 \\ 2 \end{pmatrix} = \begin{pmatrix} 10 \\ 11 \end{pmatrix} \text{ und } \begin{pmatrix} a & b \\ c & d \end{pmatrix} \cdot \begin{pmatrix} -3 \\ 2 \end{pmatrix} = \begin{pmatrix} -6 \\ -1 \end{pmatrix}$$

Ausmultiplizieren der Matrixgleichungen führt zu folgendem Gleichungssystem:

$$\begin{array}{ll} \text{I} & a + 2b = 10 \\ \text{II} & c + 2d = 11 \\ \text{III} & -3a + 2b = -6 \\ \text{IV} & -3c + 2d = -1 \end{array}$$

$$\begin{array}{llcl} \text{I} - \text{III} & 4a = 16 & \Leftrightarrow & a = 4 \\ a \text{ in I} & 4 + 2b = 10 & \Leftrightarrow & b = 3 \\ \text{II} - \text{IV} & 4c = 12 & \Leftrightarrow & c = 3 \\ c \text{ in II} & 3 + 2d = 11 & \Leftrightarrow & d = 4 \end{array}$$

Die Abbildungsmatrix der Abbildung f lautet:

$$M = \begin{pmatrix} 4 & 3 \\ 3 & 4 \end{pmatrix}$$

b) (1) Ist P ein beliebiger Punkt auf der Geraden h, so werden alle Punkte auf sich selbst abgebildet, falls $M \cdot \vec{p} = \vec{p}$ (Fixpunkteigenschaft) gilt.

Bildet man die Gerade h ab, so erhält man:

$$f(h) = \begin{pmatrix} 4 & 3 \\ 3 & 4 \end{pmatrix} \cdot \begin{pmatrix} -a \\ a \end{pmatrix} = \begin{pmatrix} -4a + 3a \\ -3a + 4a \end{pmatrix} = \begin{pmatrix} -a \\ a \end{pmatrix}$$

Da a alle reellen Zahlen durchläuft, werden alle Punkte der Geraden auf sich selbst abgebildet.

(2)

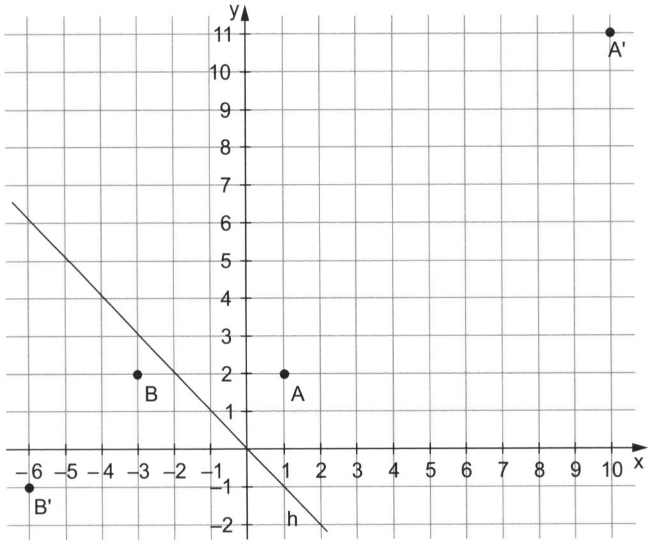

(3) Die Geraden $g_{AA'}$ und $g_{BB'}$ stehen senkrecht auf der Geraden h. Der Abstand der Bildpunkte zur Geraden ist ca. 7-mal so groß wie der Abstand der Ausgangspunkte zur Geraden.

Die Bildpunkte können konstruiert werden, indem man

- eine Lotgerade zu h durch A bzw. B zeichnet und
- einen Kreis um den Schnittpunkt von der Senkrechten und der Geraden h mit dem 7-fachen Abstand des Punktes A bzw. B zur Geraden zeichnet.

Kreis und Lotgerade schneiden sich in zwei Punkten. Der Bildpunkt ist der Punkt, der auf derselben Seite der Geraden wie der Punkt liegt.

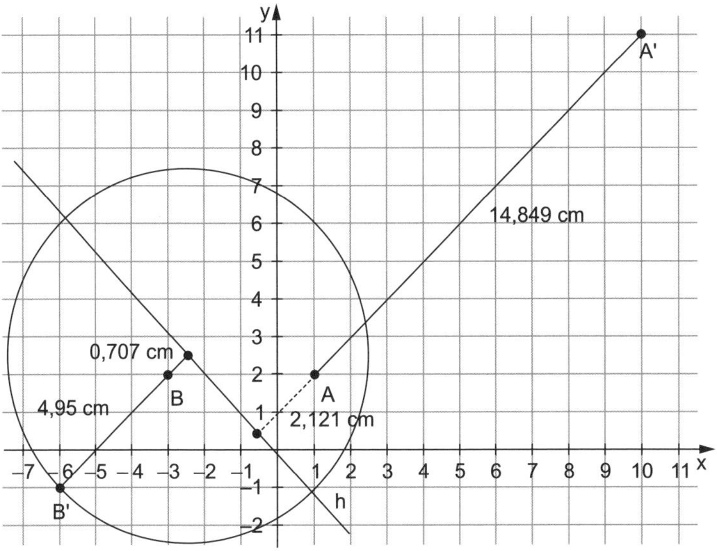

c) (1) Ein Dreieck ABC ist rechtwinklig, wenn das Skalarprodukt von zwei der Vektoren $\overrightarrow{AB}$, $\overrightarrow{BC}$ und $\overrightarrow{AC}$ null ergibt. Das Dreieck ist gleichschenklig, wenn die Beträge von zwei der drei Vektoren gleich sind.

Die Seiten des Dreiecks sind festgelegt durch folgende Vektoren:

$\overrightarrow{AB} = \begin{pmatrix} -3 \\ 2 \end{pmatrix} - \begin{pmatrix} 1 \\ 2 \end{pmatrix} = \begin{pmatrix} -4 \\ 0 \end{pmatrix}$, $\overrightarrow{BC} = \begin{pmatrix} -1 \\ 4 \end{pmatrix} - \begin{pmatrix} -3 \\ 2 \end{pmatrix} = \begin{pmatrix} 2 \\ 2 \end{pmatrix}$ und $\overrightarrow{AC} = \begin{pmatrix} -1 \\ 4 \end{pmatrix} - \begin{pmatrix} 1 \\ 2 \end{pmatrix} = \begin{pmatrix} -2 \\ 2 \end{pmatrix}$

Damit erhält man:

$|\overrightarrow{AC}| = \left| \begin{pmatrix} -2 \\ 2 \end{pmatrix} \right| = 2\sqrt{2}$ [LE], $|\overrightarrow{BC}| = \left| \begin{pmatrix} 2 \\ 2 \end{pmatrix} \right| = 2\sqrt{2}$ [LE] und

$\overrightarrow{AC} \circ \overrightarrow{BC} = \begin{pmatrix} -2 \\ 2 \end{pmatrix} \circ \begin{pmatrix} 2 \\ 2 \end{pmatrix} = -4 + 4 = 0$

Das Dreieck ist rechtwinklig und gleichschenklig mit einem rechten Winkel bei C.

Der Flächeninhalt eines rechtwinkligen Dreiecks ist gleich dem halben Produkt der Längen der Katheten.

$$A = \frac{1}{2} \cdot |\overrightarrow{BC}| \cdot |\overrightarrow{AC}| = \frac{1}{2} \cdot 2\sqrt{2} \cdot 2\sqrt{2} = 4 \text{ [FE]}$$

(2) Den Bildpunkt C' erhält man, indem man den Ortsvektor von C mit der Abbildungsmatrix multipliziert.

$$\vec{c}\,' = \begin{pmatrix} 4 & 3 \\ 3 & 4 \end{pmatrix} \cdot \begin{pmatrix} -1 \\ 4 \end{pmatrix} = \begin{pmatrix} 8 \\ 13 \end{pmatrix} \;\Rightarrow\; C'(8\,|\,13)$$

(3) Die Seiten des Bilddreiecks sind festgelegt durch folgende Vektoren:

$$\overrightarrow{A'B'} = \begin{pmatrix} -6 \\ -1 \end{pmatrix} - \begin{pmatrix} 10 \\ 11 \end{pmatrix} = \begin{pmatrix} -16 \\ -12 \end{pmatrix}, \; \overrightarrow{B'C'} = \begin{pmatrix} 8 \\ 13 \end{pmatrix} - \begin{pmatrix} -6 \\ -1 \end{pmatrix} = \begin{pmatrix} 14 \\ 14 \end{pmatrix} \text{ und}$$

$$\overrightarrow{A'C'} = \begin{pmatrix} 8 \\ 13 \end{pmatrix} - \begin{pmatrix} 10 \\ 11 \end{pmatrix} = \begin{pmatrix} -2 \\ 2 \end{pmatrix}$$

Damit erhält man:

$$|\overrightarrow{A'B'}| = \left|\begin{pmatrix} -16 \\ -12 \end{pmatrix}\right| = 20 \text{ [LE]}, \; |\overrightarrow{B'C'}| = \left|\begin{pmatrix} 14 \\ 14 \end{pmatrix}\right| = 14\sqrt{2} \text{ [LE]},$$

$$|\overrightarrow{A'C'}| = \left|\begin{pmatrix} -2 \\ 2 \end{pmatrix}\right| = 2\sqrt{2} \text{ [LE] und}$$

$$\overrightarrow{A'C'} \circ \overrightarrow{B'C'} = \begin{pmatrix} -2 \\ 2 \end{pmatrix} \circ \begin{pmatrix} 14 \\ 14 \end{pmatrix} = -28 + 28 = 0$$

Das Bilddreieck hat bei C' einen rechten Winkel, ist aber nicht gleichschenklig.

d) (1) Durch Abbilden der Punkte der Geraden g erhält man:

$$f(g) = \begin{pmatrix} 4 & 3 \\ 3 & 4 \end{pmatrix} \cdot \begin{pmatrix} -2+3a \\ -5+3a \end{pmatrix} = \begin{pmatrix} -8+12a-15+9a \\ -6+9a-20+12a \end{pmatrix} = \begin{pmatrix} -23+21a \\ -26+21a \end{pmatrix} = \begin{pmatrix} -23 \\ -26 \end{pmatrix} + a' \cdot \begin{pmatrix} 1 \\ 1 \end{pmatrix}$$

Gerade und Bildgerade können sich schneiden, sie können parallel oder identisch sein. Zwei Geraden sind parallel, wenn die Richtungsvektoren der Geraden linear abhängig sind. Sie sind identisch, wenn sie parallel sind und wenn der Anbindungspunkt der einen Geraden auf der anderen Geraden liegt.

Die Richtungsvektoren von Gerade und Bildgerade sind linear abhängig $\left[\begin{pmatrix} 3 \\ 3 \end{pmatrix} = 3 \cdot \begin{pmatrix} 1 \\ 1 \end{pmatrix}\right]$. Gerade und Bildgerade sind daher parallel.

Nun wird überprüft, ob der Anbindungspunkt von g' auf g liegt:

$$\begin{pmatrix} -23 \\ -26 \end{pmatrix} = \begin{pmatrix} -2 \\ -5 \end{pmatrix} + a\begin{pmatrix} 3 \\ 3 \end{pmatrix} \;\Rightarrow\; \begin{matrix} -23 = -2 + 3a \\ -26 = -5 + 3a \end{matrix} \;\Rightarrow\; \begin{matrix} a = -7 \\ a = -7 \end{matrix}$$

Der Anbindungspunkt der Geraden liegt auf der Bildgeraden. Gerade und Bildgerade sind identisch.

(2) Zur Untersuchung der Parallelität muss nur der Richtungsvektor der Geraden betrachtet werden.

Der Richtungsvektor $\vec{v}' = k \cdot \begin{pmatrix} 1 \\ 1 \end{pmatrix}$, $k \in \mathbb{R}$ einer zu g parallelen Geraden ist linear abhängig zum Richtungsvektor der Geraden g.

Bildet man den Richtungsvektor durch f ab, so erhält man:

$$f(\vec{v}) = \begin{pmatrix} 4 & 3 \\ 3 & 4 \end{pmatrix} \cdot \begin{pmatrix} k \\ k \end{pmatrix} = \begin{pmatrix} 4k + 3k \\ 3k + 4k \end{pmatrix} = \begin{pmatrix} 7k \\ 7k \end{pmatrix} = 7k \cdot \begin{pmatrix} 1 \\ 1 \end{pmatrix} = k' \cdot \begin{pmatrix} 1 \\ 1 \end{pmatrix}$$

Der Bildvektor ist linear abhängig vom Richtungsvektor der Geraden g bzw. zum Richtungsvektor der parallelen Geraden. Das Bild einer Geraden parallel zu g ist damit wiederum parallel zu g.

Nordrhein-Westfalen – Mathematik Grundkurs
2011 – Aufgabe 7: Stochastik (WTR/CAS)

Seit dem 18. März 2009 ist das Aus für die herkömmliche Glühlampe beschlossene Sache. Die EU-Kommission hat in einem bis zum Jahr 2016 angelegten 6-Stufen-Plan den Ersatz von Glühlampen durch Energiesparlampen verordnet.
Ein Großhändler bezieht Energiesparlampen mit einer Energieaufnahme von 11 W von drei unterschiedlichen Herstellern A, B und C, die baugleiche Lampen herstellen. Diese Lampen verpackt er unabhängig vom Hersteller in einer einheitlichen Verpackung und verkauft sie dann weiter.
Nach umfangreichen Prüfzyklen stellt sich heraus, dass 4 % der Energiesparlampen von Hersteller A, 7 % der Lampen von B und 10 % der Lampen von C schon nach 300 Brennstunden deutlich weniger hell leuchten. Zur Vereinfachung werden diese Lampen „Mondlampen" genannt.
Der Großhändler beliefert regelmäßig einen Supermarkt mit Energiesparlampen: 50 % der Lampen stammen von Hersteller A, 30 % von B und 20 % von C. Im Folgenden sollen die oben genannten relativen Häufigkeiten als Wahrscheinlichkeiten des Auftretens von Mondlampen in den entsprechenden Lieferungen betrachtet werden.

Punkte

a) Ein Kunde kauft eine zufällig ausgewählte Lampe aus dem Supermarkt.
   (1) Stellen Sie den Zufallsversuch „Kunde wählt zufällig eine Lampe" mithilfe eines vollständigen Baumdiagramms grafisch dar.
   (2) Berechnen Sie die Wahrscheinlichkeiten dafür, dass die gekaufte Lampe
      (2.1) nicht von Hersteller C stammt,
      (2.2) eine Mondlampe ist,
      [Kontrollergebnis: 0,061]
      (2.3) keine Mondlampe ist und nicht von Hersteller C stammt.
   (3) Der Kunde stellt nach 300 Betriebsstunden fest, dass seine im Supermarkt gekaufte Lampe eine Mondlampe ist.
   Berechnen Sie die Wahrscheinlichkeit dafür, dass die Mondlampe von Hersteller A stammt.
   Entscheiden Sie, von welchem der drei Hersteller A, B oder C sie am wahrscheinlichsten geliefert wurde. 19

b) (1) Ein Kunde kauft 50 Lampen.
   Berechnen Sie die Wahrscheinlichkeit dafür, dass höchstens 2 Mondlampen darunter sind, wenn die Lampen alle aus einer Lieferung von Hersteller A stammen.

(2) Bestimmen Sie die Wahrscheinlichkeit dafür, dass mehr als die erwartete Anzahl von Mondlampen darunter sind, wenn die Lampen alle aus einer Lieferung von Hersteller B stammen.

(3) Bestimmen Sie die maximale Anzahl von Lampen, die ein Kunde im Supermarkt kaufen kann, damit mit einer Wahrscheinlichkeit von mindestens 50 % keine Mondlampe darunter ist, wenn alle Lampen aus einer Lieferung von Hersteller C stammen. 13

Ein Mitarbeiter bei Hersteller B führt auf eigene Initiative eine Änderung in der Produktion durch; er stellt dazu eine Maschine neu ein. Er behauptet, dass so der Anteil der Mondlampen auf unter 7 % gesenkt würde.

c) Um dies nachzuweisen, werden 200 Lampen zufällig aus der Produktion entnommen und es wird untersucht, wie viele Mondlampen darunter sind. Hersteller B bestimmt zur Hypothese H_0: $p \geq 7\,\%$ folgende Entscheidungsregel:
H_0 wird genau dann abgelehnt, wenn die Anzahl der Mondlampen in der Stichprobe höchstens 7 beträgt.

(1) Begründen Sie die Wahl der Hypothese im Sachzusammenhang. Ermitteln Sie die Wahrscheinlichkeit für einen Fehler 1. Art und zeigen Sie, dass die Entscheidungsregel für einen Hypothesentest mit dem Signifikanzniveau $\alpha = 5\,\%$ optimal geeignet ist.

(2) Der Hersteller will seinem Mitarbeiter eine Belohnung zahlen, wenn der Hypothesentest aus (1) eine Senkung des Anteils der Mondlampen anzeigt.
Bestimmen Sie die Wahrscheinlichkeit dafür, dass der Mitarbeiter irrtümlich keine Belohnung erhält, obwohl der Anteil der Mondlampen tatsächlich auf 6,5 % gesenkt wurde.
Beurteilen Sie hiermit das Ergebnis des Tests aus der Sicht des Mitarbeiters. 18

Die benötigten Tabellen finden Sie nach dem Abschnitt „Hinweise und Tipps zum Abitur“.

Hinweise und Tipps

Teilaufgabe a

(1) Es handelt sich um ein zweistufiges Baumdiagramm.

In der ersten Stufe werden die Hersteller, in der zweiten Stufe die Alternativen „Mondlampe“ (M) bzw. „keine Mondlampe“ ($\overline{M}$) eingetragen.

Die Wahrscheinlichkeiten ergeben sich aus den Angaben im Text.

(2.1) Benutzen Sie das Gegenereignis.

(2.2) P(M) ergibt sich mithilfe von Multiplikations- und Additionsregel.

(2.3) $P(\overline{M} \cap \overline{C})$ lässt sich über die Multiplikations- und Additionsregel berechnen.

(3) Gesucht ist die bedingte Wahrscheinlichkeit $P_M(A)$, die mithilfe der Bayes'schen Formel zu berechnen ist:

$$P_M(A) = \frac{P(M \cap A)}{P(M)}$$

Vergleichen Sie die bedingten Wahrscheinlichkeiten $P_M(A)$, $P_M(B)$ und $P_M(C)$ miteinander.

Teilaufgabe b

Hier ist von einem 50-stufigen Bernoulli-Versuch mit einer Trefferwahrscheinlichkeit p (vom Hersteller abhängig) auszugehen. Die Zufallsvariable X bezeichnet die Anzahl der Mondlampen in der Stichprobe.

(1) Zu ermitteln ist: $P(X \leq 2)$ (Hersteller A)

(2) Zunächst ist der Erwartungswert $\mu = n \cdot p$ zu berechnen.

Dann ist $P(X \geq \mu)$ zu ermitteln (Hersteller B).

(3) Hier ist die Ungleichung $P(X=0) \geq 0{,}5$ nach n aufzulösen.

Dabei gilt: $P(X=0) = (1-0{,}1)^n$ (Hersteller C)

Teilaufgabe c

Die 200-fache zufällige Entnahme einer Lampe aus der Produktion von Hersteller B entspricht einer Bernoulli-Kette der Länge 200 mit den Ergebnissen M (Mondlampe) oder $\overline{M}$ (keine Mondlampe).

(1) Als Nullhypothese H_0 wählt man die Situation: Es hat sich nichts geändert ($p \geq 0{,}07$). Dann ist H_1: $p < 0{,}07$.

Der Fehler 1. Art tritt ein, wenn die Nullhypothese fälschlicherweise abgelehnt wird.

Dies passiert, wenn man ein Ergebnis aus dem Ablehnungsbereich erhält, obwohl $p = 0{,}07$ richtig ist.

Berechnen Sie den Fehler 1. Art für den nächstgrößeren Ablehnungsbereich und zeigen Sie, dass dieser bereits größer als 5 % ist.

(2) Berechnen Sie die Wahrscheinlichkeit für einen Fehler 2. Art (Hypothese H_0 falsch, Testergebnis im Annahmebereich von H_0) unter den Voraussetzungen $p = 0{,}065$ und $X \geq 8$.

Lösung

a) (1) Die beschriebene Situation lässt sich in einem Baumdiagramm mit den folgenden Ereignissen darstellen:
A: Die Lampe stammt von Hersteller A.
B: Die Lampe stammt von Hersteller B.
C: Die Lampe stammt von Hersteller C.
M: Die Lampe ist eine Mondlampe.
$\overline{M}$: Die Lampe ist keine Mondlampe.

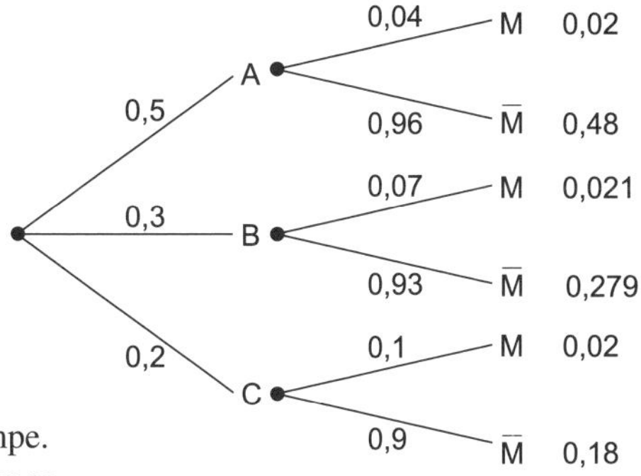

Die angegebenen Wahrscheinlichkeiten entsprechen den Angaben im Text über die Anteile der jeweiligen Hersteller an den Lieferungen für den Supermarkt und ihren Quoten für Mondlampen.

(2) (2.1) $P(\overline{C}) = 1 - P(C) = 1 - 0,2 = 0,8$

(2.2) $P(M) = P(A \cap M) + P(B \cap M) + P(C \cap M)$
$= 0,02 + 0,021 + 0,02 = 0,061$

(2.3) $P(\overline{M} \cap \overline{C}) = P(\overline{M} \cap A) + P(\overline{M} \cap B) = 0,48 + 0,279 = 0,759$

(3) Es handelt sich um eine bedingte Wahrscheinlichkeit, die nach der Bayes'schen Regel zu berechnen ist:

$$P_M(A) = \frac{P(M \cap A)}{P(M)} = \frac{0,02}{0,061} = \frac{20}{61} \approx 0,3279 = 32,79\ \%$$

Laut Aufgabenstellung ist derjenige Hersteller H (aus A, B, C) gesucht, für den $P_M(H) = \frac{P(M \cap H)}{P(M)}$ maximal wird.

Dies ist für H = B der Fall, da für B der Zähler $P(M \cap H)$ den größten Wert annimmt, wie man aus Teilaufgabe (1) erkennen kann. Der Nenner hat immer den gleichen Wert.

b) Ein Kunde kauft 50 Lampen von einem bestimmten Hersteller (A, B oder C). Die Frage, ob es sich dabei um Mondlampen handelt oder nicht, kann dann als 50-stufiger Bernoulli-Versuch mit einer Trefferwahrscheinlichkeit p (vom jeweiligen Hersteller abhängig) interpretiert werden. Die Zufallsvariable X bezeichnet die Anzahl der Mondlampen, die unter den 50 gekauften Lampen auftauchen. X ist dann $B_{50;\,p}$-verteilt.

(1) Hersteller A $\Rightarrow$ $p = 0{,}04$
Zu berechnen ist:

$$P(X \le 2) = \sum_{i=0}^{2} \binom{50}{i} \cdot 0{,}04^i \cdot 0{,}96^{50-i}$$

$$= \binom{50}{0} \cdot 0{,}04^0 \cdot 0{,}96^{50} + \binom{50}{1} \cdot 0{,}04^1 \cdot 0{,}96^{49} + \binom{50}{2} \cdot 0{,}04^2 \cdot 0{,}96^{48}$$

$$\approx 0{,}6767 = 67{,}67\ \%$$

(2) Hersteller B $\Rightarrow$ $p = 0{,}07$
Der Erwartungswert für die Anzahl an Mondlampen ist:
$\mu = n \cdot p = 50 \cdot 0{,}07 = 3{,}5$
Somit ist zu berechnen:

$$P(X \ge 4) = 1 - P(X \le 3) = 1 - \sum_{i=0}^{3} \binom{50}{i} \cdot 0{,}07^i \cdot 0{,}93^{50-i} \approx 0{,}4673 = 46{,}73\ \%$$

(3) Hersteller C $\Rightarrow$ $p = 0{,}1$
Gesucht ist der größte Wert für n, sodass Folgendes gilt:
$P(X = 0) \ge 0{,}5$

Die Wahrscheinlichkeit, keine Mondlampe zu erhalten, beträgt beim 1-stufigen Versuch $1 - 0{,}1$. Beim n-stufigen Versuch ist diese Wahrscheinlichkeit nach Multiplikationsregel $(1 - 0{,}1)^n$.

Es gilt dann:

$$\begin{aligned}
& P(X = 0) \ge 0{,}5 \\
\Leftrightarrow\ & (1 - 0{,}1)^n \ge 0{,}5 \\
\Leftrightarrow\ & 0{,}9^n \ge 0{,}5 \\
\Leftrightarrow\ & n \cdot \ln 0{,}9 \ge \ln 0{,}5 \\
\Leftrightarrow\ & n \le \frac{\ln 0{,}5}{\ln 0{,}9} \approx 6{,}58 \quad (\ln 0{,}9 < 0!)
\end{aligned}$$

Man darf also maximal 6 Lampen kaufen.

c) (1) Die (zufällige) 200-fache Entnahme einer Lampe aus der Produktion von Hersteller B entspricht einer Bernoulli-Kette der Länge 200 mit den jeweiligen Ergebnissen M (Mondlampe) und $\overline{M}$ (keine Mondlampe). Hinsichtlich der unbekannten Wahrscheinlichkeit p (aufgrund der Änderung der Produktion) gibt es zwei Möglichkeiten:

- Es hat sich nichts geändert; es gibt keinen Unterschied zur bisherigen Situation, d. h., es gilt nach wie vor: $p \ge 0{,}07$ (für Mondlampen).
- Es hat sich etwas verändert, die Wahrscheinlichkeit p für Mondlampen beträgt $p < 0{,}07$.

Der Hersteller will aus Vorsichtsgründen mit möglichst geringer Wahrscheinlichkeit irrtümlich von einer Verbesserung ausgehen ($p < 0{,}07$), wenn sich tatsächlich nichts verändert hat ($p \geq 0{,}07$).
Daher wird als Nullhypothese H_0: $p \geq 0{,}07$ gewählt. Aufgrund dieser Festlegung handelt es sich um einen einseitigen (linksseitigen) Hypothesentest.
Wird H_0 als gültig angenommen, so geht man bei der Zufallsvariablen X (Anzahl der Mondlampen in der Stichprobe von 200 Lampen) von einer binomialverteilten Zufallsgröße mit einer Trefferwahrscheinlichkeit von $p = 7\ \%$ bei einer Stichprobengröße von $n = 200$ aus. Laut Vorgabe ist der Annahmebereich für H_0 das Intervall [8; 200] und entsprechend der Ablehnungsbereich das Intervall [0; 7].

Man begeht einen Fehler 1. Art, wenn das Ergebnis des Tests im Ablehnungsbereich von H_0 liegt, H_0 aber eigentlich gültig ist.

Für den Fehler 1. Art gilt:

$$P_{p=0,07}(X \leq 7) = \sum_{i=0}^{7} \binom{200}{i} \cdot 0{,}07^i \cdot 0{,}93^{200-i} \approx 0{,}0274 = 2{,}74\ \%$$

Dieser Wert lässt sich direkt aus der Tabelle entnehmen.

Würde man den Ablehnungsbereich auf das Intervall [0; 8] erweitern, so erhielte man für die Irrtumswahrscheinlichkeit (Fehler 1. Art) folgenden Wert:

$$P_{p=0,07}(X \leq 8) = \sum_{i=0}^{8} \binom{200}{i} \cdot 0{,}07^i \cdot 0{,}93^{200-i} \approx 0{,}0556 = 5{,}56\ \% > 5\ \%$$

Da der Wert bereits größer als 5 % ist, erfüllt dieser Ablehnungsbereich das Signifikanzniveau $\alpha = 5\ \%$ gerade nicht mehr. Die Entscheidungsregel ist daher für das hier auf 5 % vorgegebene Signifikanzniveau optimal geeignet.

(2) Die in der Aufgabenstellung geschilderte Situation tritt ein, wenn die Hypothese $p_0 \geq 7\ \%$ falsch ist, aber das Testergebnis im Annahmebereich [8; 200] liegt. Es ist also die Wahrscheinlichkeit für einen Fehler 2. Art unter den Voraussetzungen $p = 0{,}065$ und $X \geq 8$ zu berechnen.

$$P(X \geq 8) = 1 - P(X \leq 7) = 1 - \sum_{i=0}^{7} \binom{200}{i} \cdot 0{,}065^i \cdot 0{,}935^{200-i}$$
$$\approx 1 - 0{,}0485 = 95{,}15\ \%$$

Die Fehlerabsenkung auf 6,5 % liegt noch sehr dicht bei der alten Fehlerquote. Auch ist der Stichprobenumfang von 200 zu gering, sodass es mit großer Wahrscheinlichkeit (95,15 %) zu einem Fehler 2. Art kommt und der Mitarbeiter irrtümlicherweise keine Belohnung erhält. Die formulierten Testbedingungen sind also aus Sicht des Mitarbeiters als ungünstig zu bewerten.

Nordrhein-Westfalen – Mathematik Grundkurs
2011 – Aufgabe 2: Analysis (CAS)

In der Abbildung auf der nächsten Seite ist – eingebettet in ein Koordinatensystem – ein Ausschnitt aus dem Flussverlauf der Ruhr zu sehen. Die Karte ist aus einem Luftbild entstanden. **Der Einheit 1 cm in der Karte entsprechen 50 m in der Natur.**

In den folgenden Aufgaben werden mit den Mitteln der Analysis, anders als bei realen Vermessungen üblich, in der Karte dargestellte Landschaftsmerkmale beschrieben.

Punkte

a) (1) Berechnen Sie eine Gleichung der ganzrationalen Funktion f dritten Grades, deren Graph durch die Punkte A, B, C und D verläuft. Die Werte der gesuchten Koeffizienten sind auf die 5. Nachkommastelle gerundet anzugeben.
[Kontrollergebnis mit geringerer Genauigkeit:
$f(x) \approx -0{,}0035 \cdot x^3 + 0{,}053 \cdot x^2 - 0{,}31 \cdot x + 6{,}52$]

(2) Skizzieren Sie den Graphen von f in der Abbildung auf der nächsten Seite. 12

Im Gegensatz zur recht genauen Modellierung der nördlichen Uferlinie durch den Graphen der Funktion f im Abschnitt B bis D wird die Uferlinie im Flussabschnitt von A bis B nur ungenau beschrieben. Der Graph schneidet einen Teil des Uferbereichs der Ruhr ab.

b) Zur besseren Beschreibung dieses Abschnitts ist daher eine ganzrationale Funktion g gesucht, deren Graph durch die Punkte A, Q und B verläuft und im Punkt B zusätzlich dieselbe Steigung und Krümmung wie der Graph von f hat, d. h., die Funktionen f und g sollen dort in den Werten ihrer 1. und 2. Ableitung übereinstimmen.
Bestimmen Sie eine Gleichung der ganzrationalen Funktion vierten Grades g, die diese Bedingungen erfüllt. Die Werte der gesuchten Koeffizienten sind auf die 5. Nachkommastelle gerundet anzugeben.
[Kontrollergebnis mit geringerer Genauigkeit:
$g(x) \approx 0{,}0019 \cdot x^4 - 0{,}040 \cdot x^3 + 0{,}29 \cdot x^2 - 0{,}83 \cdot x + 6{,}52$] 12

c) Das in der Karte abgebildete Teilstück eines Naturschutzgebiets im Flussabschnitt von B bis D wird einerseits durch die Ruhr und andererseits zwischen den Punkten E und F durch einen geradlinigen Zaun entlang des dort verlaufenden Dammes begrenzt.

(1) Berechnen Sie eine Gleichung der Geraden z, die durch die Punkte E und F verläuft.
[Zur Kontrolle: $z(x) \approx 8{,}88824 - 0{,}30588 \cdot x$]

(2) Bestimmen Sie den Flächeninhalt des Naturschutzgebiets zwischen dem Zaun und der Uferlinie im Flussabschnitt von B bis D. 15

d) Vom Punkt P am südlichen Ufer der Ruhr aus soll durch eine Brücke ein Zugang zum Naturschutzgebiet nördlich der Ruhr geschaffen werden. Dazu wird derjenige Punkt R auf der Uferlinie zwischen C und D gesucht, der vom Punkt P den kleinsten Abstand hat.
Durch $q(x) = (x-11)^2 + (f(x)-3{,}5)^2$, $c_C \leq x \leq x_D$, ist das Quadrat des Abstands eines beliebigen Punktes $(x \mid f(x))$ auf der Uferlinie zwischen C und D vom Punkt $P(11 \mid 3{,}5)$ gegeben. Ohne Nachweis darf vorausgesetzt werden, dass der Abstand dieses Punktes vom Punkt P genau dann minimal ist, wenn q(x) minimal ist.
Ermitteln Sie rechnerisch die Koordinaten des gesuchten Punktes R. 11

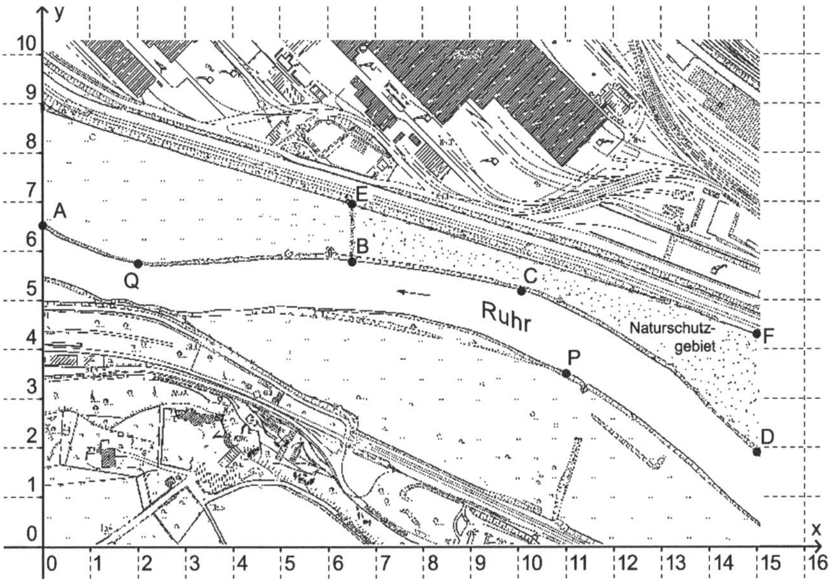

Die in die Karte eingezeichneten Punkte besitzen folgende Koordinaten:
$A(0 \mid 6{,}52)$, $B(6{,}5 \mid 5{,}78)$, $C(10{,}07 \mid 5{,}18)$, $D(15 \mid 1{,}9)$, $E(6{,}5 \mid 6{,}9)$, $F(15 \mid 4{,}3)$, $P(11 \mid 3{,}5)$, $Q(2 \mid 5{,}74)$.

Hinweise und Tipps

Teilaufgabe a

(1) Eine ganzrationale Funktion dritten Grades hat allgemein die Funktionsgleichung $f(x) = ax^3 + bx^2 + cx + d$.

Wenn die Punkte A, B, C, und D auf dem Graphen von f liegen sollen, müssen sie die Punktprobe erfüllen.

Aus diesen Bedingungen ergibt sich ein Gleichungssystem, das mithilfe des CAS gelöst werden kann.

(2) Mittels Funktionseditor Y = und der Zeichenfunktion „Graph" gewinnt man eine Vorstellung vom Verlauf des Graphen von f.

Teilaufgabe b

Eine ganzrationale Funktion vierten Grades hat allgemein die Funktionsgleichung $g(x) = ax^4 + bx^3 + cx^2 + dx + e$.

Aufgrund der Informationen im Text benötigt man zusätzlich die 1. und 2. Ableitung.

Aus den Angaben im Text ergibt sich ein Gleichungssystem, das wieder mithilfe des CAS gelöst werden kann.

Teilaufgabe c

(1) Zur Ermittlung der Geradengleichung verwendet man die Zwei-Punkte-Form der Geradengleichung:

$$y = \frac{y_F - y_E}{x_F - x_E}(x - x_E) + y_E$$

(2) Der Flächeninhalt des Naturschutzgebietes im Flussabschnitt B bis D ergibt sich mithilfe des bestimmten Integrals über die Randfunktionen mit den zugehörigen Grenzen.

Die Berechnung erfolgt im Home-Bildschirm mit der entsprechenden Calc-Funktion.

Achten Sie auf die Umrechnung der Flächeneinheiten.

Teilaufgabe d

Gesucht ist das absolute Minimum der Funktion q auf dem Intervall [10,07; 15].

Bestimmen Sie zunächst das lokale Minimum über $q'(x) = 0$ und $q''(x) > 0$.

Führen Sie die notwendigen Rechnungen mit dem CAS durch.

Vergleichen Sie das lokale Minimum mit den Randwerten q(10,07) und q(15).

Lösung

a) (1) Die Punkte A(0 | 6,52), B(6,5 | 5,78), C(10,07 | 5,18) und D(15 | 1,9) liegen auf dem Graphen einer ganzrationalen Funktion f dritten Grades mit der Funktionsgleichung $f(x) = a \cdot x^3 + b \cdot x^2 + c \cdot x + d$. Die Koordinaten müssen deshalb die folgenden Bedingungen erfüllen:

$f(0) = d = 6{,}52$
$f(6{,}5) = 5{,}78$
$f(10{,}07) = 5{,}18$
$f(15) = 1{,}9$

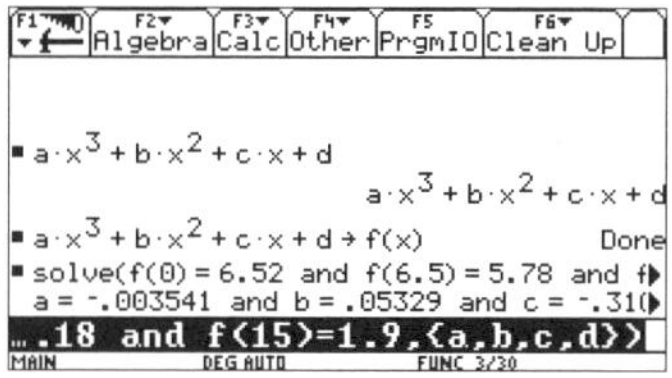

Auf die geforderten Stellen gerundet lautet dann die gesuchte Funktionsgleichung wie folgt:

$f(x) = -0{,}00354x^3 + 0{,}05329x^2 - 0{,}31063x + 6{,}52$

(2) Die Abbildung zeigt den Verlauf des Graphen von f.

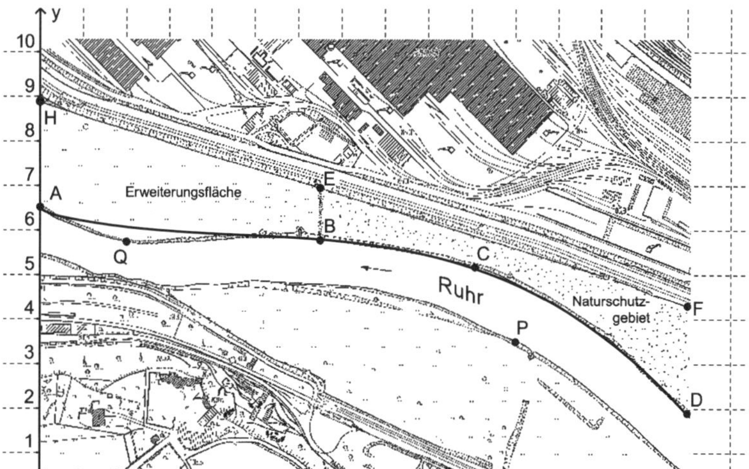

b) Es ist eine ganzrationale Funktion g vierten Grades gesucht, für die folgende Gleichungen gelten:

$g(x) = ax^4 + bx^3 + cx^2 + dx + e$
$g'(x) = 4ax^3 + 3bx^2 + 2cx + d$
$g''(x) = 12ax^2 + 6bx + 2c$

Aufgrund der Aufgabenstellung müssen die folgenden Bedingungen erfüllt sein:

$g(0)=6{,}52$	(Verlauf durch A(0 | 6,52))
$g(2)=5{,}74$	(Verlauf durch Q(2 | 5,74))
$g(6{,}5)=5{,}78$	(Verlauf durch B(6,5 | 5,78))
$g'(6{,}5)=f'(6{,}5)$	(Übereinstimmung 1. Ableitung von f und g im Punkt B)
$g''(6{,}5)=f''(6{,}5)$	(Übereinstimmung 2. Ableitung von f und g im Punkt B)

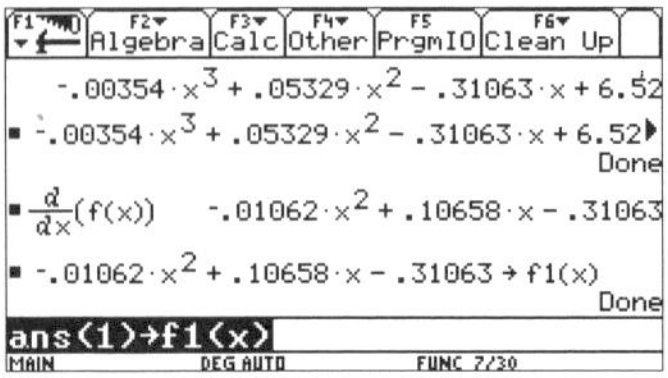

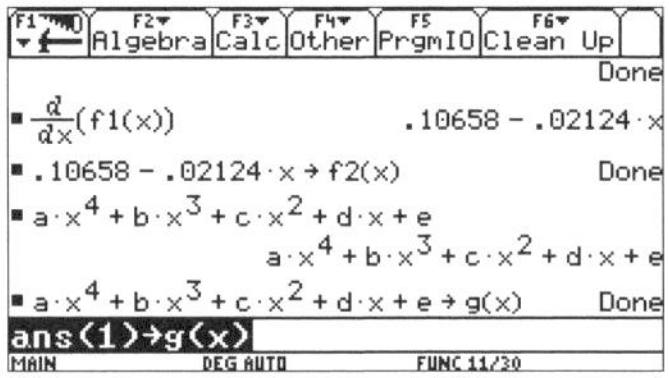

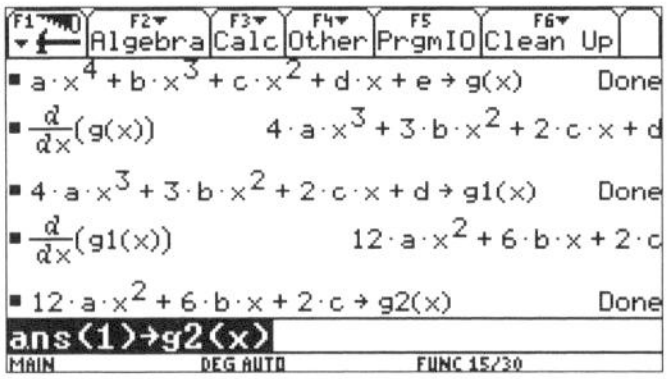

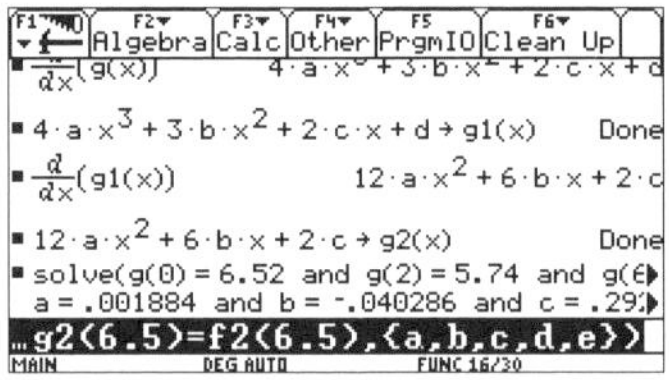

Auf die geforderten Stellen gerundet lautet dann die gesuchte Funktionsgleichung wie folgt:

$g(x) = 0{,}00188x^4 - 0{,}04029x^3 + 0{,}29214x^2 - 0{,}82821x + 6{,}52$

c) (1) Zur Ermittlung der Geradengleichung durch die Punkte E und F verwendet man die Zwei-Punkte-Form der Geradengleichung und erhält:

$$z(x) = \frac{y_F - y_E}{x_F - x_E}(x - x_E) + y_E = \frac{4{,}3-6{,}9}{15-6{,}5}(x-6{,}5)+6{,}9$$

$$\approx -0{,}30588x + 8{,}88824$$

(2) Der Flächeninhalt des Naturschutzgebietes im Flussabschnitt B bis D auf der Karte ergibt sich mithilfe des bestimmten Integrals über die Randfunktionen mit den zugehörigen Grenzen. Dabei wird der Zaun durch die Funktion z(x) beschrieben, die Uferlinie zwischen den Punkten B und D durch die Funktion f(x). Damit ergibt sich die gesuchte Flächenmaßzahl wie folgt:

$$A = \int_{x_B}^{x_D} (z(x) - f(x))dx \approx 8{,}71442$$

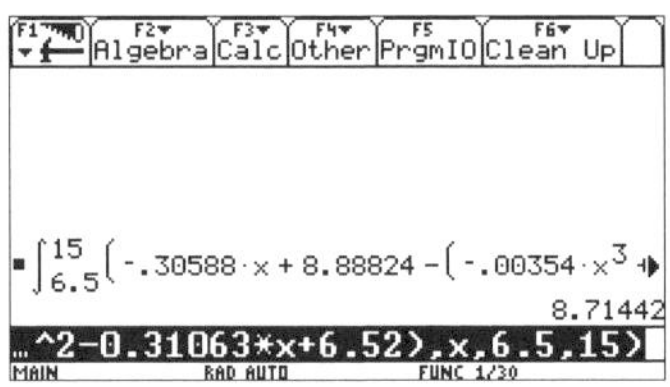

Einer Längeneinheit entsprechen 50 m in der Natur.

Dem Kartenwert von 8,71442 Flächeneinheiten entsprechen daher $8{,}71442 \cdot 50^2 \approx 21\,786\ m^2$ in der Natur.

d) Gesucht ist das absolute Minimum der Funktion q mit folgender Gleichung:

$$q(x) = (x-11)^2 + (f(x) - 3{,}5)^2$$
$$= (x-11)^2 + (-0{,}00354x^3 + 0{,}05329x^2 - 0{,}31063x + 6{,}52 - 3{,}5)^2$$

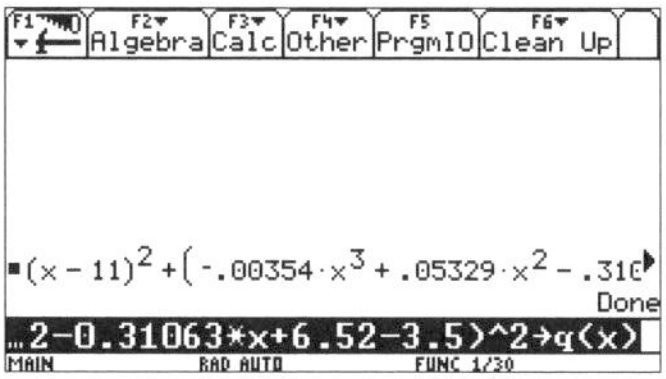

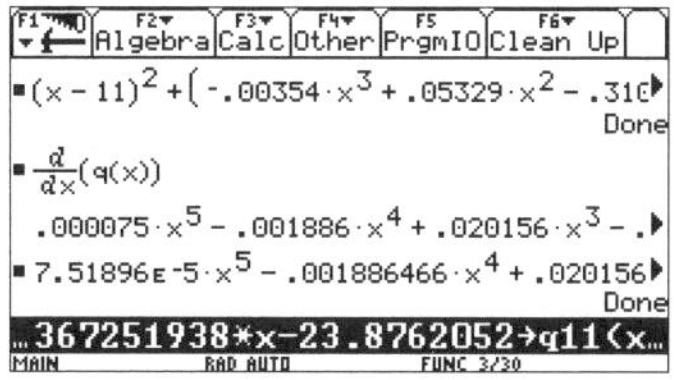

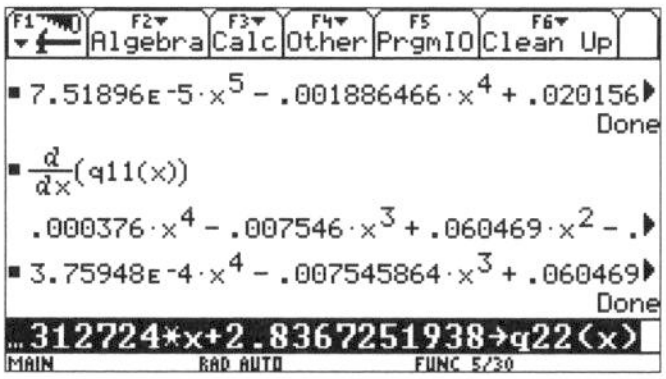

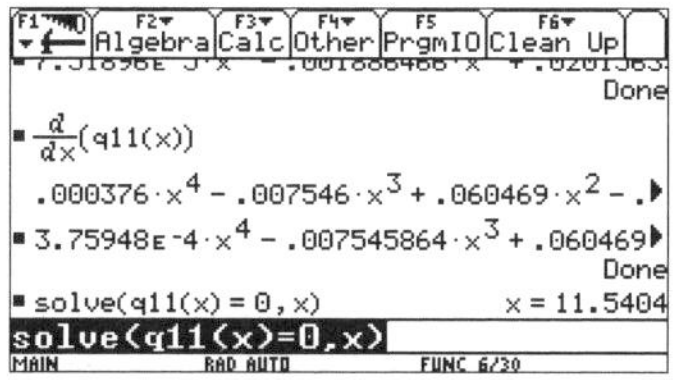

Die notwendige Bedingung $q'(x) = 0$ hat die Lösung $x_1 \approx 11{,}54$.

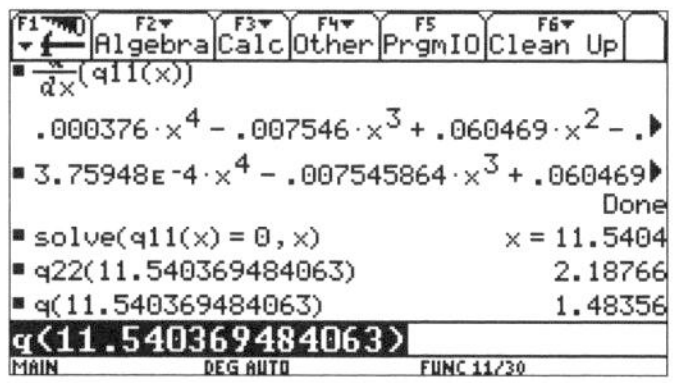

Wegen $q''(x_1) = 2{,}18766 > 0$ ist $q(x_1) \approx 1{,}48$ lokales Minimum auf dem Intervall [10,07; 15].

Wegen $q(10{,}07) \approx 3{,}69$ und $q(15) \approx 18{,}55$ ist $q(x_1)$ auch globales Minimum der Funktion q auf dem Intervall [10,07; 15].

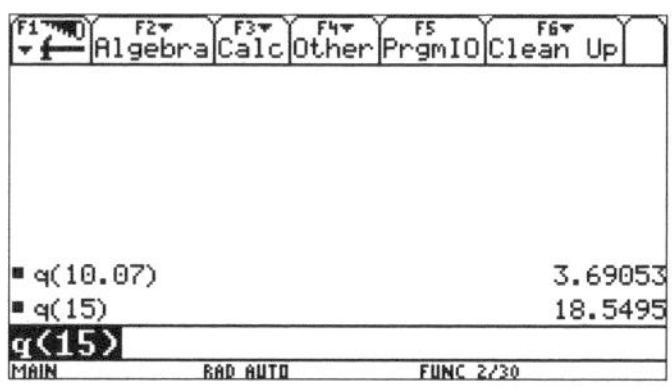

Die Koordinaten des gesuchten Punktes R sind $x_R = x_1 \approx 11{,}54$ und $y_R = f(x_1) \approx 4{,}59$.

Daher gilt:

$R(11{,}54 \,|\, 4{,}59)$

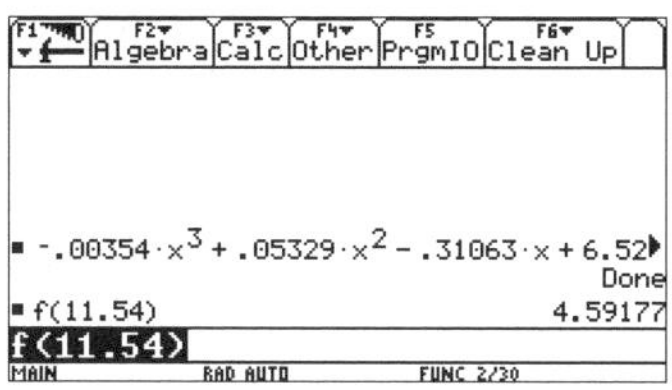

Drei Kaffeeröstereien konkurrieren mit ihren Kaffeesorten A, B und C um die Gunst der Käufer, wobei folgendes monatliche Wechselverhalten der Käufer zu beobachten ist:

20 % der Käufer der Sorte A wechseln zu Sorte C,
10 % der Käufer der Sorte B wechseln zu Sorte A,
10 % der Käufer der Sorte B wechseln zu Sorte C,
10 % der Käufer der Sorte C wechseln zu Sorte A,
20 % der Käufer der Sorte C wechseln zu Sorte B.

Gehen Sie davon aus, dass die übrigen Käufer bei der gewählten Kaffeesorte bleiben und sich das Wechselverhalten über längere Zeit nicht ändert.

Punkte

a) Skizzieren Sie das monatliche Wechselverhalten der Käufer in einem Übergangsdiagramm und beschreiben Sie, inwiefern die Übergangsmatrix

$$P = \begin{pmatrix} 0{,}8 & 0{,}1 & 0{,}1 \\ 0 & 0{,}8 & 0{,}2 \\ 0{,}2 & 0{,}1 & 0{,}7 \end{pmatrix}$$

das dargestellte Wechselverhalten der Käufer abbildet. 8

b) Berechnen Sie die Verteilung nach einem Monat, wenn vorher 150 000 Sorte A, 300 000 Sorte B und 450 000 Sorte C gekauft haben. 3

c) Berechnen Sie P^6 und interpretieren Sie die Komponente in der dritten Zeile und ersten Spalte im Sachzusammenhang. 5

d) Die Matrix P aus Teilaufgabe a hat die besondere Eigenschaft, dass alle Komponenten größer oder gleich null sind und alle Spalten die Summe 1 haben. Eine solche Matrix wird stochastisch genannt.
Interpretieren Sie diese Eigenschaft im Sachzusammenhang und beurteilen Sie die Angemessenheit der dahinter liegenden Modellannahme für das Wechselverhalten der Käufer zwischen den drei Kaffeesorten. 6

Eine weitere Kaffeerösterei bietet eine vierte Kaffeesorte D an. Das Wechselverhalten der Käufer wird durch die Matrix

$$Q = \begin{pmatrix} 0{,}8 & 0{,}1 & 0 & 0{,}2 \\ 0 & 0{,}9 & 0 & 0{,}4 \\ 0{,}2 & 0 & 0{,}7 & 0 \\ 0 & 0 & 0{,}3 & 0{,}4 \end{pmatrix}$$

beschrieben, wobei eine Verteilung der Käufer auf die Sorten A, B, C und D

durch den Vektor $\vec{v} = \begin{pmatrix} v_A \\ v_B \\ v_C \\ v_D \end{pmatrix}$ gegeben ist.

e) (1) Skizzieren Sie das monatliche Wechselverhalten der Käufer in einem Übergangsdiagramm.

(2) Zeigen Sie, dass keine Käufer innerhalb von zwei Monaten von Sorte A zu B wechseln.

(3) Bestimmen Sie für die Übergangsmatrix Q die prozentuale Verteilung der Käufer, die sich im Folgemonat nicht ändert.
Interpretieren Sie diese Verteilung im Hinblick auf das langfristige Käuferverhalten. 19

f) Durch mangelnde Betreuung der Stammkunden verliert die Rösterei, die Sorte C anbietet, Käufer an die übrigen Röstereien, so dass sich die entsprechenden Übergangsquoten ändern. Alle anderen Übergangsquoten bleiben gleich.

Die Verteilung ändert sich in einem Monat von
(400 000 | 200 000 | 400 000 | 100 000) zu
(400 000 | 300 000 | 200 000 | 200 000).

(1) Begründen Sie, dass dieses Verhalten durch eine Matrix des Typs

$$Q' = \begin{pmatrix} 0{,}8 & 0{,}1 & x & 0{,}2 \\ 0 & 0{,}9 & y & 0{,}4 \\ 0{,}2 & 0 & 1-(x+y+z) & 0 \\ 0 & 0 & z & 0{,}4 \end{pmatrix}$$

beschrieben werden kann.

(2) Ermitteln Sie die neuen Übergangsquoten. 9

Hinweise und Tipps

Teilaufgabe a

- Für den Übergangsgraphen benötigen Sie die Knoten A, B und C.
- Die Werte für die Pfeile ergeben sich aus dem angegebenen Wechselverhalten.
- Wenn Sie die Übergangsmatrix um die Zeilen- bzw. Spaltenüberschriften A, B und C ergänzen, ist das Wechselverhalten der Käufer leichter zu erkennen.

Teilaufgabe b

- Geben Sie die Matrix P und den Vektor $\vec{x}_A$ der Ausgangsverteilung im Data-Matrix-Editor ein.
- Multiplizieren Sie die Übergangsmatrix P mit dem Vektor $\vec{x}_A$.

Teilaufgabe c

- Berechnen Sie P^6 im Calc-Home-Bildschirm.

Teilaufgabe d

- Überlegen Sie, ob die Käuferschaft eines Produktes konstant bleiben kann.

Teilaufgabe e

- (1) Für das Übergangsdiagramm benötigen Sie die Knoten A, B, C und D.
- Die Werte für die Kanten lassen sich aus der Übergangsmatrix ablesen.
- (2) Bilden Sie die 2. Potenz von Q und betrachten Sie dann die Komponente in der ersten Spalte und zweiten Zeile.
- (3) Machen Sie den Fixpunktansatz $Q \cdot \vec{x} = \vec{x} \quad \Leftrightarrow \quad (Q - E)\vec{x} = \vec{0}$, wobei E die Einheitsmatrix ist.
- Sie können dann das LGS über die reduzierte Matrix lösen (rref(Q − E)).
- Beachten Sie, dass das LGS unendlich viele Lösungen haben kann.

Teilaufgabe f

- (1) Da sich die Übergangsquoten für die Sorten A, B und D nicht ändern, bleiben die Spalten 1, 2 und 4 unverändert.
- Welche Spalte beschreibt die Übergangsquoten der Sorte C?
- Hier gibt es neue Quoten x, y und z zu den Sorten A, B und D.
- Beachten Sie für den Anteil, der bei Sorte C bleibt, dass die Spaltensumme immer 1 ergeben muss.
- (2) Bilden Sie mithilfe der Verteilungen aus einem Monatsbereich ein LGS: $Q'\vec{x}_M = \vec{x}_{M+1}$
- Hieraus lassen sich die Werte x, y und z berechnen und man erhält die vollständige Matrix Q'.

Lösung

a) Das zu den Angaben der Aufgabenstellung gehörende Übergangsdiagramm hat folgende Gestalt:

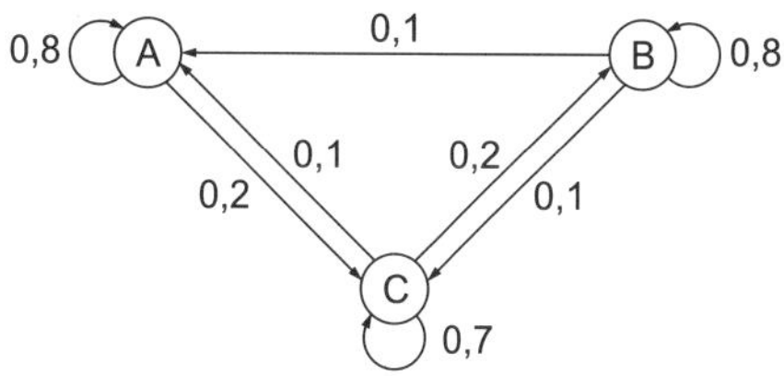

Ergänzt man die Übergangsmatrix durch die Zeilen- bzw. Spaltenüberschriften A, B und C, dann ist das Wechselverhalten der Käufer zu erkennen, indem man die Angaben von Spalte zu Zeile interpretiert:

$$\begin{array}{cccc} & A & B & C \\ P = & \begin{pmatrix} 0{,}8 & 0{,}1 & 0{,}1 \\ 0 & 0{,}8 & 0{,}2 \\ 0{,}2 & 0{,}1 & 0{,}7 \end{pmatrix} & \begin{array}{c} A \\ B \\ C \end{array} \end{array}$$

von A	nach A 80 %,	nach B 0 %,	nach C 20 %
von B	nach A 10 %,	nach B 80 %,	nach C 10 %
von C	nach A 10 %,	nach B 20 %,	nach C 70 %

Von A nach A, B nach B, C nach C bedeutet, dass die Kunden bei der jeweiligen Sorte bleiben.

b) Aus der Ausgangsverteilung $\vec{x}_A = \begin{pmatrix} 150\,000 \\ 300\,000 \\ 450\,000 \end{pmatrix}$ ergibt sich durch Multiplikation mit der Übergangsmatrix P die Verteilung nach einem Monat.

$$\vec{x}_E = P \cdot \vec{x}_A = \begin{pmatrix} 0{,}8 & 0{,}1 & 0{,}1 \\ 0 & 0{,}8 & 0{,}2 \\ 0{,}2 & 0{,}1 & 0{,}7 \end{pmatrix} \begin{pmatrix} 150\,000 \\ 300\,000 \\ 450\,000 \end{pmatrix} = \begin{pmatrix} 195\,000 \\ 330\,000 \\ 375\,000 \end{pmatrix}$$

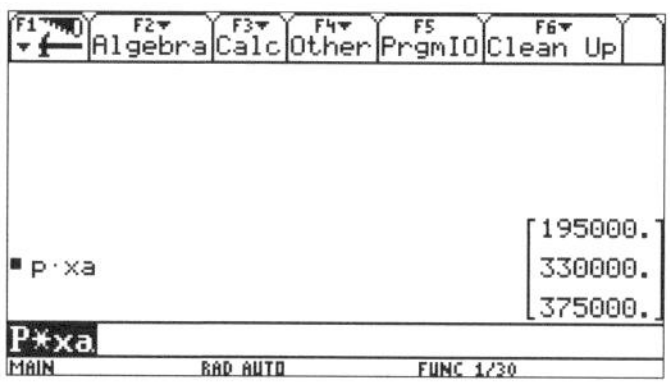

c) Im Calc-Home-Bildschirm berechnet man die 6. Potenz von P und erhält:

$$P^6 = \begin{pmatrix} 0{,}411766 & 0{,}294117 & 0{,}294117 \\ 0{,}223124 & 0{,}411766 & 0{,}36511 \\ 0{,}36511 & 0{,}294117 & 0{,}340773 \end{pmatrix}$$

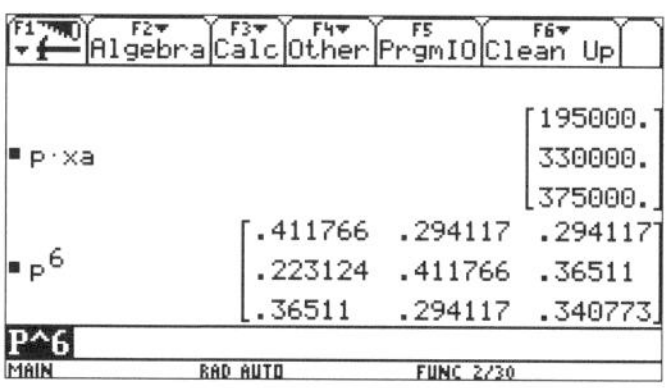

Die Matrix P^6 beschreibt das Wechselverhalten der Käufer bezogen auf einen Zeitraum von 6 Monaten. Dabei bedeutet $p_{3,1} = 0{,}36511$, dass ca. 36,5 % der Kaffeekäufer in dieser Zeit von der Sorte A zur Sorte C gewechselt sind.

d) Spaltensumme 1 bedeutet:
Alle Käufer bleiben bei ihrer Kaffeesorte oder wechseln zu einer der beiden anderen Sorten. Kein Käufer scheidet aus, kein Käufer kommt hinzu.

Modellkritik:
Die Annahme eines geschlossenen Systems ist nicht realistisch, da immer Kaffeekäufer ausscheiden können (Tod, Änderung des Konsumverhaltens) oder neu hinzukommen können, was in diesem Modell nicht berücksichtigt wird.

e) (1) Das zu den Angaben gehörige Übergangsdiagramm hat die folgende Gestalt:

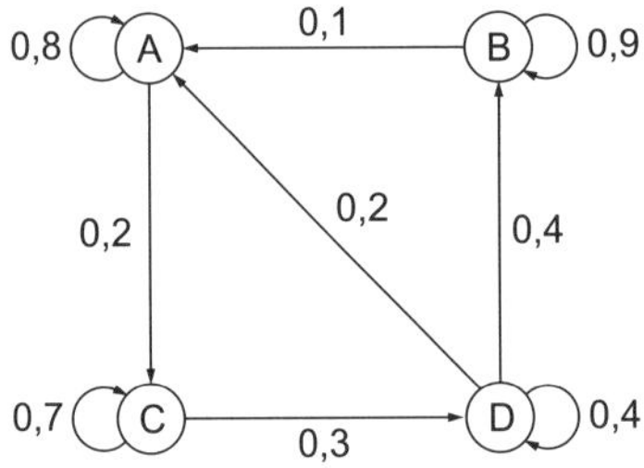

(2) Um das Wechselverhalten nach zwei Monaten zu untersuchen, bildet man die 2. Potenz von Q.
Es gilt:

$$Q^2 = \begin{pmatrix} 0{,}64 & 0{,}17 & 0{,}6 & 0{,}28 \\ 0 & 0{,}81 & 0{,}12 & 0{,}52 \\ 0{,}3 & 0{,}02 & 0{,}49 & 0{,}04 \\ 0{,}06 & 0 & 0{,}33 & 0{,}16 \end{pmatrix}$$

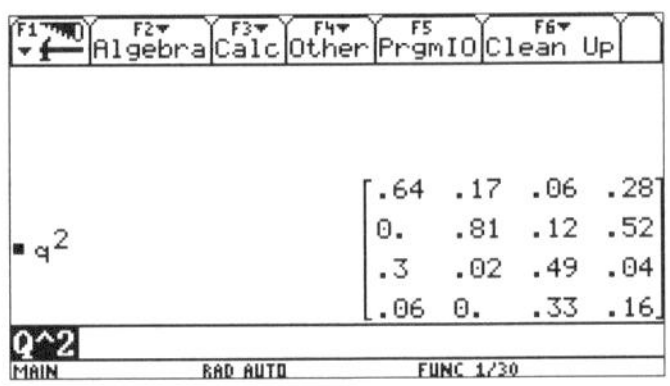

Es ist $q_{2,1} = 0$, d. h., kein Käufer wechselt innerhalb von zwei Monaten von Sorte A zu Sorte B.

(3) Gesucht ist eine Käuferverteilung $\vec{x} = \begin{pmatrix} x_A \\ x_B \\ x_C \\ x_D \end{pmatrix}$ auf die vier Sorten A, B, C und D, die sich auch durch das Wechselverhalten zwischen den Sorten A, B, C und D nicht ändert.
Gesucht ist also ein Vektor $\vec{x}$, für den Folgendes gilt:

$$Q \cdot \vec{x} = \vec{x} \quad \Leftrightarrow \quad Q \cdot \vec{x} - \vec{x} = \vec{0}$$

$$\Leftrightarrow \quad (Q - E)\vec{x} = \vec{0}$$

(wobei E die Einheitsmatrix ist)

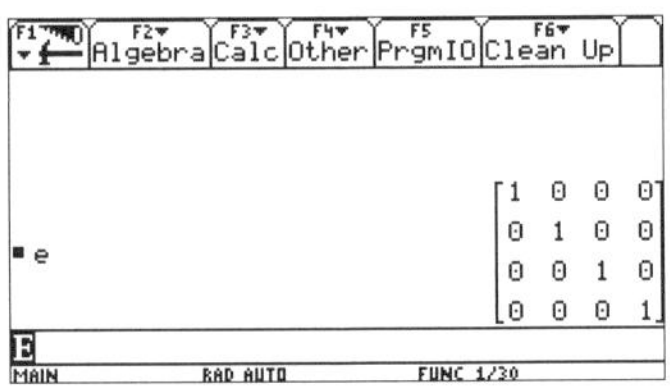

Mittels CAS ergibt sich die zeilenreduzierte Matrix rref (Q – E), die zu folgendem Gleichungssystem führt:

$$\begin{pmatrix} 1 & 0 & 0 & -3 \\ 0 & 1 & 0 & -4 \\ 0 & 0 & 1 & -2 \\ 0 & 0 & 0 & 0 \end{pmatrix} \begin{pmatrix} a \\ b \\ c \\ d \end{pmatrix} = \begin{pmatrix} 0 \\ 0 \\ 0 \\ 0 \end{pmatrix} \Leftrightarrow$$

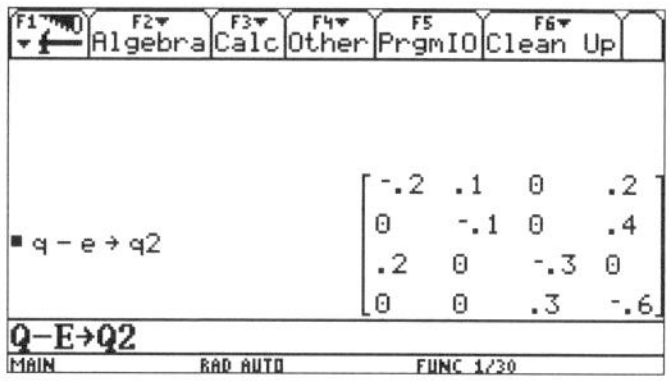

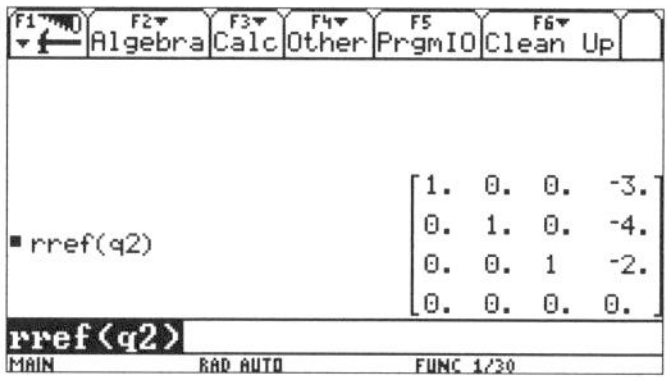

$$\begin{aligned} a - 3d &= 0 \\ b - 4d &= 0 \\ c - 2d &= 0 \\ 0 \cdot d &= 0 \end{aligned}$$

Das LGS hat unendlich viele Lösungen.
Für $d = t$ ergibt sich:

$$\begin{pmatrix} a \\ b \\ c \\ d \end{pmatrix} = \begin{pmatrix} 3t \\ 4t \\ 2t \\ 1t \end{pmatrix} = t \begin{pmatrix} 3 \\ 4 \\ 2 \\ 1 \end{pmatrix}$$

Damit erhält man für die prozentuale Verteilung den Vektor $\vec{x}$ mit:

$$\vec{x} = \begin{pmatrix} 0{,}3 \\ 0{,}4 \\ 0{,}2 \\ 0{,}1 \end{pmatrix}$$

Langfristig bedeutet das: Sorte A hat einen Käuferanteil von 30 %, Sorte B von 40 %, Sorte C von 20 % und Sorte D von 10 %.

f) (1) Die bisherige Matrix ist:

$$Q = \begin{pmatrix} 0{,}8 & 0{,}1 & 0 & 0{,}2 \\ 0 & 0{,}9 & 0 & 0{,}4 \\ 0{,}2 & 0 & 0{,}7 & 0 \\ 0 & 0 & 0{,}3 & 0{,}4 \end{pmatrix}$$

Da sich die Übergangsquoten für die Sorten A, B und D nicht ändern, bleiben die Spalten 1, 2 und 4 unverändert. Die Spalte 3 beschreibt die Übergangsquoten der Sorte C. Hier gibt es neue Quoten x, y und z zu den Sorten A, B und D. Der Anteil, der bei Sorte C bleibt, ergibt sich dann mit $1 - (x + y + z)$, da die Spaltensumme immer 1 (100 %) betragen muss.
Folglich sieht die neue Matrix Q' wie folgt aus:

$$Q' = \begin{pmatrix} 0{,}8 & 0{,}1 & x & 0{,}2 \\ 0 & 0{,}9 & y & 0{,}4 \\ 0{,}2 & 0 & 1 - (x + y + z) & 0 \\ 0 & 0 & z & 0{,}4 \end{pmatrix}$$

(2) Die Ausgangsverteilung lässt sich vereinfachen zu (40 | 20 | 40 | 10), die Verteilung nach einem Monat zu (40 | 30 | 20 | 20). (Ausklammern von 10 000!)

Die neuen Übergangsquoten ergeben sich dann aus folgendem LGS:

$$\begin{pmatrix} 0,8 & 0,1 & x & 0,2 \\ 0 & 0,9 & y & 0,4 \\ 0,2 & 0 & 1-(x+y+z) & 0 \\ 0 & 0 & z & 0,4 \end{pmatrix} \begin{pmatrix} 40 \\ 20 \\ 40 \\ 10 \end{pmatrix} = \begin{pmatrix} 40 \\ 30 \\ 20 \\ 20 \end{pmatrix}$$

$$\Leftrightarrow \quad \begin{aligned} 40 \cdot 0,8 + 20 \cdot 0,1 + 40x + 10 \cdot 0,2 &= 40 \\ 20 \cdot 0,9 + 40y + 10 \cdot 0,4 &= 30 \\ 40 \cdot 0,2 + 40 \cdot (1-(x+y+z)) &= 20 \\ 40z + 10 \cdot 0,4 &= 20 \end{aligned}$$

$$\Leftrightarrow \quad \begin{aligned} 32 + 2 + 40x + 2 &= 40 \\ 18 + 40y + 4 &= 30 \\ 8 + 40 - 40(x+y+z) &= 20 \\ 40z + 4 &= 20 \end{aligned}$$

$$\Leftrightarrow \quad \begin{aligned} 40x &= 4 \\ 40y &= 8 \\ -40(x+y+z) &= -28 \\ 40z &= 16 \end{aligned}$$

$$\Leftrightarrow \quad \begin{aligned} x &= 0,1 \\ y &= 0,2 \\ -28 &= -28 \\ z &= 0,4 \end{aligned}$$

Damit ergibt sich als neue Übergangsmatrix:

$$Q' = \begin{pmatrix} 0,8 & 0,1 & 0,1 & 0,2 \\ 0 & 0,9 & 0,2 & 0,4 \\ 0,2 & 0 & 0,3 & 0 \\ 0 & 0 & 0,4 & 0,4 \end{pmatrix}$$

Nordrhein-Westfalen – Mathematik Grundkurs
2012 – Aufgabe 1: Analysis (WTR)

Bei einem medizinischen Test leert eine Versuchsperson ein Glas Wein in einem Zug. Anschließend wird die zeitliche **Änderungsrate** der Blutalkoholkonzentration (in Promille pro Minute) aufgezeichnet. Diese wird im hier verwendeten Modell durch eine Funktion f' mit der Gleichung

$$f'(t) = \frac{1}{60}e^{-\frac{1}{20}t} - \frac{1}{600}$$

beschrieben. Dabei ist t die Zeit in Minuten, die seit der Alkoholaufnahme vergangen ist. (Die Funktion f' ist für alle $t \in \mathbb{R}$ definiert, aber nur für $0 \leq t \leq 140$ zur Modellierung geeignet. Beispielsweise bedeutet $f'(t) = 0{,}01$ eine zeitliche Änderungsrate der Blutalkoholkonzentration von 0,01 Promille pro Minute.)

In der Abbildung 1 ist der Graph der Funktion f' dargestellt.

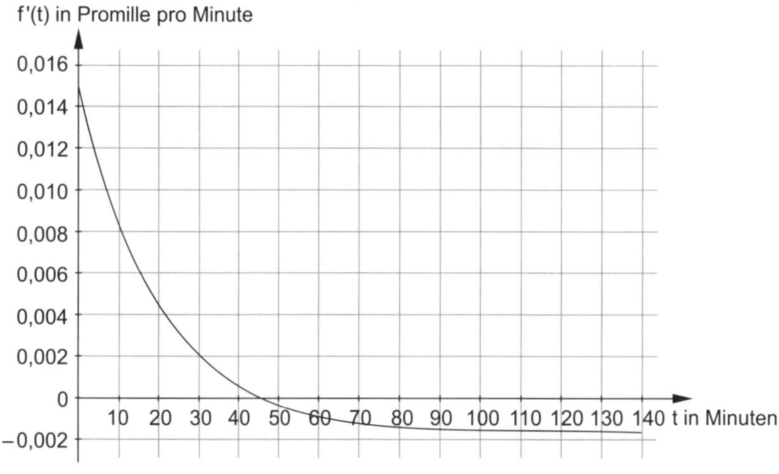

Abbildung 1

Punkte

a) (1) Berechnen Sie f'(0) und f'(140), ermitteln Sie das Monotonieverhalten der Funktion f' und zeigen Sie, dass $t_0 = 20 \ln 10$ die einzige Nullstelle von f' ist.

(2) Beschreiben Sie anhand des Graphen von f' den zeitlichen Verlauf der Blutalkoholkonzentration der Versuchsperson. 17

Wenn die Versuchsperson vor dem Leeren des Glases noch keinen Alkohol im Blut hatte, wird die Blutalkoholkonzentration (in Promille) im verwendeten Modell während der ersten 140 Minuten nach der Alkoholaufnahme durch die Funktion f mit der Gleichung

$$f(t) = -\frac{1}{3}e^{-\frac{1}{20}t} - \frac{1}{600}t + \frac{1}{3}$$

beschrieben.

b) (1) Weisen Sie die Richtigkeit dieser Aussage nach.

(2) Ermitteln Sie die höchste Blutalkoholkonzentration der Versuchsperson nach dem Leeren des Glases.

(3) Berechnen Sie die Blutalkoholkonzentration der Versuchsperson 140 Minuten nach dem Leeren des Glases. 16

c) Aus biologischen Gründen wird nach 140 Minuten die Blutalkoholkonzentration der Versuchsperson durch die Funktion f nicht mehr richtig beschrieben. Für die Modellierung besser geeignet ist die an der Stelle $t = 140$ zusammengesetzte Funktion h mit der Gleichung

$$h(t) = \begin{cases} f(t), & 0 \le t \le 140 \\ g(t), & t > 140 \end{cases},$$

wobei $g(t) = u \cdot e^{-v \cdot t}$ mit $u \approx 1{,}01357$, $v \approx 0{,}01657$ gilt (siehe Abbildung 2).

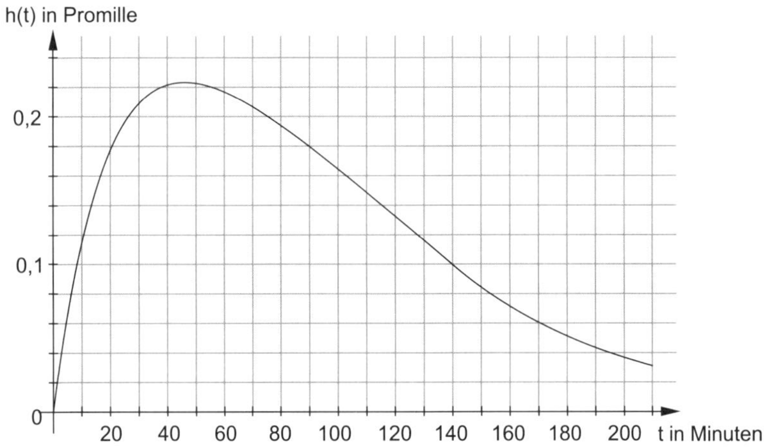

Abbildung 2

(1) Berechnen Sie, nach wie viel Minuten in diesem Modell die Blutalkoholkonzentration erstmals unter 0,01 Promille gesunken ist.

(2) Begründen Sie, warum die Beschreibung der Blutalkoholkonzentration durch die Funktion f nicht für beliebige Zeiten $t > 140$ möglich ist. Begründen Sie, warum im Gegensatz dazu die Modellierung durch die Funktion h für $t > 140$ sinnvoller ist.

(3) Beurteilen Sie, ob die in der Abbildung 3 dargestellte Funktion k' zu einer alternativen Modellierung der **Änderungsrate** der Blutalkoholkonzentration prinzipiell geeignet ist. 17

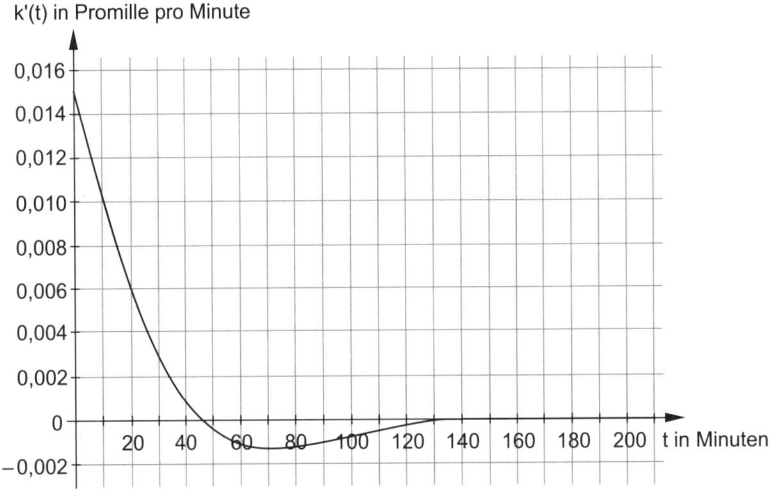

Abbildung 3

Hinweise und Tipps

Teilaufgabe a

(1) Setzen Sie die angegebenen Zeiten in den Funktionsterm der Funktion f'(t) ein.

Eine Funktion ist streng monoton steigend, wenn die 1. Ableitungsfunktion größer als null ist und streng monoton fallend, wenn sie kleiner als null ist.

Bilden Sie die Ableitung der Funktion f'(t) mithilfe der Kettenregel.

Betrachten Sie das Monotonieverhalten und die Funktionswerte zu den Zeitpunkten $t=0$ sowie $t=140$.

Setzen Sie zur Bestimmung der Nullstelle den Funktionsterm gleich null und beachten Sie die Rechenregeln des Logarithmus.

(2) Überlegen Sie, welchen Einfluss die Lage des Graphen der Änderungsrate auf die Zu- und Abnahme der Blutalkoholkonzentration besitzt.

Teilaufgabe b

(1) Beachten Sie, dass sich die Aussage in zwei Teilaussagen gliedert:

- Die Versuchsperson hat zu Beginn noch keinen Alkohol getrunken.
- Die Blutalkoholkonzentration (in Promille) lässt sich durch die angegebene Funktion f(t) beschreiben.

Mathematisch bedeutet dies:

- $f(0)=0$
- Die Ableitung von f(t) stimmt mit der vorgegebenen Funktion der Änderungsrate der Blutalkoholkonzentration überein.

Bilden Sie die Ableitung mithilfe der Ketten- und Potenzregel.

(2) Beachten Sie Teilaufgabe a (2).

(3) Setzen Sie die angegebene Zeit in den Funktionsterm ein.

Teilaufgabe c

(1) Überlegen Sie, nach wie vielen Minuten eine Blutalkoholkonzentration von weniger als 0,01 Promille erreicht werden kann. Beachten Sie dabei Teilaufgabe b (3).

Stellen Sie mithilfe der Funktion g(t) die Exponentialgleichung auf.

Lösen Sie die Gleichung.

(2) Überlegen Sie, welche Blutalkoholkonzentrationswerte mit zunehmender Zeit bei den Funktionen f(t) und h(t) angenommen werden und ob dies sinnvoll ist.

(3) Beachten Sie die Bedeutung des Wertes des Integrals im Sachzusammenhang.

Betrachten Sie den orientierten Flächeninhalt der Flächen zwischen dem Graphen der Funktion k' und der t-Achse ober- bzw. unterhalb der t-Achse.

Berücksichtigen Sie den Verlauf des Graphen für $t>140$.

Lösung

a) (1) Durch Einsetzen der vorgegebenen Zeiten in den Funktionsterm der zeitlichen Änderungsrate erhält man:

$$f'(0) = \frac{1}{60}e^{-\frac{1}{20}\cdot 0} - \frac{1}{600} = \frac{1}{60} - \frac{1}{600} = \frac{9}{600} = \frac{3}{200} = 0{,}015$$

$$f'(140) = \frac{1}{60}e^{-\frac{1}{20}\cdot 140} - \frac{1}{600} = \frac{1}{60}e^{-7} - \frac{1}{600} \approx -0{,}00165$$

Die Änderungsrate bei der Blutalkoholkonzentration ist zu Beginn 0,015 Promille je Minute und nach 2 Stunden 20 Minuten −0,00165 Promille je Minute.

Eine Funktion ist streng monoton steigend, wenn die 1. Ableitungsfunktion größer als null ist und streng monoton fallend, wenn sie kleiner als null ist. Um das Monotonieverhalten der Funktion f'(t) zu ermitteln, wird das Vorzeichen der Ableitungsfunktion von f'(t) untersucht. Die Ableitung wird dabei mithilfe der Kettenregel gebildet.

$$f''(t) = \frac{1}{60}\cdot\left(-\frac{1}{20}\right)e^{-\frac{1}{20}t} = -\frac{1}{1\,200}e^{-\frac{1}{20}t} < 0$$

Da die e-Funktion nur positive Werte annehmen kann, ist der Term $-\frac{1}{1\,200}e^{-\frac{1}{20}t}$ (für positive t) immer negativ.
Der Graph der Funktion f'(t) fällt somit streng monoton im Intervall [0; 140].

Da $f'(0) > 0$, $f'(140) < 0$ ist und der Graph der Funktion f'(t) streng monoton fällt, gibt es genau eine Nullstelle.

Zur Berechnung der Nullstelle wird der Funktionsterm gleich null gesetzt.

$$\frac{1}{60}e^{-\frac{1}{20}t} - \frac{1}{600} = 0$$

$$e^{-\frac{1}{20}t} = \frac{1}{10}$$

$$\ln(e^{-\frac{1}{20}t}) = \ln(10^{-1})$$

$$-\frac{1}{20}t = -\ln 10$$

$$t = 20\ln 10$$

Der Zeitpunkt $t_0 = 20\ln 10$ ist somit die einzige Nullstelle von f'(t).

(2) Liegt der Graph der Funktion f'(t) oberhalb der t-Achse, so nimmt die Blutalkoholkonzentration zu, liegt er unterhalb der t-Achse, so nimmt sie ab.

Die Blutalkoholkonzentration nimmt etwa in den ersten 46 Minuten nach der Alkoholaufnahme zu, wobei die Zunahme direkt nach dem Leeren des Glases mit ungefähr 0,015 Promille je Minute am stärksten ist. Nach ca. 46 Minuten wird der Alkohol dann wieder abgebaut. Diese Abnahme ist nach ca. 2 Stunden bis zum Ende des betrachteten Zeitraums fast gleichmäßig; sie beträgt dann in etwa 0,00165 Promille je Minute.

b) (1) Die Aussage gliedert sich in zwei Teilaussagen:

- Die Versuchsperson hat zu Beginn noch keinen Alkohol getrunken.
- Die Blutalkoholkonzentration (in Promille) lässt sich durch die angegebene Funktion f(t) beschreiben.

Durch Einsetzen von $t=0$ in den Funktionsterm der Funktion f(t) erhält man:

$$f(0)=-\frac{1}{3}e^{-\frac{1}{20}\cdot 0}-\frac{1}{600}\cdot 0+\frac{1}{3}=-\frac{1}{3}+\frac{1}{3}=0$$

Die Blutalkoholkonzentration (in Promille) lässt sich durch die angegebene Funktion f(t) beschreiben, wenn f'(t) gleich der vorgegebenen Funktion der Änderungsrate der Blutalkoholkonzentration ist.

Die 1. Ableitung wird mithilfe der Ketten- und Potenzregel gebildet.

$$f'(t)=-\frac{1}{3}\cdot\left(-\frac{1}{20}\right)e^{-\frac{1}{20}t}-\frac{1}{600}=\frac{1}{60}e^{-\frac{1}{20}t}-\frac{1}{600}$$

Die Aussage ist richtig.

(2) Nach Teilaufgabe a (2) nimmt die Blutalkoholkonzentration bis zum Zeitpunkt, an dem der Graph der Funktion f'(t) die t-Achse schneidet, zu und anschließend ab. Dies ist nach Teilaufgabe a (1) $t_0=20\ln 10$.
Durch Einsetzen dieses Wertes in den Funktionsterm der Funktion f erhält man:

$$\begin{aligned}f(20\ln 10)&=-\frac{1}{3}e^{-\frac{1}{20}\cdot 20\ln 10}-\frac{1}{600}\cdot 20\ln 10+\frac{1}{3}\\&=-\frac{1}{3}e^{-\ln 10}-\frac{1}{30}\ln 10+\frac{1}{3}\\&=-\frac{1}{30}-\frac{1}{30}\ln 10+\frac{1}{3}\\&=\frac{3}{10}-\frac{\ln 10}{30}\approx 0{,}223\end{aligned}$$

Die höchste Blutalkoholkonzentration beträgt 0,223 Promille.

(3)
$$\begin{aligned}f(140)&=-\frac{1}{3}e^{-\frac{1}{20}\cdot 140}-\frac{1}{600}\cdot 140+\frac{1}{3}\\&=-\frac{1}{3}e^{-7}-\frac{7}{30}+\frac{1}{3}\\&=\frac{1}{10}-\frac{1}{3}e^{-7}\approx 0{,}100\end{aligned}$$

140 Minuten nach dem Leeren des Glases beträgt die Blutalkoholkonzentration der Versuchsperson ca. 0,1 Promille.

c) (1) Nach Teilaufgabe b (3) beträgt die Blutalkoholkonzentration nach 140 Minuten ca. 0,1 Promille. Der Zeitpunkt, zu dem die Blutalkoholkonzentration der Versuchsperson weniger als 0,01 Promille beträgt, muss daher später erfolgen.

Daher ist:

$h(t) = g(t) = u \cdot e^{-v \cdot t}$

Gesucht wird der Zeitpunkt t, bei dem der Funktionswert der Funktion $g(t) = 0{,}01$ ist.

$$u \cdot e^{-v \cdot t} = 0{,}01$$

$$e^{-v \cdot t} = \frac{1}{100u}$$

$$\ln(e^{-v \cdot t}) = \ln((100u)^{-1})$$

$$-v \cdot t = -\ln(100u)$$

$$t = \frac{1}{v} \cdot \ln(100u)$$

$$t = \frac{1}{0{,}01657} \cdot \ln(101{,}357) \approx 278{,}736$$

Etwa 279 Minuten nach dem Leeren des Glases liegt die Blutalkoholkonzentration der Versuchsperson erstmals unter 0,01 Promille.

(2) Eine Modellierung der Blutalkoholkonzentration durch die Funktion f über einen Zeitpunkt von 140 Minuten nach dem Leeren des Glases hinaus ist nicht sinnvoll, da negative Blutalkoholkonzentrationswerte angenommen werden. Beispielsweise gilt:

$$f(210) = -\frac{1}{3}e^{-\frac{1}{20} \cdot 210} - \frac{1}{600} \cdot 210 + \frac{1}{3}$$

$$= -\frac{1}{3}e^{-10{,}5} - \frac{7}{20} + \frac{1}{3} \approx -0{,}017$$

Die Modellierung mit der Funktion $h(t) = g(t) = 1{,}01357 \cdot e^{-0{,}01657t}$ für $t > 140$ ist sinnvoller, da sich die e-Funktion e^{-t} mit wachsendem t immer mehr der t-Achse nähert. Somit bleiben die Blutalkoholkonzentrationswerte positiv und nähern sich immer weiter der Null an.

In der Realität ist der Alkohol natürlich irgendwann abgebaut bzw. nicht mehr feststellbar.

(3) Liegt der Graph der Funktion k' oberhalb der t-Achse, so ist die Änderungsrate positiv und die Blutalkoholkonzentration nimmt zu. Liegt der Graph unterhalb der t-Achse, so ist die Änderungsrate negativ und der Alkohol im Blut wird abgebaut. Der Wert des Integrals vom Zeitpunkt $t = 0$ bis zum Zeitpunkt $t = t_\ell$ gibt somit die Blutalkoholkonzentration zum Zeitpunkt t_ℓ an.

Betrachtet man den orientierten Flächeninhalt der Flächen zwischen dem Graphen der Funktion k' und der t-Achse ober- bzw. unterhalb der t-Achse, so erkennt man, dass die Fläche oberhalb größer ist als die Fläche unterhalb der t-Achse. Für $t > 140$ gilt $k'(t) = 0$. Daher würde der Alkohol im Blut nie abgebaut.

Die Funktion k'(t) ist daher nicht geeignet, die Änderungsrate der Blutalkoholkonzentration zu modellieren.

Nordrhein-Westfalen – Mathematik Grundkurs
2012 – Aufgabe 2: Analysis (WTR)

Erhöhte Ozonkonzentrationen können beim Menschen Reizung der Atemwege, Husten, Kopfschmerzen und Atembeschwerden bis hin zu Einschränkungen der Lungenfunktion und Lungenkrankheiten hervorrufen. Ihr Ausmaß wird hauptsächlich durch die Aufenthaltsdauer in der ozonbelasteten Luft bestimmt. Befindlichkeitsstörungen wie Reizerscheinungen an Augen und Schleimhäuten werden vor allem durch Begleitstoffe des Ozons (im Sommersmog) hervorgerufen.

In einer Prognose für den kommenden Tag wird die Ozonkonzentration in einer deutschen Stadt zwischen 7 Uhr ($t=0$) und 21 Uhr ($t=14$) durch die Funktion f mit der Funktionsgleichung

$f(t)=0{,}06\cdot(0{,}25t^4-10{,}6t^3+101{,}2t^2)+55,\ \ 0\leq t\leq 14,$ [1]

und in einer ländlichen Region für denselben Zeitraum durch die Funktion g modelliert. (t in Stunden; f(t), g(t) in $\frac{\mu g}{m^3}$)

Die Graphen von f und g sind in der Abbildung auf der nächsten Seite dargestellt. (t-Achse: 1 LE entspricht 1 Stunde; f(t)-, g(t)-Achse: 1 LE entspricht $1\,\frac{\mu g}{m^3}$)

Punkte

a) (1) Vergleichen Sie die Graphen von f und g im gegebenen Sachzusammenhang.

(2) Geben Sie die Ozonkonzentrationen in der Stadt zu den Zeitpunkten 7 Uhr und 21 Uhr nach dem Prognosemodell an.

(3) Bestimmen Sie den Zeitpunkt, an dem die höchste Ozonkonzentration in der Stadt prognostiziert wird, und berechnen Sie die höchste Ozonkonzentration. 18

1 Die Funktion f ist für alle $t\in\mathbb{R}$ definiert, wird aber nur für $0\leq t\leq 14$ zur Modellierung verwendet.

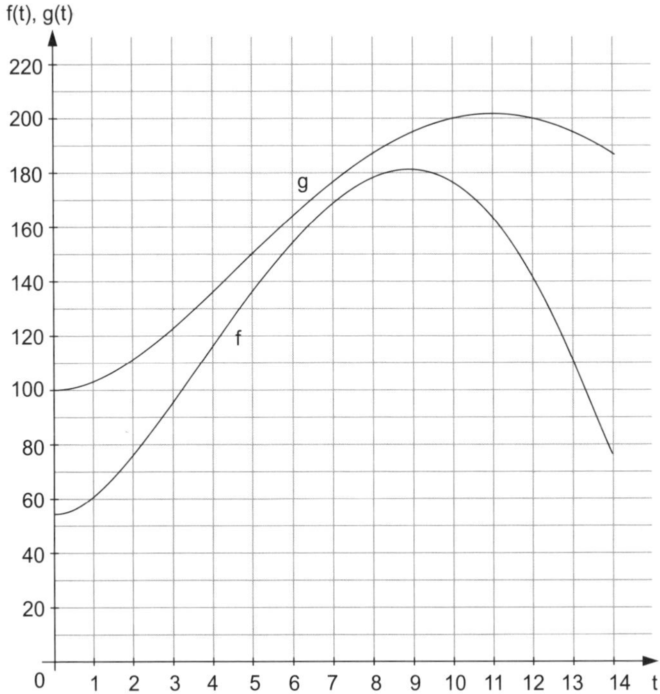

Abbildung

b) (1) Ermitteln Sie die Zeitpunkte, an denen die Ozonkonzentration in der Stadt am stärksten zu- und am stärksten abnimmt.

(2) Erklären Sie die Bedeutung des Ausdrucks $\frac{1}{8} \cdot \int_{a}^{a+8} f(t)\,dt$, wobei $0 \leq a \leq 6$ ist, im Sachzusammenhang.

(3) Ermitteln Sie eine Funktionsgleichung einer Stammfunktion von f und berechnen Sie $\frac{1}{8} \cdot \int_{0}^{8} f(t)\,dt$.

(4) Begründen Sie, dass die Fortsetzung der Funktion f auf das Intervall [0; 24] zur Prognose der Ozonkonzentration nicht geeignet ist. 24

Ein Prognosemodell aus der Schweiz zur Berechnung der **maximalen** Ozonkonzentration des folgenden Tages lautet:

$O_m = 0{,}25 \cdot O_h + 5{,}5 \cdot T_m - 40$

O_m: Maßzahl der maximalen Ozonkonzentration (in $\frac{\mu g}{m^3}$), die für den morgigen Tag prognostiziert wird

O_h: Maßzahl der maximalen Ozonkonzentration (in $\frac{\mu g}{m^3}$) am heutigen Tag

T_m: Maßzahl der maximalen Temperatur (in °C), die für den morgigen Tag prognostiziert wird

Für den morgigen Tag wird eine Höchsttemperatur von 28 °C vorhergesagt.

c) (1) Bestimmen Sie, für welche heutige Ozonkonzentration nach dem Schweizer Modell am nächsten Tag eine Ozonkonzentration von $180\,\frac{\mu g}{m^3}$ vorausgesagt wird.

(2) Die „Ozon-Alarmschwelle“ wird bei einer Konzentration von $240\,\frac{\mu g}{m^3}$ erreicht.
Heute wurde eine maximale Ozonkonzentration von $60\,\frac{\mu g}{m^3}$ gemessen.
Untersuchen Sie, welche Tageshöchsttemperatur für den nächsten Tag prognostiziert werden müsste, damit nach dem Schweizer Prognosemodell morgen ein Erreichen der „Alarmschwelle“ möglich wäre. 8

Hinweise und Tipps

Teilaufgabe a

(1) Stellen Sie Gemeinsamkeiten und Unterschiede zwischen den beiden Ozonkonzentrationen bezüglich des Anstiegs, des Zeitpunktes, an dem das Maximum auftritt, sowie der Lage zueinander heraus.

(2) Berechnen Sie die Funktionswerte zu den angegebenen Zeiten.

(3) Bestimmen Sie die Ableitungen mithilfe der Faktor-, Summen- und Potenzregel.

Bestimmen Sie die Extremstellen mithilfe der notwendigen Bedingung für Extremstellen: $f'(t) = 0$

Überprüfen Sie, ob ein relatives Maximum vorliegt, mithilfe der hinreichenden Bedingung: $f'(t) = 0 \wedge f''(t) < 0$

Beachten Sie den Definitionsbereich.

Überprüfen Sie, ob das relative Maximum auch das absolute Maximum ist.

Bestimmen Sie die zur Maximumstelle gehörende Uhrzeit.

Teilaufgabe b

(1) Die Zeitpunkte der stärksten Zu- bzw. Abnahme der Ozonkonzentration sind die Zeitpunkte, an denen der Graph der Funktion Wendestellen hat.

Bestimmen Sie die Wendestellen mithilfe der notwendigen Bedingung für Wendestellen: $f''(t) = 0$

Überprüfen Sie, ob eine Wendestelle vorliegt, mithilfe der hinreichenden Bedingung für Wendestellen: $f''(t) = 0 \wedge f'''(t) \neq 0$

Beachten Sie den Definitionsbereich.

Berechnen Sie die Steigung an der Wendestelle.

Bestimmen Sie die Steigungen am Rand und vergleichen Sie diese mit der Steigung an der Wendestelle.

Bestimmen Sie die zur Wendestelle gehörende Uhrzeit.

(2) Denken Sie daran, dass das Integralzeichen eine andere Schreibweise für das Aufsummieren ist.

Vergleichen Sie den Faktor $\frac{1}{8}$ mit der oberen und unteren Integrationsgrenze.

(3) Eine Stammfunktion F lässt sich mithilfe der Potenz- und Summenregel bestimmen.

Es ist $\int_a^b f(t)\,dt = F(b) - F(a)$.

(4) Berechnen Sie weitere Funktionswerte am Ende des Prognosezeitraums und überlegen Sie, ob diese Werte bei einer Ozonkonzentration vorkommen können.

Teilaufgabe c

Übernehmen Sie die vorgegebenen Angaben aus dem Text und setzen Sie die Werte in die Formel ein.

Lösung

a) (1) Um 7 Uhr, zu Beginn der Messung, liegt die Ozonkonzentration im ländlichen Raum bei $100\,\frac{\mu g}{m^3}$ und in der Stadt bei $55\,\frac{\mu g}{m^3}$.
In den folgenden Stunden steigen beide Ozonkonzentrationen an. Da der Anstieg in der Stadt jedoch wesentlich stärker ist, nähern sich die Ozonwerte an. Um ca. 14 Uhr ist der Unterschied zwischen den beiden Konzentrationen am geringsten.
In der Stadt steigt die Konzentration des Ozons bis etwa 16 Uhr auf einen Spitzenwert von ca. $180\,\frac{\mu g}{m^3}$. Der Höchstwert auf dem Land wird im Gegensatz dazu erst um ca. 18 Uhr angenommen und beträgt ungefähr $200\,\frac{\mu g}{m^3}$.
Da die Ozonkonzentration auf dem Land im Vergleich zur Konzentration in der Stadt zwei Stunden länger steigt und im Anschluss auch wesentlich langsamer fällt, wird die Differenz der Ozonkonzentrationen zwischen beiden Regionen in diesem Zeitraum wieder größer.
Am Ende der Messung liegt der Wert auf dem Land noch bei über $180\,\frac{\mu g}{m^3}$ und ist somit mehr als doppelt so hoch wie in der Stadt.
Über den gesamten Zeitraum gesehen liegt die Ozonkonzentration in der Stadt unterhalb der Ozonkonzentration auf dem Land.

(2) Der Zeitpunkt 7 Uhr entspricht $t = 0$ und der Zeitpunkt 21 Uhr entspricht $t = 14$.

$$f(0) = 0,06 \cdot (0,25 \cdot 0^4 - 10,6 \cdot 0^3 + 101,2 \cdot 0^2) + 55 = 55 \left[\frac{\mu g}{m^3}\right]$$

$$f(14) = 0,06 \cdot (0,25 \cdot 14^4 - 10,6 \cdot 14^3 + 101,2 \cdot 14^2) + 55 = 76,168 \left[\frac{\mu g}{m^3}\right]$$

Nach dem Prognosemodell liegt die Ozonkonzentration in der Stadt um 7 Uhr bei $55\,\frac{\mu g}{m^3}$ und um 21 Uhr bei etwa $76\,\frac{\mu g}{m^3}$.

(3) Durch Anwenden der Faktor-, Summen- und Potenzregel erhält man:

$$f'(t) = 0,06 \cdot (t^3 - 31,8t^2 + 202,4t)$$

$$f''(t) = 0,06 \cdot (3t^2 - 63,6t + 202,4)$$

notwendige Bedingung für Extremstellen: $f'(t) = 0$

$$0,06 \cdot (t^3 - 31,8t^2 + 202,4t) = 0$$

$$t \cdot (t^2 - 31,8t + 202,4) = 0$$

Ein Produkt wird null, wenn wenigstens ein Faktor null ist.

$$t_1 = 0 \quad \vee \quad t^2 - 31,8t + 202,4 = 0$$

$$t_{2;\,3} = 15,9 \pm \sqrt{15,9^2 - 202,4}$$

$$t_{2;\,3} = 15,9 \pm 7,1$$

$$t_2 = 8,8; \quad t_3 = 23 > 14; \quad t_3 \notin D$$

Aufgrund des Definitionsbereichs kommen nur $t_1 = 0$ und $t_2 = 8,8$ als mögliche Maximumstellen infrage.

hinreichende Bedingung für eine Maximumstelle: $f'(t)=0 \wedge f''(t)<0$

$f''(0)=0,06\cdot(3\cdot 0^2-63,6\cdot 0+202,4)=12,144>0$

$f''(8,8)=0,06\cdot(3\cdot 8,8^2-63,6\cdot 8,8+202,4)=-7,4976<0$

Zum Zeitpunkt $t=8,8$ liegt ein relatives Maximum vor.

$f(8,8)=0,06\cdot(0,25\cdot 8,8^4-10,6\cdot 8,8^3+101,2\cdot 8,8^2)+55\approx 181,754\left[\frac{\mu g}{m^3}\right]$

Ein Vergleich mit den Funktionswerten am Rand des Definitionsbereichs (siehe Teilaufgabe a (2)) zeigt, dass dieses relative Maximum auch das absolute Maximum ist.
Der Zeitpunkt $t=8,8$ entspricht 15.48 Uhr.

Dabei wurde der Zusammenhang $0,8\text{ h}=0,8\cdot 60\text{ min}=48\text{ min}$ berücksichtigt.

Die höchste Ozonkonzentration in der Stadt wird um 15.48 Uhr erreicht und liegt bei ca. $182\left[\frac{\mu g}{m^3}\right]$.

b) (1) Die Zeitpunkte der stärksten Zu- bzw. Abnahme sind entweder die Zeitpunkte, an denen der Graph der Funktion Wendestellen hat, oder sie liegen am Rand des Definitionsbereichs.

notwendige Bedingung für Wendestellen: $f''(t)=0$

$0,06\cdot(3t^2-63,6t+202,4)=0$

$$t^2-21,2t+\frac{1012}{15}=0$$

$$t_{1;2}=10,6\pm\sqrt{10,6^2-\frac{1012}{15}}$$

$$t_{1;2}=10,6\pm\sqrt{\frac{3367}{75}}$$

$$t_1\approx 3,9;\quad t_2\approx 17,3>14;\quad t_2\notin D$$

hinreichende Bedingung für eine Wendestelle: $f''(t)=0 \wedge f'''(t)\neq 0$

$f'''(t)=0,06\cdot(6t-63,6)$

$f'''(3,9)=0,06\cdot(6\cdot 3,9-63,6)=-2,412\neq 0$

Zum Zeitpunkt $t=3,9$, dies ist um 10.54 Uhr, liegt eine Wendestelle vor.
Die Steigung zu diesem Zeitpunkt beträgt:

$f'(3,9)=0,06\cdot(3,9^3-31,8\cdot 3,9^2+202,4\cdot 3,9)\approx 21,9$

Für die Steigungen am Rand des Zeitintervalls [0; 14] gilt:

$f'(0)=0,06\cdot(0^3-31,8\cdot 0^2+202,4\cdot 0)=0$

$f'(14)=0,06\cdot(14^3-31,8\cdot 14^2+202,4\cdot 14)=-39,312$

Der Zeitpunkt der stärksten Zunahme stimmt mit der Wendestelle um 10.54 Uhr ($t=3,9$) überein. Der Zeitpunkt der stärksten Abnahme befindet sich am Ende des Prognosezeitraums um 21 Uhr ($t=14$).

(2) Das Integral $\int_a^{a+8} f(t)\,dt$ stellt die Gesamtmenge des Ozons über einen Zeitraum von 8 Stunden dar. Durch den Faktor $\frac{1}{8}$ wird diese Gesamtmenge gemittelt, sodass das Integral den Durchschnittswert der Ozonkonzentration pro Stunde über einen Zeitraum von 8 Stunden angibt. Damit sich die Berechnung auf den Prognosezeitraum bezieht, muss $0 \le a \le 6$ gelten.

(3) Eine Stammfunktion von f lässt sich mithilfe der Potenz- und Summenregel bestimmen.

$$F(t) = 0{,}06 \cdot \left(0{,}25 \cdot \frac{1}{5}t^5 - 10{,}6 \cdot \frac{1}{4}t^4 + 101{,}2 \cdot \frac{1}{3}t^3\right) + 55t + c$$

$$= \frac{3}{1\,000}t^5 - \frac{159}{1\,000}t^4 + \frac{253}{125}t^3 + 55t + c$$

Damit gilt:

$$\frac{1}{8} \cdot \int_0^8 f(t)\,dt = \frac{1}{8} \cdot \left[\frac{3}{1\,000}t^5 - \frac{159}{1\,000}t^4 + \frac{253}{125}t^3 + 55t + c\right]_0^8$$

$$= \frac{1}{8} \cdot \left[\frac{3}{1\,000} \cdot 32\,768 - \frac{159}{1\,000} \cdot 4\,096 + \frac{253}{125} \cdot 512 + 55 \cdot 8 + c - c\right]$$

$$= \frac{1}{8} \cdot 923{,}328$$

$$= 115{,}416 \left[\frac{\mu g}{m^3}\right]$$

Die mittlere Ozonkonzentration in der Stadt im Zeitraum von 7 Uhr bis 15 Uhr beträgt ca. $115 \frac{\mu g}{m^3}$.

(4) Nach Teilaufgabe b (1) nimmt die Ozonkonzentration am Ende des Prognosezeitraums stark ab. Beispielsweise gilt:

$$f(16) = 0{,}06 \cdot (0{,}25 \cdot 16^4 - 10{,}6 \cdot 16^3 + 101{,}2 \cdot 16^2) + 55 = -12{,}584$$

Bereits zum Zeitpunkt $t = 16$, also um 23 Uhr, würde die Ozonkonzentration negativ sein, was nicht möglich ist.

Eine Erweiterung des Definitionsbereichs auf das Intervall [0; 24] zur Prognose der Ozonkonzentration ist daher nicht sinnvoll.

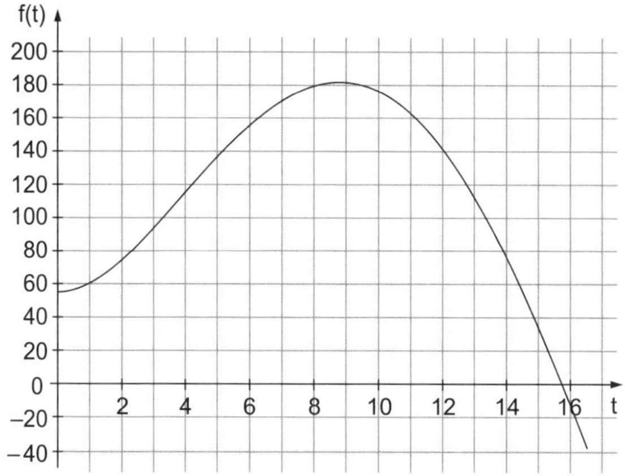

c) (1) Durch Einsetzen der vorgegebenen Werte erhält man:

$$180 = 0{,}25\,O_h + 5{,}5 \cdot 28 - 40$$
$$180 = 0{,}25\,O_h + 114$$
$$66 = 0{,}25\,O_h$$
$$O_h = 264 \left[\frac{\mu g}{m^3}\right]$$

Die heutige Ozonkonzentration müsste nach dem Schweizer Prognosemodell $264\,\frac{\mu g}{m^3}$ betragen, damit am morgigen Tag bei einer Temperatur von 28 °C die Ozonkonzentration $180\,\frac{\mu g}{m^3}$ beträgt.

(2) Durch Einsetzen der vorgegebenen Werte erhält man:

$$240 = 0{,}25 \cdot 60 + 5{,}5 \cdot T_m - 40$$
$$240 = 15 + 5{,}5T_m - 40$$
$$265 = 5{,}5T_m$$
$$T_m \approx 48{,}181\,[°C]$$

Um die „Alarmschwelle“ des Ozonwertes zu erreichen, müsste am morgigen Tag eine Höchsttemperatur von ca. 48,2 °C angenommen werden.

Ein Erreichen dieser Risikosituation erscheint unwahrscheinlich.

Nordrhein-Westfalen – Mathematik Grundkurs
2012 – Aufgabe 4: Analytische Geometrie (WTR/CAS)

Bei der Kunstausstellung „Licht und Schatten" ist in der Mitte der Ausstellungshalle eine gerade, 1 m hohe Pyramide mit quadratischer Grundfläche von 1 m Seitenlänge ausgestellt. Die Grundfläche der Pyramide befindet sich (gehalten von vier Stützen) einen Meter über dem Boden der Halle. Die quaderförmige Halle selbst ist 5 m hoch und hat eine quadratische Grundfläche von 9 m Seitenlänge.

In einem kartesischen Koordinatensystem mit Ursprung in einer Hallenecke und entlang der Hallenkanten verlaufenden Koordinatenachsen hat die Grundfläche der Pyramide die Eckpunkte $A(5\,|\,4\,|\,1)$, $B(5\,|\,5\,|\,1)$, $C(4\,|\,5\,|\,1)$ und $D(4\,|\,4\,|\,1)$.
Die Gegebenheiten sind in der **Abbildung 1** auf der nächsten Seite dargestellt.

Punkte

a) (1) Zeigen Sie, dass die Pyramidenspitze die Koordinaten $S(4{,}5\,|\,4{,}5\,|\,2)$ hat.

(2) Berechnen Sie die Seitenlängen des Dreiecks ABS.

(3) Bestimmen Sie das Volumen und den Oberflächeninhalt der Pyramide. 14

b) Die Pyramide wird von einer an der rechten Hallenwand in der Position $L(4{,}5\,|\,9\,|\,1)$ befestigten punktförmigen Lichtquelle angestrahlt (siehe Abbildung 1). Der Pyramidenschatten auf der gegenüberliegenden Hallenwand $(y = 0)$ hat die Form eines Dreiecks.
Ermitteln Sie die Koordinaten der Eckpunkte dieses Schattendreiecks.
Zeigen Sie, dass es sich um ein gleichschenkliges Dreieck handelt, und berechnen Sie seinen Flächeninhalt. 12

Nachts werden die Kunstwerke in der Halle durch Laser-Lichtschranken gesichert.

c) Einer der Laserstrahlen ist auf den Punkt $M(4{,}75\,|\,4{,}5\,|\,1{,}5)$ des Dreiecks ABS gerichtet.

(1) Zeigen Sie, dass M der Mittelpunkt der Seitenhalbierenden der Dreiecksseite $\overline{AB}$ ist.

(2) Der Laserstrahl trifft im Punkt M orthogonal auf die Seitenfläche ABS der Pyramide.

Zeigen Sie, dass der Laserstrahl in Richtung des Vektors $\vec{\ell} = \begin{pmatrix} 2 \\ 0 \\ 1 \end{pmatrix}$ verläuft, und ermitteln Sie die Koordinaten der Position der Laser-Lichtquelle an der Wand der Halle. 16

d) Eine weitere Laser-Lichtquelle ist so installiert, dass der von ihr ausgehende rotierende Laserstrahl den innerhalb der Halle liegenden Bereich der Ebene

$$E^*: \vec{x} = \begin{pmatrix} 3 \\ 0 \\ 5 \end{pmatrix} + r \cdot \begin{pmatrix} 0 \\ 1 \\ 0 \end{pmatrix} + s \cdot \begin{pmatrix} 1 \\ 0 \\ -2 \end{pmatrix},\ r, s \in \mathbb{R},$$

überstreicht. Der Laserstrahl trifft unter anderem die Punkte $F(3\,|\,0\,|\,5)$ und $G(3\,|\,9\,|\,5)$.

(1) Zeichnen Sie in die **Abbildung 1** die Spur des rotierenden Laserstrahls auf Wänden, Boden und Decke der Halle ein, d. h. alle Punkte der Wände, des Bodens und der Decke der Halle, die zur Ebene E^* gehören.

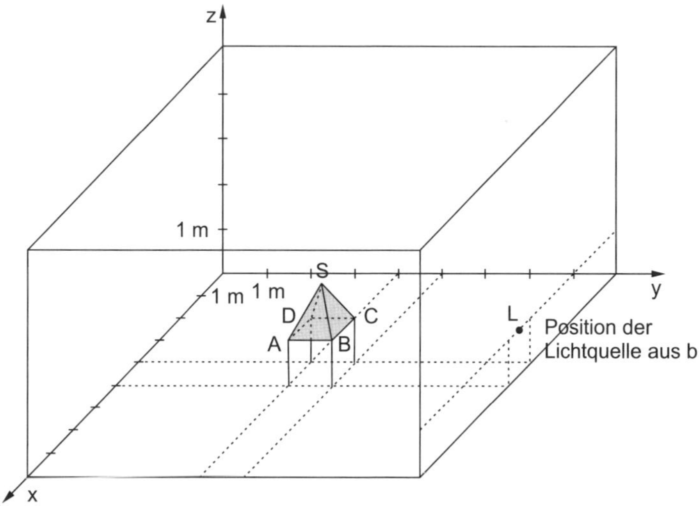

Abbildung 1

(2) Die Ebene E^* und die Ebene E_{BCS}: $2y + z = 11$, in der die Seitenfläche BCS der Pyramide liegt, schneiden sich in einer Schnittgeraden g. Entscheiden Sie, ob die Pyramidenkante $\overline{BS}$ auf dieser Schnittgeraden g liegt. 8

Hinweise und Tipps

Teilaufgabe a

- (1) Bei einer geraden (senkrechten) Pyramide trifft das Lot von der Spitze der Pyramide die Grundfläche in der Mitte.
- In einem Quadrat halbieren die Diagonalen einander.
- Die Pyramidenspitze liegt einen Meter über dem Mittelpunkt der Grundfläche.
- (2) Beachten Sie, dass die Pyramide gerade ist und eine quadratische Grundfläche besitzt, und überlegen Sie, welche besonderen Eigenschaften sich dadurch für das Dreieck ABS ergeben.
- Der Abstand zweier Punkte im Raum $P(p_1 \mid p_2 \mid p_3)$ und $Q(q_1 \mid q_2 \mid q_3)$ berechnet sich nach der Formel $|\overrightarrow{PQ}| = \sqrt{(q_1 - p_1)^2 + (q_2 - p_2)^2 + (q_3 - p_3)^2}$.
- **Alternativ:** Wenden Sie den Satz des Pythagoras auf ein geeignetes rechtwinkliges Dreieck an.
- (3) Das Volumen einer Pyramide berechnet sich nach der Formel $V = \frac{1}{3} \cdot G \cdot h$.
- Die Oberfläche einer Pyramide setzt sich aus der Grundfläche und der Mantelfläche zusammen.
- Beachten Sie, dass die Mantelfläche einer geraden quadratischen Pyramide aus vier gleich großen gleichschenkligen Dreiecken besteht.
- Für den Flächeninhalt eines gleichschenkligen Dreiecks benötigt man die Höhe des Dreiecks.

Teilaufgabe b

- Überlegen Sie, welche Seitenfläche der Pyramide von dem Lichtstrahl getroffen wird.
- Stellen Sie für die Lichtstrahlen, die von der Lichtquelle L ausgehen und durch die Eckpunkte dieser Seitenfläche verlaufen, Gleichungen auf.
- Bestimmen Sie die Schatten der Eckpunkte, indem Sie die Gleichungen der Strahlen zum Schnitt mit der linken Hallenwand bringen.
- Berechnen Sie die Längen der Seiten des Schattendreiecks und vergleichen Sie diese.
- Der Flächeninhalt eines Dreiecks berechnet sich nach der Formel $A = \frac{1}{2} \cdot g \cdot h$.
- Beachten Sie, dass in einem gleichschenkligen Dreieck die Höhe die Basis halbiert.

Teilaufgabe c

- (1) Allgemein berechnet sich der Mittelpunkt einer Strecke $\overline{PQ}$ nach der Formel $\vec{m}_{PQ} = \frac{1}{2} \cdot (\vec{p} + \vec{q})$.
- Die Seitenhalbierende einer Dreiecksseite ist die Strecke, die den Mittelpunkt dieser Seite mit dem gegenüberliegenden Eckpunkt des Dreiecks verbindet.

(2) Bestimmen Sie die Drei-Punkteform der Ebene E_{ABS}.

Zwei Vektoren stehen dann senkrecht aufeinander, wenn das Skalarprodukt der Vektoren gleich null ist.

Ein Vektor $\vec{v}$ steht senkrecht auf einer Ebene, falls er senkrecht zu den beiden Spannvektoren der Ebene ist.

Alternativ: Ein Vektor $\vec{v}$ steht senkrecht auf einer Ebene, wenn er parallel zum Normalenvektor der Ebene verläuft.

Bestimmen Sie die Punkt-Richtungsform der Geraden, entlang der der Laserstrahl verläuft.

Beachten Sie die Richtung des Laserstrahls zu den Wänden, um herauszufinden, von welcher Hallenwand der Laserstrahl ausgeht.

Berechnen Sie die Koordinaten von der Laser-Lichtquelle, indem Sie die Ebenengleichung der Hallenwand mit der Geradengleichung des Laserstrahls schneiden.

Teilaufgabe d

(1) Überlegen Sie, welche Lage die Punkte F bzw. G in der Halle haben.

Bestimmen Sie die Koordinaten von zwei weiteren geeigneten Punkten. Stellen Sie hierzu die Gleichungen der zur Berechnung notwendigen Kanten auf und bringen Sie diese jeweils mit der vorgegebenen Ebene zum Schnitt.

(2) Bestimmen Sie die Gleichung der Schnittgeraden, indem Sie die Koordinaten der Ebene E^* in die Koordinatenform der Ebenengleichung E_{ABS} einsetzen.

Eine Strecke liegt genau dann auf einer Geraden, wenn die Eckpunkte der Strecke auf der Geraden liegen.

Lösung

a) (1) Da es sich um eine gerade (senkrechte), 1 m hohe Pyramide handelt, befindet sich die Spitze 1 m oberhalb des Mittelpunktes M der quadratischen Grundfläche. Der Mittelpunkt M ist Schnittpunkt der Diagonalen, die sich im Quadrat halbieren.

$$\vec{m} = \frac{1}{2} \cdot (\vec{a} + \vec{c}) = \frac{1}{2} \cdot \left[\begin{pmatrix} 5 \\ 4 \\ 1 \end{pmatrix} + \begin{pmatrix} 4 \\ 5 \\ 1 \end{pmatrix} \right] = \begin{pmatrix} 4{,}5 \\ 4{,}5 \\ 1 \end{pmatrix}$$

Betrachtet man die x_3-Koordinaten der Eckpunkte der quadratischen Grundfläche, so sieht man, dass die Grundfläche in der Ebene mit der Gleichung $z = 1$ liegt. Ein Lotvektor zu dieser Ebene verläuft parallel zur z-Achse. Ein Lotvektor der Länge 1 – der Einheitsnormalenvektor – ist daher:

$$\vec{n} = \begin{pmatrix} 0 \\ 0 \\ 1 \end{pmatrix}$$

Es gilt:

$$\vec{s} = \vec{m} + 1 \cdot \begin{pmatrix} 0 \\ 0 \\ 1 \end{pmatrix} = \begin{pmatrix} 4{,}5 \\ 4{,}5 \\ 1 \end{pmatrix} + \begin{pmatrix} 0 \\ 0 \\ 1 \end{pmatrix} = \begin{pmatrix} 4{,}5 \\ 4{,}5 \\ 2 \end{pmatrix}$$

Die Pyramidenspitze S hat die Koordinaten $S(4{,}5 \,|\, 4{,}5 \,|\, 2)$.

(2) Da es sich um eine gerade quadratische Pyramide handelt, ist das Dreieck ABS gleichschenklig.

Es gilt:

$$|\overline{AB}| = 1\,[\text{m}]$$

$$|\overline{AS}| = |\overrightarrow{AS}| = \left| \begin{pmatrix} 4{,}5 \\ 4{,}5 \\ 2 \end{pmatrix} - \begin{pmatrix} 5 \\ 4 \\ 1 \end{pmatrix} \right| = \left| \begin{pmatrix} -0{,}5 \\ 0{,}5 \\ 1 \end{pmatrix} \right| = \sqrt{(-0{,}5)^2 + 0{,}5^2 + 1^2} = \sqrt{1{,}5}\,[\text{m}]$$

$$|\overline{BS}| = |\overline{AS}| = \sqrt{1{,}5}\,[\text{m}]$$

Alternativ:

Die Höhe h_k der Pyramide ist 1 m und die Diagonale d der quadratischen Grundfläche ist $\sqrt{2}$ m lang.

Nach dem Satz des Pythagoras gilt:

$$|\overline{AS}|^2 = h_k^2 + \left(\frac{d}{2}\right)^2$$

$$|\overline{AS}| = \sqrt{1^2 + \left(\frac{1}{2}\sqrt{2}\right)^2} = \sqrt{1{,}5}\,[\text{m}]$$

Die Seiten des gleichschenkligen Dreiecks ABS haben die Länge 1 m sowie $\sqrt{1{,}5}$ m.

(3) Das Volumen einer Pyramide berechnet sich nach der Formel $V = \frac{1}{3} \cdot G \cdot h$.

Die Höhe h_k der Pyramide ist 1 m und die Grundfläche ist quadratisch mit Seitenlänge $a = 1$ m.

$$V = \frac{1}{3} \cdot a^2 \cdot h_k = \frac{1}{3} \cdot (1\text{ m})^2 \cdot 1\text{ m} = \frac{1}{3}\text{ m}^3$$

Die Oberfläche der Pyramide setzt sich aus der Grundfläche und der Mantelfläche zusammen und berechnet sich nach der Formel $O = G + M$. Da es sich um eine gerade quadratische Pyramide handelt, besteht die Mantelfläche aus vier gleich großen gleichschenkligen Dreiecken.

Betrachtet man das Dreieck ABS und bezeichnet h_d die Dreieckshöhe vom Mittelpunkt M_{AB} der Basis zur Spitze der Pyramide, so gilt:

$$\vec{m}_{AB} = \frac{1}{2} \cdot (\vec{a} + \vec{b}) = \frac{1}{2} \cdot \left[\begin{pmatrix} 5 \\ 4 \\ 1 \end{pmatrix} + \begin{pmatrix} 5 \\ 5 \\ 1 \end{pmatrix}\right] = \begin{pmatrix} 5 \\ 4{,}5 \\ 1 \end{pmatrix} \text{ und}$$

$$h_d = |\overrightarrow{M_{AB}S}| = \left|\begin{pmatrix} 4{,}5 \\ 4{,}5 \\ 2 \end{pmatrix} - \begin{pmatrix} 5 \\ 4{,}5 \\ 1 \end{pmatrix}\right| = \left|\begin{pmatrix} -0{,}5 \\ 0 \\ 1 \end{pmatrix}\right| = \sqrt{(-0{,}5)^2 + 1^2} = \sqrt{1{,}25}\ [\text{m}]$$

Alternativ:

Die Länge der halben Grundseite beträgt $\frac{a}{2} = 0{,}5$ m und aus Teilaufgabe a (2) ist die Seitenlänge $|\overline{AS}| = \sqrt{1{,}5}$ m bekannt. Für die Dreieckshöhe h_d gilt nach dem Satz des Pythagoras:

$$\left(\frac{a}{2}\right)^2 + h_d^2 = |\overline{AS}|^2$$

$$h_d = \sqrt{|\overline{AS}|^2 - \left(\frac{a}{2}\right)^2} = \sqrt{1{,}5\text{ m}^2 - 0{,}25\text{ m}^2} = \sqrt{1{,}25}\text{ m}$$

Für die Oberfläche der Pyramide folgt:

$$O = a^2 + 4 \cdot \frac{1}{2} \cdot a \cdot h_d = (1\text{ m})^2 + 4 \cdot \frac{1}{2} \cdot 1\text{ m} \cdot \sqrt{1{,}25}\text{ m} \approx 3{,}24\text{ m}^2$$

b) Die vom Punkt L ausgehenden Lichtstrahlen treffen von der Pyramide nur die Seitenfläche BCS. Die Eckpunkte des Schattens erhält man, indem man die Eckpunkte des Dreiecks BCS in die xz-Ebene projiziert. Hierzu stellt man die Gleichungen der von L ausgehenden Strahlen durch die Eckpunkte der Pyramidenseite BCS auf und bestimmt die „Auftreffpunkte" der Strahlen in der xz-Ebene.

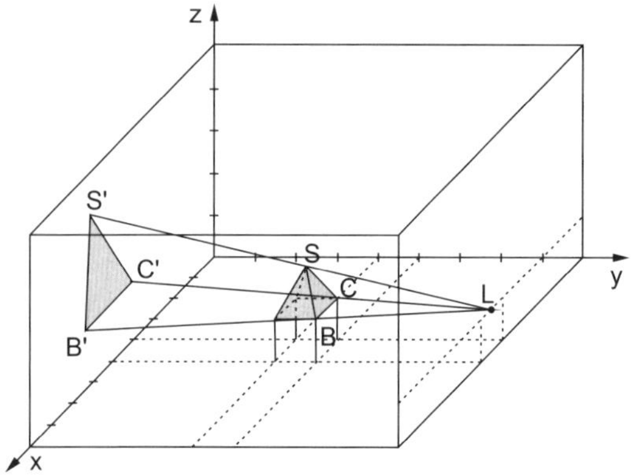

$$g_{LB}:\ \vec{x} = \vec{\ell} + r \cdot \overrightarrow{LB} = \begin{pmatrix} 4,5 \\ 9 \\ 1 \end{pmatrix} + r\begin{pmatrix} 0,5 \\ -4 \\ 0 \end{pmatrix};\ r \geq 0$$

$$g_{LC}:\ \vec{x} = \vec{\ell} + s \cdot \overrightarrow{LC} = \begin{pmatrix} 4,5 \\ 9 \\ 1 \end{pmatrix} + s\begin{pmatrix} -0,5 \\ -4 \\ 0 \end{pmatrix};\ s \geq 0$$

$$g_{LS}:\ \vec{x} = \vec{\ell} + t \cdot \overrightarrow{LS} = \begin{pmatrix} 4,5 \\ 9 \\ 1 \end{pmatrix} + t\begin{pmatrix} 0 \\ -4,5 \\ 1 \end{pmatrix};\ t \geq 0$$

Die Koordinatenform der xz-Ebene lautet: $y = 0$

Durch Einsetzen der Koordinaten der Gleichungen der Lichtstrahlen in die Koordinatenform der Ebenengleichung erhält man die Schatteneckpunkte.

$E_{xz} \cap g_{LB} = \{B'\}$

$9 - 4r = 0 \quad \Leftrightarrow \quad r = \frac{9}{4}$

$$\vec{b}' = \begin{pmatrix} 4,5 \\ 9 \\ 1 \end{pmatrix} + \frac{9}{4} \cdot \begin{pmatrix} 0,5 \\ -4 \\ 0 \end{pmatrix} = \begin{pmatrix} 5,625 \\ 0 \\ 1 \end{pmatrix} \quad \Rightarrow \quad B'(5,625\,|\,0\,|\,1)$$

$E_{xz} \cap g_{LC} = \{C'\}$

$9 - 4s = 0 \quad \Leftrightarrow \quad s = \frac{9}{4}$

$$\vec{c}' = \begin{pmatrix} 4,5 \\ 9 \\ 1 \end{pmatrix} + \frac{9}{4} \cdot \begin{pmatrix} -0,5 \\ -4 \\ 0 \end{pmatrix} = \begin{pmatrix} 3,375 \\ 0 \\ 1 \end{pmatrix} \quad \Rightarrow \quad C'(3,375\,|\,0\,|\,1)$$

$E_{xz} \cap g_{LS} = \{S'\}$

$9 - 4{,}5t = 0 \quad \Leftrightarrow \quad t = 2$

$$\vec{s}\,' = \begin{pmatrix} 4{,}5 \\ 9 \\ 1 \end{pmatrix} + 2 \cdot \begin{pmatrix} 0 \\ -4{,}5 \\ 1 \end{pmatrix} = \begin{pmatrix} 4{,}5 \\ 0 \\ 3 \end{pmatrix} \quad \Rightarrow \quad S'(4{,}5\,|\,0\,|\,3)$$

Da die Strahlen nicht durch die Hallenwand hindurchgehen, müsste der Definitionsbereich in den Gleichungen der Lichtstrahlen durch die berechneten Parameter noch weiter eingeschränkt werden.

$$|\overrightarrow{B'S'}| = \left| \begin{pmatrix} 4{,}5 \\ 0 \\ 3 \end{pmatrix} - \begin{pmatrix} 5{,}625 \\ 0 \\ 1 \end{pmatrix} \right| = \left| \begin{pmatrix} -1{,}125 \\ 0 \\ 2 \end{pmatrix} \right| = \sqrt{(-1{,}125)^2 + 2^2}$$

$$= \sqrt{\frac{81}{64} + 4} = \frac{1}{8}\sqrt{337} \approx 2{,}29\,[\text{m}]$$

$$|\overrightarrow{C'S'}| = \left| \begin{pmatrix} 4{,}5 \\ 0 \\ 3 \end{pmatrix} - \begin{pmatrix} 3{,}375 \\ 0 \\ 1 \end{pmatrix} \right| = \left| \begin{pmatrix} 1{,}125 \\ 0 \\ 2 \end{pmatrix} \right| = \sqrt{1{,}125^2 + 2^2}$$

$$= \sqrt{\frac{81}{64} + 4} = \frac{1}{8}\sqrt{337} \approx 2{,}29\,[\text{m}]$$

$$|\overrightarrow{B'C'}| = \left| \begin{pmatrix} 3{,}375 \\ 0 \\ 1 \end{pmatrix} - \begin{pmatrix} 5{,}625 \\ 0 \\ 1 \end{pmatrix} \right| = \left| \begin{pmatrix} -2{,}25 \\ 0 \\ 0 \end{pmatrix} \right| = 2{,}25\,[\text{m}]$$

Das Schattendreieck ist gleichschenklig, da $|\overrightarrow{B'S'}| = |\overrightarrow{C'S'}|$.

Der Flächeninhalt eines Dreiecks berechnet sich nach der Formel $A = \frac{1}{2} \cdot g \cdot h$.

Im gleichschenkligen Dreieck halbiert die Höhe die Basis.

$$\vec{m}_{B'C'} = \frac{1}{2} \cdot (\vec{b}\,' + \vec{c}\,') = \frac{1}{2} \cdot \left[\begin{pmatrix} 5{,}625 \\ 0 \\ 1 \end{pmatrix} + \begin{pmatrix} 3{,}375 \\ 0 \\ 1 \end{pmatrix} \right] = \begin{pmatrix} 4{,}5 \\ 0 \\ 1 \end{pmatrix}$$

$$|\overrightarrow{M_{B'C'}S'}| = \left| \begin{pmatrix} 4{,}5 \\ 0 \\ 3 \end{pmatrix} - \begin{pmatrix} 4{,}5 \\ 0 \\ 1 \end{pmatrix} \right| = \left| \begin{pmatrix} 0 \\ 0 \\ 2 \end{pmatrix} \right| = 2\,[\text{m}]$$

Damit gilt:

$$A = \frac{1}{2} \cdot |\overrightarrow{B'C'}| \cdot |\overrightarrow{M_{B'C'}S'}| = \frac{1}{2} \cdot 2{,}25\text{ m} \cdot 2\text{ m} = 2{,}25\text{ m}^2$$

Der Flächeninhalt des Schattendreiecks beträgt 2,25 m^2.

Alternativ:

Die Kante $\overline{BC}$ verläuft parallel zur xz-Ebene. Die Punkte B, C und L liegen in der Ebene mit der Gleichung $z=1$, in der auch die Grundfläche der Pyramide liegt. Außerdem steht die Gerade, auf der die Mittelpunkte M_{BC} und $M_{B'C'}$ sowie die Lichtquelle L liegen, senkrecht zur xz-Ebene. Mithilfe des 2. Strahlensatzes kann die Länge der Strecke $\overline{B'C'}$ berechnet werden:

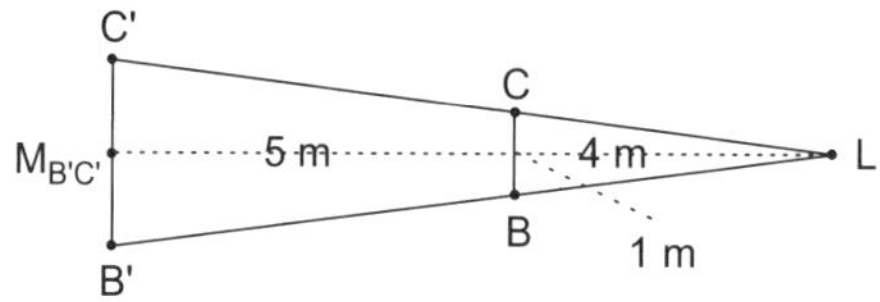

$$\frac{\overline{B'C'}}{9\text{ m}} = \frac{1\text{ m}}{4\text{ m}} \quad \Rightarrow \quad \overline{B'C'} = 2,25\text{ m}$$

Der Mittelpunkt $M_{B'C'}$ besitzt die Koordinaten $M_{B'C'}(4,5\,|\,0\,|\,1)$. Die Schattenpunkte B' und C' haben daher die Koordinaten $B'(5,625\,|\,0\,|\,1)$ und $C'(3,375\,|\,0\,|\,1)$.

Fällt man das Lot von S auf die Grundflächenebene, dann besitzt dieser Lotfußpunkt zur Lichtquelle L und zum Mittelpunkt $M_{B'C'}$ der Schattenseite $\overline{B'C'}$ den gleichen Abstand. Dieser beträgt 4,5 m.

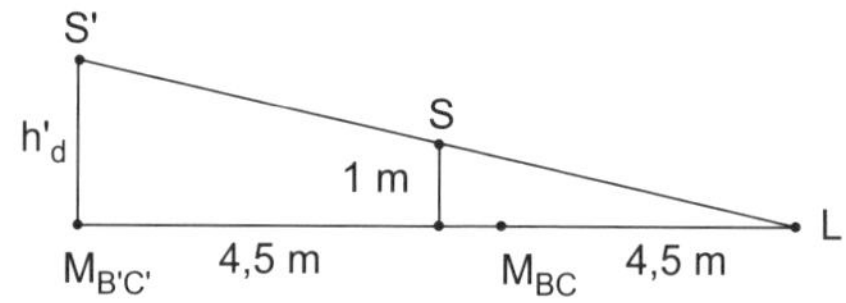

Die Höhe h_d' des Schattendreiecks ergibt sich mithilfe des 2. Strahlensatzes:

$$\frac{h_d'}{9\text{ m}} = \frac{1\text{ m}}{4,5\text{ m}} \quad \Rightarrow \quad h_d' = 2\text{m}$$

Der Punkt S' liegt somit 2 m oberhalb des Mittelpunktes $M_{B'C'}(4,5\,|\,0\,|\,1)$ und besitzt die Koordinaten $S'(4,5\,|\,0\,|\,3)$.

c) (1) Mittelpunkt der Dreiecksseite $\overline{AB}$:

$$\vec{m}_{AB} = \frac{1}{2}\cdot(\vec{a}+\vec{b}) = \frac{1}{2}\cdot\left[\begin{pmatrix}5\\4\\1\end{pmatrix}+\begin{pmatrix}5\\5\\1\end{pmatrix}\right] = \begin{pmatrix}5\\4,5\\1\end{pmatrix}$$

Mittelpunkt der Seitenhalbierenden der Dreiecksseite $\overline{AB}$:

$$\vec{m} = \frac{1}{2}\cdot(\vec{m}_{AB}+\vec{s}) = \frac{1}{2}\cdot\left[\begin{pmatrix}5\\4,5\\1\end{pmatrix}+\begin{pmatrix}4,5\\4,5\\2\end{pmatrix}\right] = \begin{pmatrix}4,75\\4,5\\1,5\end{pmatrix}$$

Der Punkt $M(4,75\,|\,4,5\,|\,1,5)$ ist der Mittelpunkt der Seitenhalbierenden der Dreieckseite $\overline{AB}$.

(2) Die Drei-Punkteform der Ebenengleichung E_{ABS} lautet:

$$E_{ABS}\colon \vec{x} = \begin{pmatrix}5\\4\\1\end{pmatrix} + s\begin{pmatrix}0\\1\\0\end{pmatrix} + t\begin{pmatrix}-0,5\\0,5\\1\end{pmatrix}$$

Da laut Aufgabenstellung der Laserstrahl orthogonal auf die Seitenfläche ABS trifft, muss das Skalarprodukt aus dem vorgegebenen Richtungsvektor des Laserstrahls und den Spannvektoren der Ebene E_{ABS} jeweils gleich null sein.

$$\begin{pmatrix} 2 \\ 0 \\ 1 \end{pmatrix} \circ \begin{pmatrix} 0 \\ 1 \\ 0 \end{pmatrix} = 0 + 0 + 0 = 0$$

$$\begin{pmatrix} 2 \\ 0 \\ 1 \end{pmatrix} \circ \begin{pmatrix} -0{,}5 \\ 0{,}5 \\ 1 \end{pmatrix} = -1 + 0 + 1 = 0$$

Der Laserstrahl verläuft in Richtung des vorgegebenen Vektors $\vec{\ell} = \begin{pmatrix} 2 \\ 0 \\ 1 \end{pmatrix}$.

Alternativ:

Da laut Aufgabenstellung der Laserstrahl orthogonal auf die Seitenfläche ABS trifft, müssen der Normalenvektor zur Ebene E_{ABS} und der Richtungsvektor des Laserstrahls parallel zueinander verlaufen. Dies ist dann der Fall, wenn die Vektoren linear abhängig sind.

Ist $\vec{n} = \begin{pmatrix} n_1 \\ n_2 \\ n_3 \end{pmatrix}$ der Normalenvektor der Ebene E_{ABS}, so gilt:

$$\begin{array}{ll} \text{I} & n_2 = 0 \\ \text{II} & -0{,}5n_1 + 0{,}5n_2 + n_3 = 0 \end{array}$$

Wählt man $n_3 = 1$, so erhält man mit Gleichung II $n_1 = 2$. Der Normalenvektor ist gleich dem vorgegebenen Richtungsvektor.

Mit $M(4{,}75 \,|\, 4{,}5 \,|\, 1{,}5)$ als Anbindungsvektor und dem vorgegebenen Vektor $\vec{\ell} = \begin{pmatrix} 2 \\ 0 \\ 1 \end{pmatrix}$ als Richtungsvektor erhält man für die Gerade, entlang der der Laserstrahl verläuft, die Punkt-Richtungsform:

$$g_\ell:\ \vec{x} = \begin{pmatrix} 4{,}75 \\ 4{,}5 \\ 1{,}5 \end{pmatrix} + t \cdot \begin{pmatrix} 2 \\ 0 \\ 1 \end{pmatrix}$$

Der Laserstrahl verläuft parallel zur xz-Ebene, denn das Skalarprodukt aus dem Richtungsvektor $\vec{\ell} = \begin{pmatrix} 2 \\ 0 \\ 1 \end{pmatrix}$ des Laserstrahls und dem Normalenvektor $\vec{n} = \begin{pmatrix} 0 \\ 1 \\ 0 \end{pmatrix}$ der xz-Ebene ist gleich null.

Die Lichtquelle des Lasers kann aufgrund der Parallelität nur von der vorderen Hallenwand mit der Gleichung $x = 9$ ausgehen.

Durch Einsetzen der Koordinaten der Geradengleichung g_ℓ in die Ebenengleichung $x = 9$ erhält man:

$$4{,}75 + 2t = 9 \quad \Rightarrow \quad t = 2{,}125$$

Einsetzen von $t = 2{,}125$ in die Geradengleichung liefert die Koordinaten der Lichtquelle P:

$$\vec{p} = \begin{pmatrix} 4{,}75 \\ 4{,}5 \\ 1{,}5 \end{pmatrix} + 2{,}125 \cdot \begin{pmatrix} 2 \\ 0 \\ 1 \end{pmatrix} = \begin{pmatrix} 9 \\ 4{,}5 \\ 3{,}625 \end{pmatrix}$$

Die Laser-Lichtquelle befindet sich auf der vorderen Hallenwand und besitzt die Koordinaten $P(9\,|\,4{,}5\,|\,3{,}625)$.

d) (1) Die vorgegebenen Punkte sind die Schnittpunkte der Ebene E^* mit der oberen linken bzw. rechten Kante der Ausstellungshalle. Um die Spur der Strahlen auf den Hallenwänden einzuzeichnen, werden noch die Schnittpunkte der Ebene E^* mit der unteren linken bzw. rechten Kante der Halle benötigt.

Die untere linke Kante entspricht der x-Achse und besitzt folgende Punkt-Richtungsgleichung:

$$\vec{x} = r \cdot \begin{pmatrix} 1 \\ 0 \\ 0 \end{pmatrix}$$

Die untere rechte Kante verläuft parallel zur x-Achse durch den Punkt $Q(0\,|\,9\,|\,0)$. Ihre Punkt-Richtungsgleichung lautet somit:

$$\vec{x} = \begin{pmatrix} 0 \\ 9 \\ 0 \end{pmatrix} + s \cdot \begin{pmatrix} 1 \\ 0 \\ 0 \end{pmatrix}$$

Zur Bestimmung der Koordinatenform der Ebene E^* wird ein Normalenvektor $\vec{n} = \begin{pmatrix} n_1 \\ n_2 \\ n_3 \end{pmatrix}$ der Ebene bestimmt. Dieser steht senkrecht auf den beiden Spannvektoren der Ebene.

$$\begin{array}{ll} \text{I} & n_2 = 0 \\ \text{II} & n_1 - 2n_3 = 0 \;\Rightarrow\; n_1 = 2n_3 \end{array}$$

Wählt man $n_3 = 1$, so erhält man mit Gleichung II $n_1 = 2$.

Mit dem Anbindungsvektor $F(3\,|\,0\,|\,5)$ lautet die Punkt-Normalenform der Ebene

$$E^*\!: \begin{pmatrix} 2 \\ 0 \\ 1 \end{pmatrix} \circ \vec{x} - \begin{pmatrix} 2 \\ 0 \\ 1 \end{pmatrix} \circ \begin{pmatrix} 3 \\ 0 \\ 5 \end{pmatrix} = 0 \;\Leftrightarrow\; \begin{pmatrix} 2 \\ 0 \\ 1 \end{pmatrix} \circ \vec{x} - 11 = 0$$

bzw. die Koordinatenform $2x + z = 11$.

Durch Einsetzen der Koordinaten der Kantengleichungen in die Koordinatenform der Ebene erhält man die Schnittpunkte.

Für die untere linke Kante gilt:

$2r = 11 \;\Leftrightarrow\; r = 5{,}5$

Einsetzen von $r = 5{,}5$ in die Gleichung der Kante liefert den Schnittpunkt $H(5{,}5\,|\,0\,|\,0)$.

Für die untere rechte Kante gilt:

$2s = 11 \quad \Leftrightarrow \quad s = 5{,}5$

Setzt man $s = 5{,}5$ in die Gleichung der Kante ein, ergibt sich der Schnittpunkt $I(5{,}5\,|\,9\,|\,0)$.

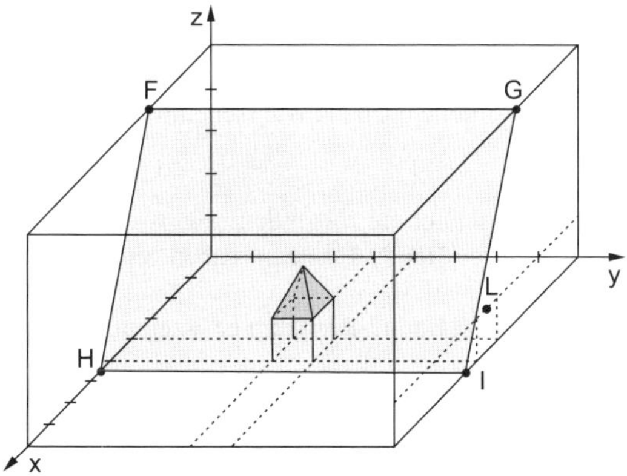

(2) Durch Einsetzen der Koordinaten der Ebene E^* in die Koordinatenform der Ebene E_{BCS} ergibt sich folgende Gleichung:

$$2 \cdot (0 + r) + (5 - 2s) = 11$$
$$2r - 2s = 6$$
$$r = s + 3$$

Nach Einsetzen von $r = s + 3$ in die Ebenengleichung E^* erhält man die Gleichung der Schnittgeraden.

$$g\colon \vec{x} = \begin{pmatrix} 3 \\ 0 \\ 5 \end{pmatrix} + (s+3) \cdot \begin{pmatrix} 0 \\ 1 \\ 0 \end{pmatrix} + s \cdot \begin{pmatrix} 1 \\ 0 \\ -2 \end{pmatrix} = \begin{pmatrix} 3 \\ 3 \\ 5 \end{pmatrix} + s \cdot \begin{pmatrix} 1 \\ 1 \\ -2 \end{pmatrix}$$

Die Pyramidenkante liegt genau dann auf dieser Schnittgeraden, wenn die Eckpunkte der Kante auf der Geraden liegen. Eine Punktprobe mit den Punkten B und S liefert:

$$\begin{pmatrix} 5 \\ 5 \\ 1 \end{pmatrix} = \begin{pmatrix} 3 \\ 3 \\ 5 \end{pmatrix} + s \cdot \begin{pmatrix} 1 \\ 1 \\ -2 \end{pmatrix} \quad \Rightarrow \quad s = 2$$

$$\begin{pmatrix} 4{,}5 \\ 4{,}5 \\ 2 \end{pmatrix} = \begin{pmatrix} 3 \\ 3 \\ 5 \end{pmatrix} + s \cdot \begin{pmatrix} 1 \\ 1 \\ -2 \end{pmatrix} \quad \Rightarrow \quad s = 1{,}5$$

Für $s = 2$ (Eckpunkt B) und $s = 1{,}5$ (Eckpunkt S) ergeben sich wahre Aussagen. Die Eckpunkte der Kante und somit auch die gesamte Kante liegen auf der Schnittgeraden.

Nordrhein-Westfalen – Mathematik Grundkurs
2012 – Aufgabe 7: Stochastik (WTR/CAS)

Sogenannte Smartphones werden immer beliebter. Ein Sechstel aller Handy-Besitzer (ca. 10 Millionen) besitzt ein Smartphone.
Im Folgenden sollen die genannten Anteile auch als Wahrscheinlichkeiten verwendet werden.

Punkte

a) Berechnen Sie die Wahrscheinlichkeiten für folgende Ereignisse:
   E_1: Unter 100 zufällig ausgewählten Handy-Besitzern haben genau 15 ein Smartphone.
   E_2: Unter 200 zufällig ausgewählten Handy-Besitzern besitzen mindestens 25 ein Smartphone.
   E_3: Unter 200 zufällig ausgewählten Handy-Besitzern besitzen mindestens 32 und höchstens 38 ein Smartphone. 9

In der Produktion eines führenden Herstellers werden 4 % aller Geräte fehlerhaft hergestellt. Es wird einfachheitshalber angenommen, dass die Fehler zufällig und unabhängig voneinander auftreten.

b) (1) Ein Kunde kauft ein Smartphone von diesem Hersteller. Ist dieses defekt, erhält er im Austausch ein neues Gerät.
   Berechnen Sie die Wahrscheinlichkeit dafür, zweimal nacheinander ein defektes Smartphone zu erhalten.
   (2) Bestimmen Sie die Anzahl von Geräten, die der laufenden Produktion mindestens entnommen werden müssen, um mit einer Wahrscheinlichkeit von mindestens 99 % mindestens ein fehlerhaftes Gerät zu erhalten. 8

Durch eine Produktionsumstellung konnte der Fehleranteil auf 2 % gesenkt werden. Aus einer Charge, die vor zwei Wochen produziert wurde, wurde eine Stichprobe von 200 Smartphones ausgewählt. Unter diesen 200 Smartphones befinden sich genau sechs defekte.

c) Entscheiden Sie mithilfe der 1-σ-Umgebung um den Erwartungswert, ob die Maschinen vor zwei Wochen vermutlich noch mit 4 % oder bereits eher mit nur 2 % Fehleranteil produziert haben. 10

d) Da der Anteil der defekten Smartphones mit 2 % immer noch zu hoch ist, wird nun ein Prüfgerät eingesetzt, das defekte Smartphones mit einer Wahrscheinlichkeit von 99 % erkennt, allerdings auch 0,1 % der funktionsfähigen Smartphones als defekt einstuft.
   (1) Stellen Sie die Situation mithilfe eines vollständigen Baumdiagramms grafisch dar.

(2) Bestimmen Sie die Wahrscheinlichkeit dafür, dass ein zufällig ausgewähltes Smartphone von dem Prüfgerät als defekt eingestuft wird.

(3) Bestimmen Sie die Wahrscheinlichkeit dafür, dass ein Smartphone in Wirklichkeit nicht defekt ist, obwohl das Prüfgerät es als defekt eingestuft hat. 12

e) Die Herstellerfirma rechtfertigte die letzte Preiserhöhung mit der Behauptung, dass nach einer Verbesserung der Produktion nun maximal 1 % aller Smartphones defekt sind. Ein Großhändler, der von der Preiserhöhung betroffen ist, bezweifelt diese Behauptung und möchte sie daher mithilfe eines Hypothesentests überprüfen. Er entnimmt dazu der Lieferung zufällig eine Stichprobe von 1 000 Stück und testet die Hypothese H_0: $p \leq 0{,}01$.

(1) Ermitteln Sie eine Entscheidungsregel für die angegebene Hypothese auf Grundlage der Stichprobe mit einem Signifikanzniveau von $\alpha = 0{,}05$.

(2) Beschreiben Sie den Fehler erster und zweiter Art im Sachzusammenhang. 11

Die benötigten Tabellen finden Sie nach dem Abschnitt „Hinweise und Tipps zum Abitur".

Hinweise und Tipps

Teilaufgabe a

Benutzen Sie zur Berechnung der gesuchten Wahrscheinlichkeiten die Binomialverteilung.

Beachten Sie, dass für die Wahrscheinlichkeit einer $B_{n;\,p}$-verteilten Zufallsgröße X folgender Zusammenhang gilt:
$P(X \geq k) = 1 - P(X < k) = 1 - P(X \leq k-1)$

Teilaufgabe b

(1) Der Sachverhalt kann als zweistufiger Bernoulli-Versuch mit einer Erfolgswahrscheinlichkeit von $p = 0{,}04$ aufgefasst werden.

(2) Es handelt sich um einen mehrstufigen Bernoulli-Versuch, dessen unbekannte Länge n ermittelt werden soll. Die zugehörige Zufallsgröße X ist $B_{n;\,0{,}04}$-verteilt.

Laut Aufgabenstellung soll $P(X \geq 1) \geq 0{,}99$ gelten.

Unter Berücksichtigung von $P(X \geq 1) = 1 - P(X = 0)$ kann aus dieser Ungleichung der gesuchte Wert für n ermittelt werden.

Teilaufgabe c

Berechnen Sie die 1-σ-Umgebungen zu den Erwartungswerten μ_1 (bezüglich $p = 0{,}02$) und μ_2 (bezüglich $p = 0{,}04$).

Bewerten Sie dann den Ausgang der Stichprobe.

Teilaufgabe d

(1) Die erste Stufe des Baumdiagramms enthält die tatsächlichen Verhältnisse (Smartphone defekt bzw. nicht defekt). Die zweite Stufe enthält die Einstufungen durch das Prüfgerät.

(2) Die gesuchte Wahrscheinlichkeit ergibt sich mittels Additionsregel aus den Endwahrscheinlichkeiten.

(3) Gesucht ist eine bedingte Wahrscheinlichkeit, die mithilfe der Formel von Bayes berechnet werden kann:

$$P_A(B) = \frac{P(A \cap B)}{P(A \cap B) + P(A \cap \overline{B})}$$

Alternativ: Die bedingte Wahrscheinlichkeit kann mithilfe des umgekehrten Baumdiagramms ermittelt werden.

Teilaufgabe e

(1) Da ein einseitiger Hypothesentest vorliegt, zieht man die rechtsseitige $1{,}64\sigma$-Umgebung von μ heran.

Für diese gilt: $P(X \leq \mu + 1{,}64\sigma) \geq 0{,}95$

(2) Ein Fehler 1. Art liegt vor, wenn die Hypothese H_0 richtig ist, aber fälschlicherweise verworfen wird.

Ein Fehler 2. Art liegt vor, wenn die Hypothese H_0 falsch ist, aber irrtümlicherweise beibehalten wird.

Lösung

a) Ereignis E_1:

Es handelt sich um einen 100-stufigen Bernoulli-Versuch mit der Wahrscheinlichkeit $p = \frac{1}{6}$ für Erfolg (Smartphone-Besitzer) und $q = 1 - \frac{1}{6} = \frac{5}{6}$ für Misserfolg (kein Smartphone-Besitzer).
Die Zufallsgröße X beschreibt die Anzahl der Personen, die ein Smartphone besitzen. X ist binomialverteilt mit $n = 100$ und $p = \frac{1}{6}$.

Folgende Wahrscheinlichkeit ist gesucht:

$$P(X = 15) = \binom{100}{15} \cdot \left(\frac{1}{6}\right)^{15} \cdot \left(\frac{5}{6}\right)^{100-15} \approx 0{,}1002 = 10{,}02\,\%$$

Alternativ:

Alternativ kann man die gesuchte Wahrscheinlichkeit auch mit der Tabelle der kumulierten Binomialverteilung ermitteln. Allerdings muss hierbei die Differenz der entsprechenden kumulierten Werte gebildet werden.

$$P(X = 15) = P(X \le 15) - P(X \le 14)$$
$$\approx 0{,}3877 - 0{,}2874 = 0{,}1003 = 10{,}03\,\% \qquad \text{(Werte aus Tabelle)}$$

Ereignis E_2:

Es ist von einem 200-stufigen Bernoulli-Versuch mit den gleichen Wahrscheinlichkeiten wie beim Ereignis E_1 auszugehen.
Die Zufallsgröße X beschreibt wieder die Anzahl der Personen, die ein Smartphone besitzen. X ist binomialverteilt mit $n = 200$ und $p = \frac{1}{6}$.

Folgende Wahrscheinlichkeit ist gesucht:

$$P(X \ge 25) = 1 - P(X \le 24)$$
$$\approx 1 - 0{,}0426 = 0{,}9574 = 95{,}74\,\% \qquad \text{(Wert aus Tabelle)}$$

Ereignis E_3:

Es gelten die gleichen Voraussetzungen wie beim Ereignis E_2.

Folgende Wahrscheinlichkeit ist gesucht:

$$P(32 \le X \le 38) = P(X \le 38) - P(X \le 31)$$
$$\approx 0{,}8369 - 0{,}3711 = 0{,}4658 = 46{,}58\,\% \qquad \text{(Werte aus Tabelle)}$$

b) (1) Der Sachverhalt kann als zweistufiger Bernoulli-Versuch mit der Wahrscheinlichkeit $p = 0{,}04$ für Erfolg (fehlerhaftes Smartphone) aufgefasst werden.

Es gilt:

P(„Zwei defekte Smartphones nacheinander“) $= 0{,}04^2 = 0{,}0016 = 0{,}16\,\%$

(2) Man geht wieder von einem mehrstufigen Bernoulli-Versuch mit der Erfolgswahrscheinlichkeit $p=0{,}04$ für ein fehlerhaftes Smartphone aus.
Die Zufallsgröße X, die die Anzahl der fehlerhaften Smartphones in der Stichprobe angibt, ist $B_{n;\,0{,}04}$-verteilt. Zu ermitteln ist die Länge n der Bernoulli-Kette, sodass folgende Ungleichung erfüllt ist.

$$
\begin{aligned}
& P(X \geq 1) \geq 0{,}99 \\
\Leftrightarrow\quad & 1 - P(X=0) \geq 0{,}99 \\
\Leftrightarrow\quad & 1 - \binom{n}{0} \cdot 0{,}04^0 \cdot (1-0{,}04)^n \geq 0{,}99 \\
\Leftrightarrow\quad & 1 - 0{,}96^n \geq 0{,}99 \\
\Leftrightarrow\quad & 0{,}96^n \leq 0{,}01 \\
\Leftrightarrow\quad & n \cdot \ln 0{,}96 \leq \ln 0{,}01 \\
\Leftrightarrow\quad & n \geq \frac{\ln 0{,}01}{\ln 0{,}96} \approx 112{,}81 \quad (\ln 0{,}96 < 0!)
\end{aligned}
$$

Es muss eine Stichprobe von mindestens 113 Smartphones gezogen werden, damit mit einer mindestens 99 %igen Wahrscheinlichkeit mindestens ein defektes Smartphone in der Stichprobe enthalten ist.

c) Zunächst sind die 1-σ-Umgebungen zu $p=0{,}02$ und $p=0{,}04$ um den jeweiligen Erwartungswert zu bestimmen.

Für einen Fehleranteil von 2 %, also für $p=0{,}02$, gilt:
Erwartungswert: $\mu_1 = 200 \cdot 0{,}02 = 4$
Standardabweichung: $\sigma_1 = \sqrt{200 \cdot 0{,}02 \cdot 0{,}98} \approx 1{,}98$

Hieraus ergibt sich die folgende 1-σ-Umgebung:
$I_1 = [4-1{,}98;\ 4+1{,}98] = [2{,}02;\ 5{,}98]$

Für einen Fehleranteil von 4 %, also für $p=0{,}04$, gilt:
Erwartungswert: $\mu_2 = 200 \cdot 0{,}04 = 8$
Standardabweichung: $\sigma_2 = \sqrt{200 \cdot 0{,}04 \cdot 0{,}96} \approx 2{,}77$

Hieraus ergibt sich die folgende 1-σ-Umgebung:
$I_2 = [8-2{,}77;\ 8+2{,}77] = [5{,}23;\ 10{,}77]$

Laut Aufgabenstellung befinden sich in der Stichprobe sechs defekte Smartphones. Da dieser Wert im Intervall I_2, aber nicht im Intervall I_1 liegt, ist die Abweichung zwischen dem Erwartungswert und der Anzahl der defekten Smartphones nur für $p=0{,}04$ im Bereich der einfachen Standardabweichung. Es ist also wahrscheinlicher, dass die Stichprobe aus der Produktion mit der schlechteren Qualität ($p=0{,}04$) stammt.

d) (1) Folgende Ereignisse werden definiert:

D: Das Smartphone ist defekt.

$\overline{D}$: Das Smartphone ist nicht defekt.

E: Das Smartphone wird von dem Prüfgerät als defekt eingestuft.

$\overline{E}$: Das Smartphone wird von dem Prüfgerät als nicht defekt eingestuft.

Der in der Aufgabenstellung beschriebene Sachverhalt lässt sich damit wie folgt in einem Baumdiagramm darstellen:

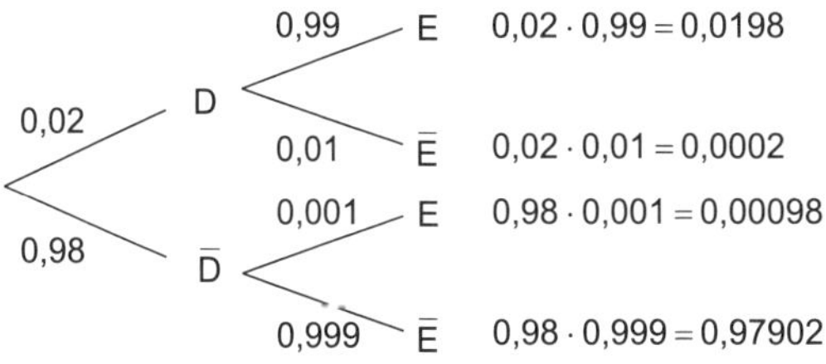

(2) Die gesuchte Wahrscheinlichkeit kann mittels der Pfad- und Additionsregel berechnet werden.

$P(E) = 0{,}02 \cdot 0{,}99 + 0{,}98 \cdot 0{,}001 = 0{,}0198 + 0{,}00098 = 0{,}02078 \approx 2{,}08\ \%$

(3) Gefragt ist nach der bedingten Wahrscheinlichkeit $P_E(\overline{D})$. Diese lässt sich mit der Formel von Bayes bestimmen:

$$P_A(B) = \frac{P(A \cap B)}{P(A \cap B) + P(A \cap \overline{B})}$$

Es gilt:

$$P_E(\overline{D}) = \frac{P(E \cap \overline{D})}{P(E \cap \overline{D}) + P(E \cap D)} = \frac{0{,}98 \cdot 0{,}001}{0{,}98 \cdot 0{,}001 + 0{,}02 \cdot 0{,}99}$$

$$= \frac{0{,}00098}{0{,}02078} \approx 0{,}0472 = 4{,}72\ \%$$

Alternativ:

Die Wahrscheinlichkeit $P_E(\overline{D})$ kann auch mithilfe des „umgekehrten“ Baumdiagramms ermittelt werden. Die Endwahrscheinlichkeiten können direkt aus dem ersten Baumdiagramm entnommen werden. Die Wahrscheinlichkeiten der ersten Stufe stimmen mit der Wahrscheinlichkeit $P(E) = 0{,}02078$ aus Teilaufgabe d (2) bzw. mit $1 - P(E) = 0{,}97922$ überein.

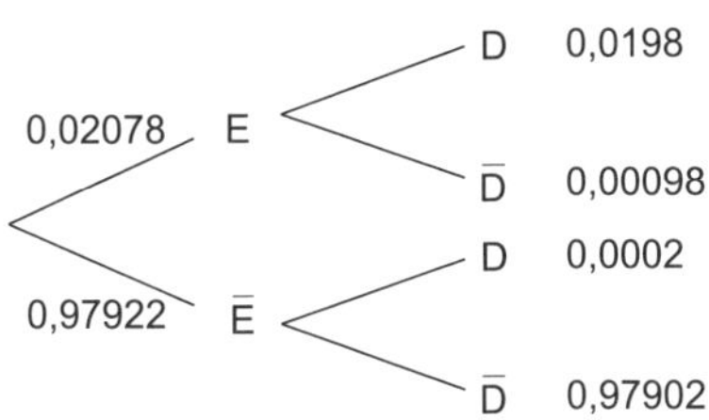

Die gesuchte Wahrscheinlichkeit ergibt sich dann mittels Multiplikationsregel aus dem „umgekehrten“ Baumdiagramm.

Es gilt:

$$P_E(\overline{D}) = \frac{0,00098}{0,02078} \approx 0,0472 = 4,72\ \%$$

e) (1) Bei der zufälligen Entnahme von Smartphones bei einer Stichprobe von 1 000 Stück handelt es sich um einen 1 000-stufigen Bernoulli-Versuch. Die zugehörige Zufallsvariable X gibt die Anzahl der defekten Smartphones in der Stichprobe an.
Betrachtet man die Hypothese H_0: $p \leq 0,01$, so ist die Zufallsgröße X binomialverteilt mit $n = 1\,000$ und $p = 0,01$.

Der Erwartungswert von X beträgt $\mu = 1\,000 \cdot 0,01 = 10$ und für die Standardabweichung gilt $\sigma = \sqrt{1\,000 \cdot 0,01 \cdot 0,99} \approx 3,15 > 3$.
Damit ist die Laplace-Bedingung erfüllt und für die Ermittlung von Annahme- und Ablehnungsbereich der Hypothese H_0: $p \leq 0,01$ können die entsprechenden σ-Umgebungen verwendet werden.

Da es sich um einen einseitigen Test handelt, wird für das Signifikanzniveau von $\alpha = 0,05$ die rechtsseitige 1,64σ-Umgebung von μ herangezogen.
Es gilt:
$P(X \leq \mu + 1,64\sigma) \geq 0,95$
mit $\mu + 1,64\sigma \approx 15,16$.

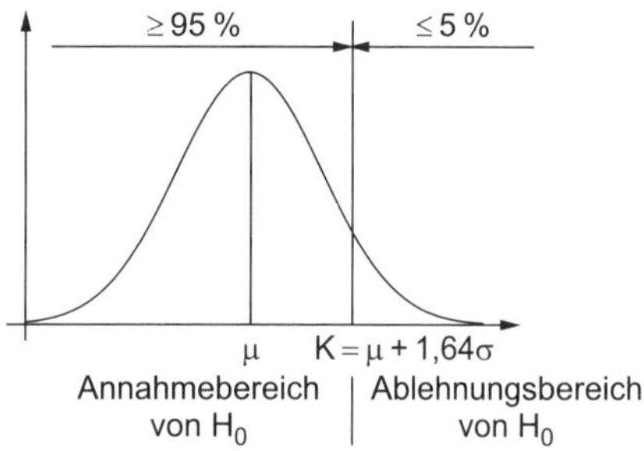

Die Entscheidungsregel kann wie folgt formuliert werden:
Die Hypothese H_0 wird abgelehnt, wenn $X \geq 16$ ist, d. h., wenn mindestens 16 defekte Smartphones in der Stichprobe gefunden werden. Ansonsten wird die Hypothese H_0 beibehalten.

(2) Fehler 1. Art:
Die Hypothese H_0: $p \leq 0,01$ des Herstellers ist wahr, wird aber wegen einer zufällig hohen Anzahl defekter Smartphones in der Stichprobe fälschlicherweise verworfen.

Fehler 2. Art:
Die Hypothese H_0: $p \leq 0,01$ des Herstellers ist falsch, wird aber wegen einer zufällig geringen Anzahl defekter Smartphones in der Stichprobe fälschlicherweise nicht abgelehnt.

Bei einem medizinischen Test leert eine Versuchsperson ein Glas Wein in einem Zug. Anschließend wird die zeitliche **Änderungsrate** der Blutalkoholkonzentration (in Promille pro Minute) aufgezeichnet. Diese wird im hier verwendeten Modell durch eine Funktion f' mit der Gleichung

$$f'(t) = \frac{1}{60}e^{-\frac{1}{20}t} - \frac{1}{600}$$

beschrieben. Dabei ist t die Zeit in Minuten, die seit der Alkoholaufnahme vergangen ist. (Die Funktion f' ist für alle $t \in \mathbb{R}$ definiert, aber nur für $0 \leq t \leq 140$ zur Modellierung geeignet. Beispielsweise bedeutet $f'(t) = 0{,}01$ eine zeitliche Änderungsrate der Blutalkoholkonzentration von 0,01 Promille pro Minute.)

In der Abbildung 1 ist der Graph der Funktion f' dargestellt.

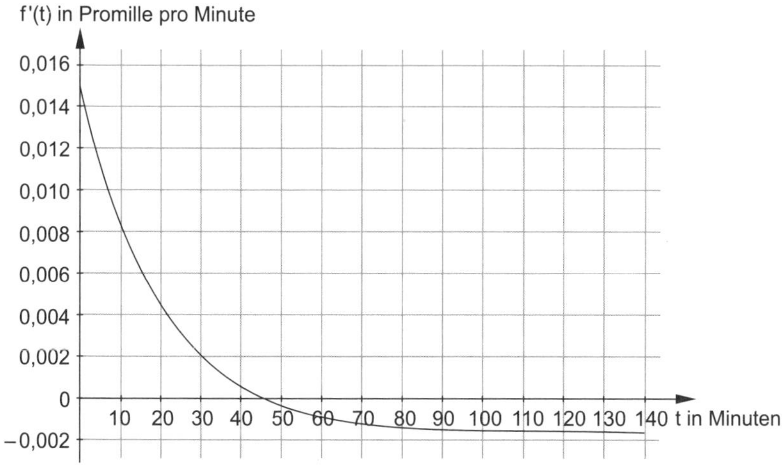

Abbildung 1

Punkte

a) (1) Berechnen Sie f'(0), f'(140) sowie die Nullstelle der Funktion f' und ermitteln Sie das Monotonieverhalten von f'.

(2) Beschreiben Sie anhand des Graphen von f' den zeitlichen Verlauf der Blutalkoholkonzentration der Versuchsperson. 12

Wenn die Versuchsperson vor dem Leeren des Glases noch keinen Alkohol im Blut hatte, wird die Blutalkoholkonzentration (in Promille) im verwendeten Modell während der ersten 140 Minuten nach der Alkoholaufnahme durch die Funktion f beschrieben.

b) (1) Ermitteln Sie eine Gleichung dieser Funktion f.

[Zur Kontrolle: $f(t) = -\frac{1}{3}e^{-\frac{1}{20}t} - \frac{1}{600}t + \frac{1}{3}$]

(2) Ermitteln Sie die höchste Blutalkoholkonzentration der Versuchsperson nach dem Leeren des Glases.

(3) Berechnen Sie die Blutalkoholkonzentration der Versuchsperson 140 Minuten nach dem Leeren des Glases.

(4) Berechnen Sie

$$\frac{1}{140}\int_0^{140} f(t)\,dt$$

und interpretieren Sie diesen Ausdruck im Sachzusammenhang. 17

c) Aus biologischen Gründen wird nach 140 Minuten die Blutalkoholkonzentration der Versuchsperson durch die Funktion f nicht mehr richtig beschrieben. Für die Modellierung besser geeignet ist die an der Stelle $t = 140$ zusammengesetzte Funktion h mit der Gleichung

$$h(t) = \begin{cases} f(t), & 0 \le t \le 140 \\ g(t), & t > 140 \end{cases}$$

mit $g(t) = u \cdot e^{-v \cdot t}$, wobei $u > 0$ und $v > 0$ geeignet zu wählen sind (siehe Abbildung 2).

(1) Bestimmen Sie die Parameter u und v so, dass die Funktion h an der Stelle $t = 140$ differenzierbar ist (Genauigkeit für u und v: 5 Stellen nach dem Komma).
[Kontrollwerte mit geringerer Genauigkeit: $u \approx 1{,}0136$, $v \approx 0{,}0166$]

(2) Berechnen Sie, nach wie viel Minuten in diesem Modell die Blutalkoholkonzentration erstmals unter 0,01 Promille gesunken ist.

(3) Begründen Sie, warum die Beschreibung der Blutalkoholkonzentration durch die Funktion f nicht für beliebige Zeiten $t > 140$ möglich ist. Begründen Sie, warum im Gegensatz dazu die Modellierung durch die Funktion h für $t > 140$ sinnvoller ist.

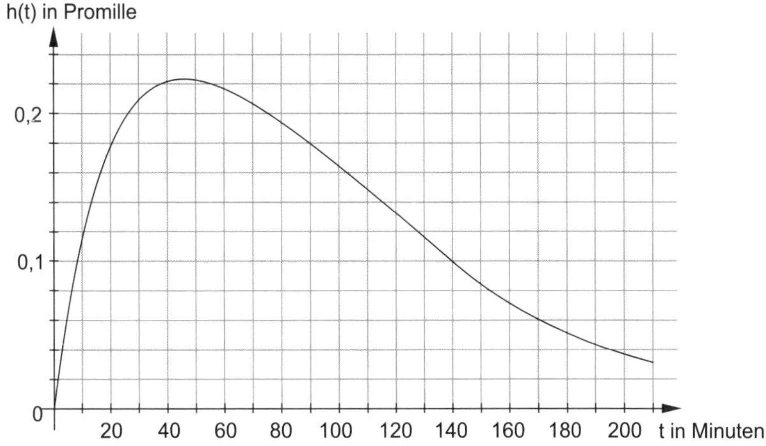

Abbildung 2

(4) Beurteilen Sie, ob die in der Abbildung 3 dargestellte Funktion k' zu einer alternativen Modellierung der **Änderungsrate** der Blutalkohol-konzentration prinzipiell geeignet ist. 21

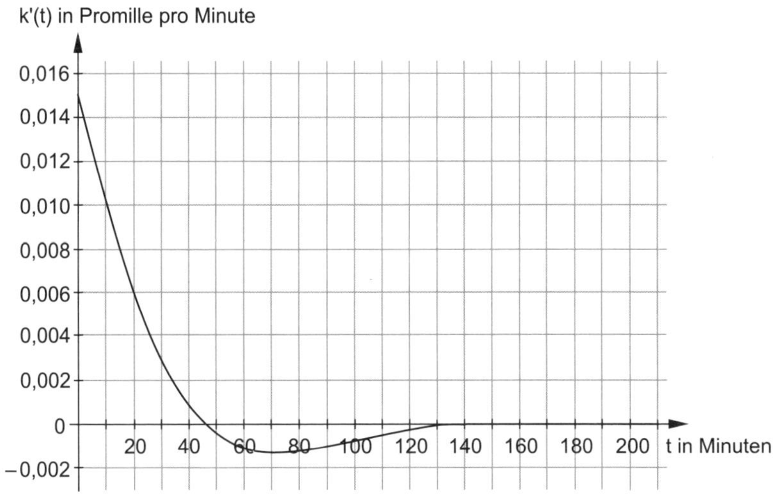

Abbildung 3

Hinweise und Tipps

Teilaufgabe a

(1) Setzen Sie $t=0$ und $t=140$ in $f'(t)$ ein.

Lösen Sie zur Berechnung der Nullstelle die Gleichung $f'(t)=0$ nach t auf. Hierfür müssen Sie die Gleichung logarithmieren.

Ermitteln Sie die Ableitung $f''(t)$ mithilfe der Kettenregel.

Aus dem Vorzeichenverhalten von f'' können Sie Rückschlüsse auf das Monotonieverhalten von f' ziehen.

(2) Machen Sie sich zur Beantwortung dieser Frage klar, dass f' die Änderungsrate der Blutalkoholkonzentration und f die Blutalkoholkonzentration angibt.

Überlegen Sie, was positive bzw. negative Änderungsraten bewirken.

Teilaufgabe b

(1) Die Blutalkoholkonzentration zum Zeitpunkt t lässt sich durch die Integralfunktion $\int_0^t f'(u)\,du$ angeben.

(2) Zu ermitteln ist das globale Maximum von f.

Bestimmen Sie zunächst das lokale Maximum.

Zeigen Sie anschließend, dass das lokale Maximum auch globales Maximum ist.

Dies kann beispielsweise mithilfe der Rechtskrümmung von f begründet werden.

(3) Setzen Sie $t=140$ in $f(t)$ ein.

(4) Verwenden Sie den Mittelwertsatz der Integralrechnung.

Teilaufgabe c

(1) Die geforderte Differenzierbarkeit von h an der Stelle $t=140$ ist äquivalent zu $f(140)=g(140)$ und $f'(140)=g'(140)$.

Das sich hieraus ergebende Gleichungssystem lässt sich mit einem CAS lösen und liefert die gesuchten Werte für u und v.

(2) Zeigen Sie, dass für den gesuchten Zeitpunkt t gilt: $t>140$.

Lösen Sie die Gleichung $g(t)=0{,}01$.

(3) Setzen Sie beispielsweise $t=200$ in $f(t)$ ein und entscheiden Sie, ob das Ergebnis realistisch ist.

Überlegen Sie, welche Werte $g(t)$ für $t>140$ annimmt.

Berechnen Sie $\lim\limits_{t\to\infty} g(t)$ und deuten Sie das Ergebnis im Sachzusammenhang.

(4) Betrachten und interpretieren Sie die Flächen, die der Graph von k' im I. bzw. IV. Quadranten mit den Koordinatenachsen einschließt.

Beachten Sie den Verlauf des Graphen von k' für $t>140$.

Lösung

a) (1) $f'(0)=\frac{1}{60}e^0-\frac{1}{600}=\frac{1}{60}-\frac{1}{600}=\frac{3}{200}=0{,}015$

$$f'(140)=\frac{1}{60}e^{-\frac{1}{20}\cdot 140}-\frac{1}{600}=\frac{e^{-7}}{60}-\frac{1}{600}\approx -0{,}00165$$

Die Nullstelle der Funktion f' berechnet sich durch $f'(t)=0$.

$$\begin{aligned}
f'(t)=0 \quad &\Leftrightarrow \quad \frac{1}{60}e^{-\frac{1}{20}t}-\frac{1}{600}=0\\
&\Leftrightarrow \quad \frac{1}{60}e^{-\frac{1}{20}t}=\frac{1}{600}\\
&\Leftrightarrow \quad e^{-\frac{1}{20}t}=\frac{1}{10}\\
&\Leftrightarrow \quad e^{\frac{1}{20}t}=10\\
&\Leftrightarrow \quad \frac{1}{20}t=\ln 10\\
&\Leftrightarrow \quad t=20\ln 10\approx 46
\end{aligned}$$

Um Aussagen über das Monotonieverhalten von f' treffen zu können, wird das Vorzeichenverhalten von f'' betrachtet. Für die Bearbeitung der Aufgabenstellung wird somit die zweite Ableitung f'' benötigt. Diese wird mithilfe der Kettenregel gebildet.

$$f''(t)=-\frac{1}{20}\cdot\frac{1}{60}e^{-\frac{1}{20}t}=-\frac{1}{1\,200}e^{-\frac{1}{20}t}$$

Die e-Funktion nimmt nur positive Werte an.
Damit gilt für das Vorzeichen der zweiten Ableitung:

$$f''(t)=-\frac{1}{1\,200}e^{-\frac{1}{20}t}<0 \ \text{ für alle } t\in\mathbb{R}$$

Die Funktion f' fällt streng monoton auf ganz $\mathbb{R}$ und somit insbesondere auch im betrachteten Intervall [0; 140].

(2) Positive Änderungsraten bewirken, dass die Blutalkoholkonzentration der Versuchsperson zunimmt, und für negative Änderungsraten nimmt die Alkoholkonzentration im Blut ab.

Die Blutalkoholkonzentration der Versuchsperson nimmt bis zum Zeitpunkt $t_0\approx 46$ (Nullstelle von f' aus Teilaufgabe a (1)) zu, wobei die Änderungsrate in diesem Zeitraum kontinuierlich sinkt. Ab $t_0\approx 46$ ist die Änderungsrate dann negativ, d. h., die Blutalkoholkonzentration nimmt wieder ab. Dabei strebt die Änderungsrate gegen einen Wert von ca. −0,00165 Promille pro Minute.

b) (1) Die Blutalkoholkonzentration ergibt sich durch die Integralfunktion:

$$f(t)=\int_0^t f'(u)\,du=\int_0^t \frac{1}{60}e^{-\frac{1}{20}u}-\frac{1}{600}\,du$$
$$=-\frac{1}{3}e^{-\frac{t}{20}}-\frac{1}{600}t+\frac{1}{3}$$

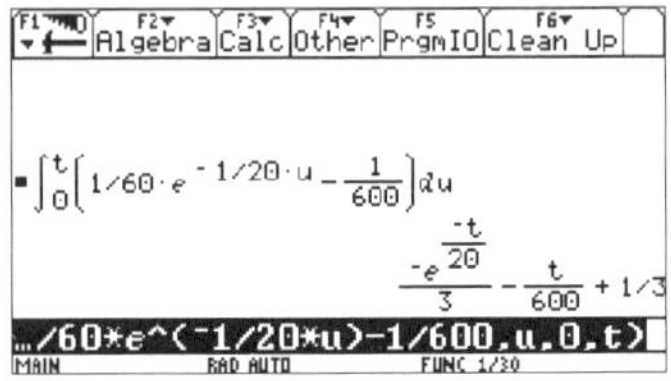

(2) Die höchste Blutalkoholkonzentration der Versuchsperson ergibt sich als globales Maximum der Funktion f.

Zunächst wird das lokale Maximum von f bestimmt.
Notwendiges Kriterium:
$f'(t)=0 \iff t=20\ln 10$ (siehe Teilaufgabe a (1))

Hinreichendes Kriterium:

$f''(t)=-\frac{1}{1\,200}e^{-\frac{1}{20}t}<0$ für alle $t\in\mathbb{R}$ (siehe Teilaufgabe a (1))

Insbesondere gilt auch $f''(20\ln 10)<0$.
Die Funktion f hat folglich bei $t=20\ln 10\approx 46$ ein lokales Maximum.
Wegen $f''(t)<0$ für alle $t\in\mathbb{R}$ ist die Funktion f rechtsgekrümmt und das lokale Maximum ist zeitgleich auch das globale Maximum.

Der Funktionswert an der Stelle $t=20\ln 10$ gibt somit die höchste Blutalkoholkonzentration an.

$$f(20\ln 10)=\frac{\ln\left(\frac{1}{10}\right)}{30}+\frac{3}{10}\approx 0{,}223$$

Die höchste Blutalkoholkonzentration der Versuchsperson wird nach ungefähr 46 Minuten gemessen und beträgt ca. 0,223 Promille.

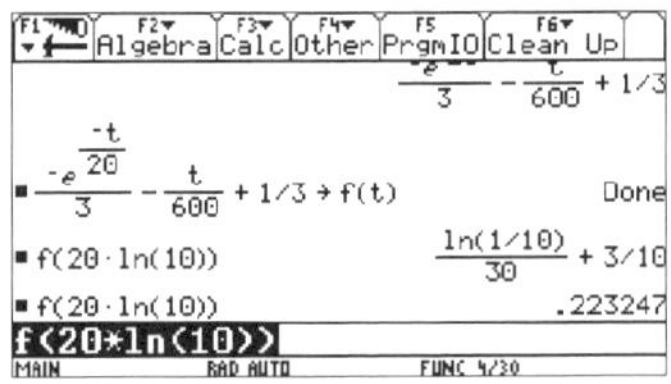

(3) $f(140)=\frac{1}{10}-\frac{e^{-7}}{3}\approx 0{,}1$

Die Blutalkoholkonzentration der Versuchsperson 140 Minuten nach dem Leeren des Glases beträgt ca. 0,1 Promille.

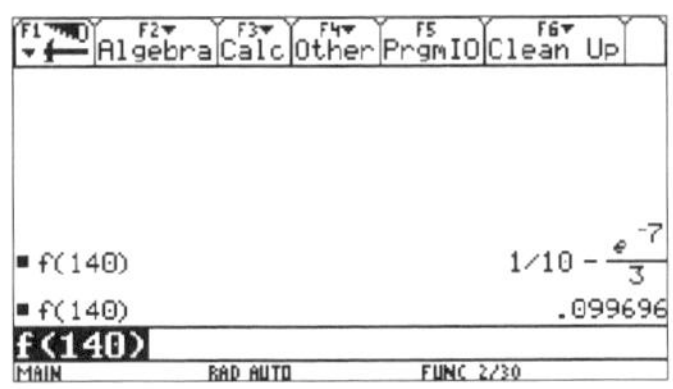

(4) $\frac{1}{140}\int_0^{140} f(t)\,dt\approx 0{,}169$

Nach dem Mittelwertsatz der Integralrechnung gibt dieser Wert die mittlere Blutalkoholkonzentration im Intervall [0; 140] an.

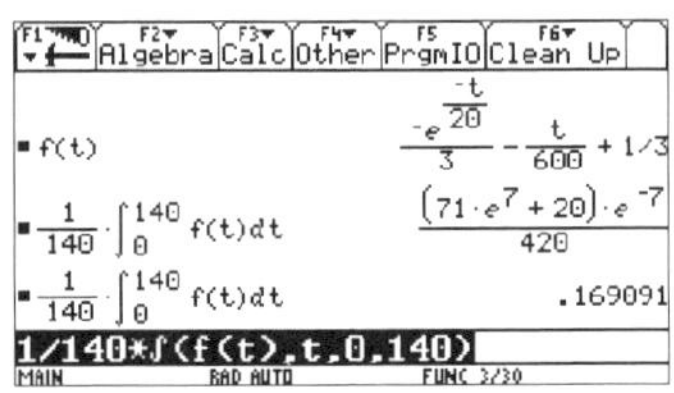

c) (1) Die Funktion h ist an der Stelle $t = 140$ genau dann differenzierbar, wenn $f(140) = g(140)$ und $f'(140) = g'(140)$ gilt.
Für die zweite Bedingung benötigt man die Ableitung von g.

$$g'(t) = u \cdot e^{-v \cdot t} \cdot (-v) = -u \cdot v \cdot e^{-v \cdot t}$$

Durch Einsetzen erhält man folgende Gleichungen:

$$f(140) = g(140) \quad \Leftrightarrow \quad -\frac{1}{3}e^{-\frac{140}{20}} - \frac{140}{600} + \frac{1}{3} = u \cdot e^{-v \cdot 140}$$

$$f'(140) = g'(140) \quad \Leftrightarrow \quad \frac{1}{60}e^{-\frac{140}{20}} - \frac{1}{600} = -u \cdot v \cdot e^{-v \cdot 140}$$

Mithilfe eines CAS ergeben sich die Lösungen $u \approx 1{,}01357$ und $v \approx 0{,}01657$.

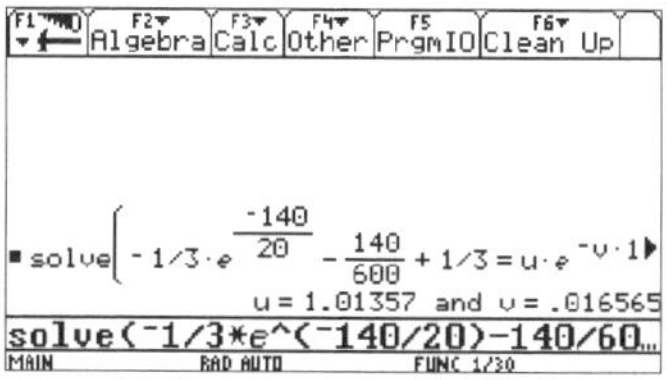

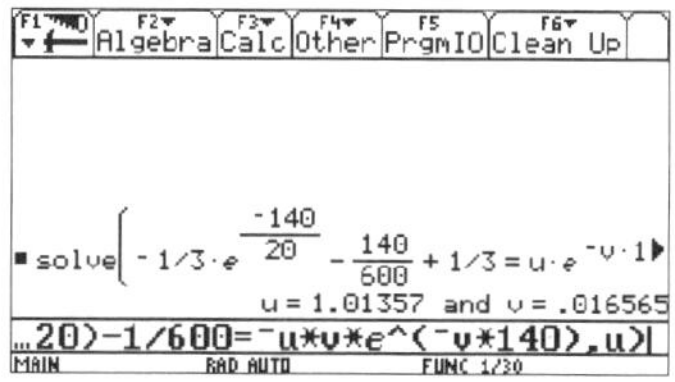

(2) Wegen $f(140) \approx 0{,}1$ (Teilaufgabe b (3)) sowie der Rechtskrümmung von f gilt für den gesuchten Zeitpunkt t: $t > 140$ und somit $h(t) = g(t) = u \cdot e^{-v \cdot t}$.
Um den Zeitpunkt des Absinkens der Blutalkoholkonzentration unter 0,01 Promille zu bestimmen, setzt man die in Teilaufgabe c (1) berechneten Werte für u bzw. v ein und löst die Gleichung:

$$1{,}01357 \cdot e^{-0{,}01657 \cdot t} = 0{,}01$$

Mittels CAS ergibt sich die Lösung $t \approx 279$. Die Blutalkoholkonzentration sinkt erstmals nach ca. 279 Minuten unter den Wert von 0,01 Promille.

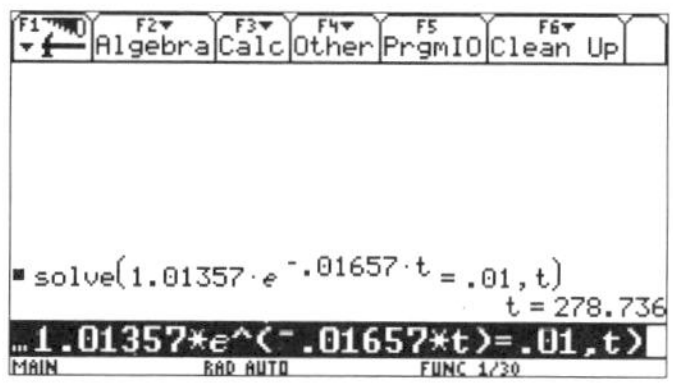

(3) Es gilt beispielsweise:

$$f(200) = -\frac{1}{3}e^{-10} \approx -0{,}000015 < 0$$

Da negative Werte für die Blutalkoholkonzentration aber nicht realistisch sind, ist eine Beschreibung der Blutalkoholkonzentration durch die Funktion f für beliebige Zeiten $t > 140$ nicht möglich.

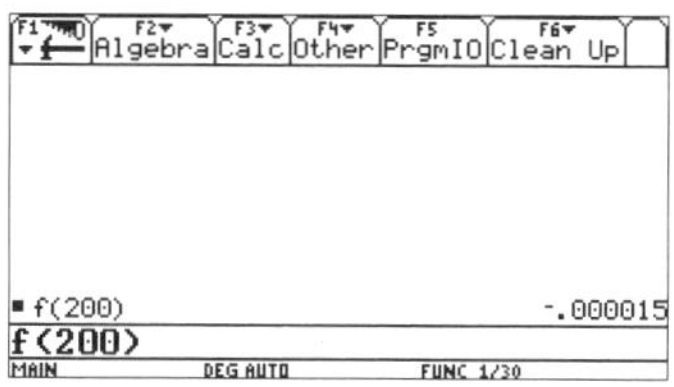

Bei der Modellierung mit der Funktion h wird für Zeitpunkte $t > 140$ die Funktion g mit $g(t) = u \cdot e^{-v \cdot t}$ und den in Teilaufgabe c (1) berechneten Werten für u und v herangezogen. Es gilt:

$$g(t) = 1{,}01357 \cdot e^{-0{,}01657 \cdot t} > 0 \text{ für alle } t > 140$$

Im Gegensatz zur Funktion f bleiben die Funktionswerte für alle $t > 140$ positiv.

Ferner gilt:

$$\lim_{t \to \infty} g(t) = \lim_{t \to \infty} 1{,}01357 \cdot e^{-0{,}01657 \cdot t} = 0$$

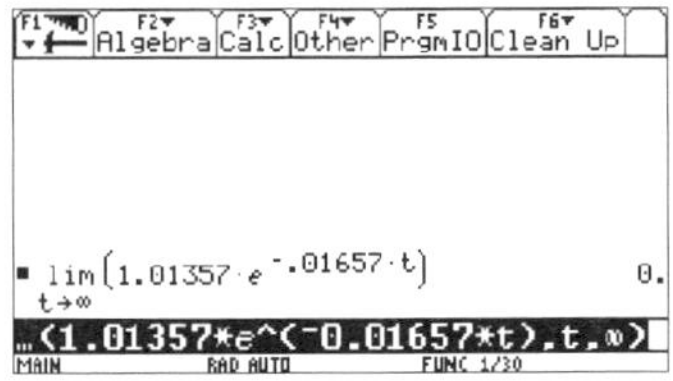

Dieses Ergebnis stimmt mit der in Wirklichkeit beobachtbaren Tatsache überein, dass die Blutalkoholkonzentration nach endlicher Zeit unter eine Nachweisbarkeitsgrenze fällt.

(4) Da der Graph von k' bis zur ersten Nullstelle ($t \approx 46$) über der t-Achse verläuft, steigt die Blutalkoholkonzentration der Versuchsperson zunächst. Der Inhalt der vom Graphen von k', der y-Achse und der t-Achse bis zur ersten Nullstelle begrenzten Fläche gibt die Blutalkoholkonzentration der Testperson nach dem Leeren des Glases an.
Zwischen $t \approx 46$ und $t \approx 140$ liegt der Graph von k' dann unterhalb der t-Achse. Folglich wird in diesem Zeitraum der Alkohol im Blut wieder abgebaut.
Da der Inhalt der Fläche, die vom Graphen von k' und der t-Achse zwischen der ersten Nullstelle und dem Zeitpunkt $t \approx 140$ eingeschlossen wird, kleiner ist als der Flächeninhalt über der t-Achse und zudem $k'(t) = 0$ für $t \geq 140$ gilt, wird nicht der gesamte im Blut befindliche Alkohol abgebaut.
Die Funktion k' ist somit nicht geeignet, die Änderungsrate der Blutalkoholkonzentration zu beschreiben.

Nordrhein-Westfalen – Mathematik Grundkurs
2012 – Aufgabe 4: Analytische Geometrie (CAS)

Ein Reisebüro pflegt eine Datei mit Adressen von 4 400 langjährigen Stammkunden, die ihren Urlaub über dieses Reisebüro buchen. Zum Ende eines jeden Jahres untersucht die Geschäftsleitung das Buchungsverhalten der Kunden im Hinblick auf die Anzahl der Urlaube, die die Kunden im abgelaufenen Jahr bei dem Reisebüro gebucht haben.
Dabei wird unterschieden zwischen den Kunden, die im abgelaufenen Jahr genau einen Urlaub bei dem Reisebüro gebucht haben (Kundengruppe E), Kunden, die im abgelaufenen Jahr mehr als einen Urlaub bei dem Reisebüro gebucht haben (Kundengruppe M), und Kunden, die im abgelaufenen Jahr keinen Urlaub bei dem Reisebüro gebucht haben (Kundengruppe K).
Vereinfachend wird davon ausgegangen, dass sich die Stammkundschaft mit der Zeit nicht ändert.

Punkte

a) Die Geschäftsleitung hat festgestellt, dass das Buchungsverhalten der Stammkunden während eines Jahres vom Buchungsverhalten im vorangegangenen Jahr abhängt. So wurde in früheren Jahren von folgendem Buchungsverhalten der Stammkunden bei dem Reisebüro ausgegangen:

- Von den Kunden der Gruppe E eines Jahres buchen im folgenden Jahr 75 % ebenfalls genau einen Urlaub; 10 % der Gruppe buchen mehr als einen Urlaub und 15 % keinen Urlaub.
- Von den Kunden, die in einem Jahr mehr als einen Urlaub gebucht haben, buchen 60 % im Folgejahr ebenfalls mehr als einen Urlaub, 20 % buchen genau einen Urlaub und 20 % buchen keinen Urlaub.
- 57 % der Kunden der Gruppe K buchen bei dem Reisebüro im nächsten Jahr genau einen Urlaub, 28 % sogar mehr als einen Urlaub, während 15 % auch im Folgejahr keinen Urlaub bei dem Reisebüro buchen.

Stellen Sie dieses Buchungsverhalten durch ein Übergangsdiagramm dar und bestimmen Sie eine Übergangsmatrix, die dieses Verhalten beschreibt. 12

b) Aufgrund einer Änderung des Urlaubsverhaltens gilt aktuell die folgende Übergangsmatrix A:

	von: E M K
nach: E M K	$A = \begin{pmatrix} 0{,}8 & 0{,}2 & 0{,}6 \\ 0{,}1 & 0{,}6 & 0{,}3 \\ 0{,}1 & 0{,}2 & 0{,}1 \end{pmatrix}$

(1) Geben Sie drei Änderungen im Buchungsverhalten an, die gegenüber den früheren Jahren erkennbar sind.

Im Jahr 2011 buchten 2 624 Kunden genau einen Urlaub, 1 206 Kunden buchten mehr als einen Urlaub, während 570 Kunden keine Buchung bei dem Reisebüro durchführten.

(2) Bestimmen Sie unter den Übergangsbedingungen, die durch die Matrix A gegeben sind, die zu erwartenden Verteilungen für das Jahr 2013 und für das Jahr 2017. Beurteilen Sie die Relevanz der Ergebnisse für das Jahr 2017 im Sachzusammenhang mithilfe von zwei Aspekten.

(3) Bestimmen Sie unter den Übergangsbedingungen, die durch die Matrix A gegeben sind, die Verteilung für das Jahr 2009.
Begründen Sie, dass das Buchungsverhalten frühestens vom Jahr 2009 an mithilfe der angegebenen Matrix A beschrieben werden kann. 18

c) Die Geschäftsleitung strebt aus Gründen der Planungssicherheit an, dass die Anzahl der Kunden der einzelnen Gruppen E, M und K von Jahr zu Jahr gleich bleibt.
Zeigen Sie durch Berechnung, dass es bei dem durch die Matrix A beschriebenen Buchungsverhalten eine Verteilung der Kunden des Reisebüros auf die Gruppen E, M und K so gibt, dass die Anzahl der Kunden der einzelnen Gruppen E, M und K von Jahr zu Jahr gleich bleibt. 9

d) Durch gezielte Werbemaßnahmen wird während des Jahres 2012 das Buchungsverhalten der Kunden der Gruppe K so beeinflusst, dass von diesem Jahr an jeweils gegenüber dem vorangegangenen Jahr nur noch 5 % der Kunden der Gruppe K keinen Urlaub buchen. Dabei wird das Buchungsverhalten der Kunden der beiden anderen Kundengruppen E und M nicht beeinflusst. Es wird weiterhin von einer konstanten Anzahl von Stammkunden ausgegangen.

(1) Erklären Sie, dass das Buchungsverhalten dann durch eine Matrix

$$B = \begin{pmatrix} 0{,}8 & 0{,}2 & q \\ 0{,}1 & 0{,}6 & 0{,}95-q \\ 0{,}1 & 0{,}2 & 0{,}05 \end{pmatrix} \text{ mit } 0 \le q \le 0{,}95$$

beschrieben werden kann.

(2) Gehen Sie von den in Teilaufgabe b für das Jahr 2011 angegebenen Buchungen aus und ermitteln Sie den Wert von q für den Fall, dass sich am Ende des Jahres 2013 herausstellt, dass 2 790 Kunden im Jahr 2013 genau einen Urlaub gebucht haben. 11

Hinweise und Tipps

Teilaufgabe a

- Für das Übergangsdiagramm benötigen Sie die Knoten E, M und K.
- Die Werte für die Kanten ergeben sich aus dem im Text angegebenen Wechselverhalten.
- Wenn Sie die Übergangsmatrix um die Zeilen- bzw. Spaltenüberschriften E, M und K ergänzen, sind die Werte für die Matrixelemente leichter aus dem Übergangsdiagramm abzulesen.

Teilaufgabe b

- (1) Vergleichen Sie die beiden Matrizen miteinander und interpretieren Sie die Unterschiede im Sachzusammenhang.
- (2) Multiplizieren Sie den gegebenen Verteilungsvektor mit den Matrixpotenzen A^2 (zwei Jahre) bzw. A^6 (sechs Jahre).
- Gehen Sie bei der Beurteilung der Ergebnisse auf den langen Prognosezeitraum ein.
- (3) Es muss zurückgerechnet werden. Invertieren Sie dazu die Matrix A^2.
- Führen Sie auch eine Rückrechnung ins Jahr 2008 durch, um festzustellen, ob mithilfe der Matrix A auch für dieses Jahr das Buchungsverhalten beschrieben werden kann.

Teilaufgabe c

- Bestimmen Sie den Fixvektor der Matrix A unter der Nebenbedingung, dass das Buchungsverhalten von insgesamt 4 400 Stammkunden untersucht wird.
- Lösen Sie das resultierende Gleichungssystem mithilfe eines CAS.

Teilaufgabe d

- (1) Beachten Sie, dass sich die neu eingeführte Matrix B nur in der dritten Spalte von der Matrix A unterscheidet.
- Begründen Sie, dass entsprechend der Vorgabe $b_{33} = 0{,}05$ gilt.
- Folgern Sie aus der Tatsache, dass die Spaltensumme in Übergangsmatrizen immer 1 beträgt, die Einträge der beiden anderen Spaltenelemente.
- (2) Beachten Sie, dass zwei Übergangsschritte erforderlich sind, um von 2011 zum Jahr 2013 zu gelangen.
- Multiplizieren Sie die Matrixpotenz B^2 mit dem Verteilungsvektor aus dem Jahr 2011.
- Ermitteln Sie aus der ersten Komponente und dem vorgegebenen Wert für die Anzahl der Kunden, die im Jahr 2013 genau einen Urlaub gebucht haben, den Wert für q.

Lösung

a) Das zu den Angaben der Aufgabenstellung gehörende Übergangsdiagramm besitzt folgende Form:

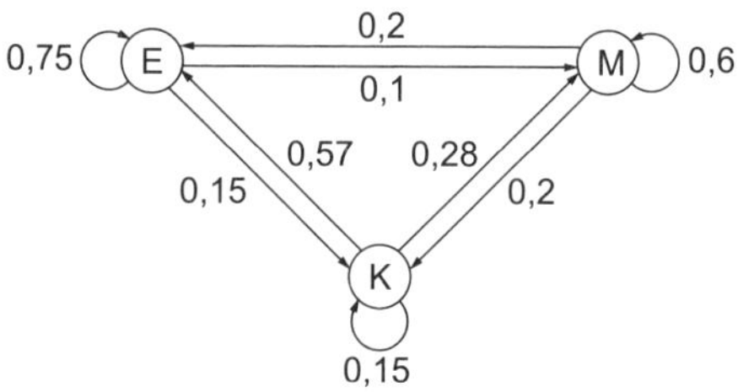

Die Übergangsmatrix hat folgende Gestalt:

		von: E M K
nach:	E M K	$T = \begin{pmatrix} 0{,}75 & 0{,}2 & 0{,}57 \\ 0{,}1 & 0{,}6 & 0{,}28 \\ 0{,}15 & 0{,}2 & 0{,}15 \end{pmatrix}$

Das Wechselverhalten der Kunden ist zu erkennen, wenn man die Daten von Spalte zu Zeile interpretiert.

b) (1) Die Unterschiede zwischen den beiden Übergangsmatrizen A und T erhält man durch komponentenweises Vergleichen.

Exemplarisch seien die folgenden Änderungen genannt:

$a_{EE} = 0{,}8$ $\qquad$ $t_{EE} = 0{,}75$
Kunden, die im abgelaufenen Jahr genau einen Urlaub gebucht haben, buchen im Folgejahr häufiger als vorher auch nur einen Urlaub.

$a_{EK} = 0{,}1$ $\qquad$ $t_{EK} = 0{,}15$
Kunden, die im abgelaufenen Jahr genau einen Urlaub gebucht haben, pausieren im Folgejahr seltener als früher.

$a_{KK} = 0{,}1$ $\qquad$ $t_{KK} = 0{,}15$
Kunden, die im abgelaufenen Jahr keinen Urlaub gebucht haben, pausieren im Folgejahr seltener als vorher.

(2) Der Vektor, der die Kundenverteilung für das Jahr 2011 beschreibt, lautet:

$$\vec{v} = \begin{pmatrix} 2\,624 \\ 1\,206 \\ 570 \end{pmatrix}$$

Um die Verteilung für das Jahr 2013 zu ermitteln, muss die folgende Matrixmultiplikation ausgeführt werden:

$$A^2 \cdot \vec{v} = \begin{pmatrix} 0{,}8 & 0{,}2 & 0{,}6 \\ 0{,}1 & 0{,}6 & 0{,}3 \\ 0{,}1 & 0{,}2 & 0{,}1 \end{pmatrix}^2 \begin{pmatrix} 2\,624 \\ 1\,206 \\ 570 \end{pmatrix} = \begin{pmatrix} 2\,713{,}68 \\ 1130{,}62 \\ 555{,}7 \end{pmatrix}$$

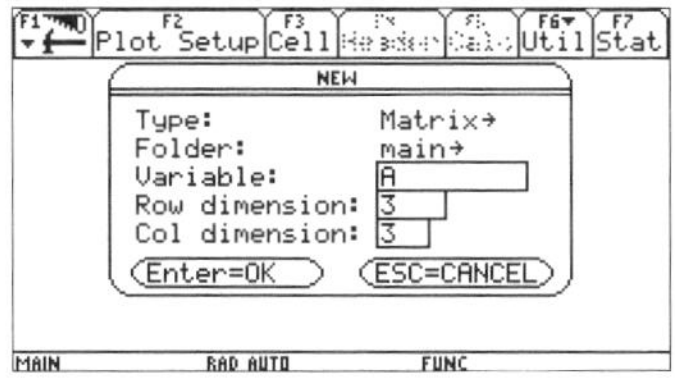

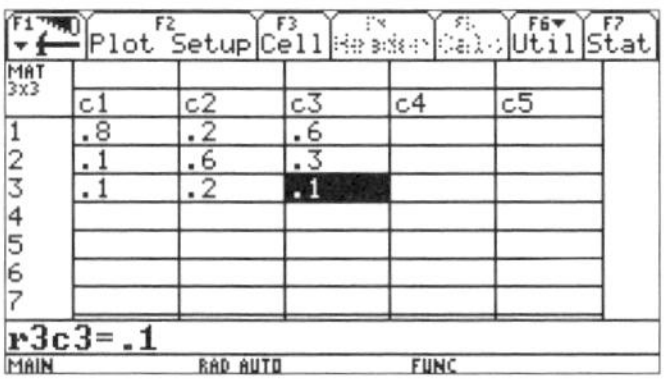

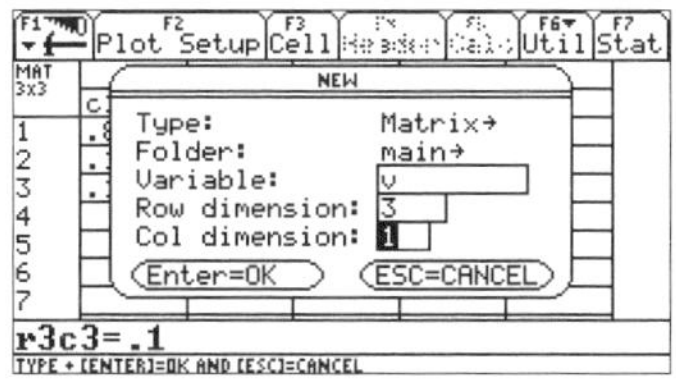

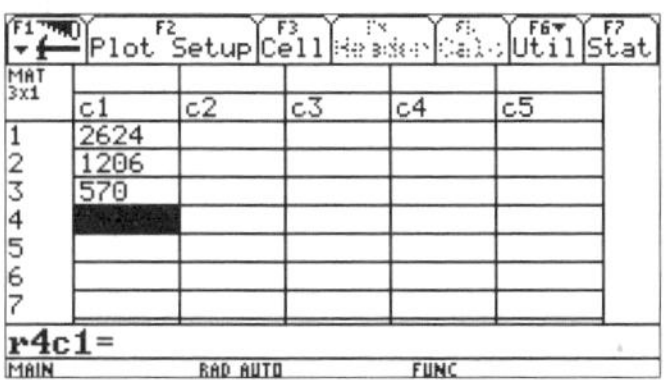

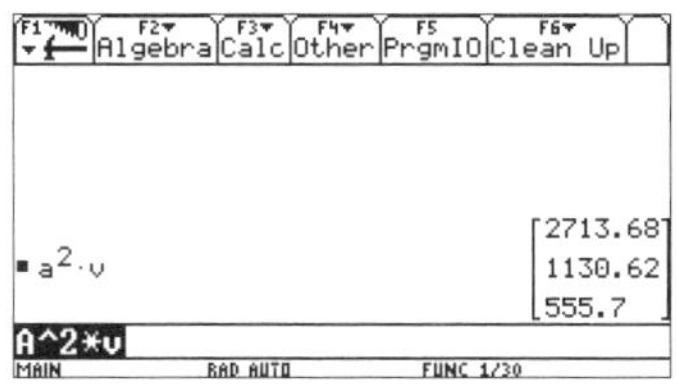

Die Verteilung für das Jahr 2017 wird durch folgende Matrixmultiplikation ermittelt:

$$A^6 \cdot \vec{v} = \begin{pmatrix} 0{,}8 & 0{,}2 & 0{,}6 \\ 0{,}1 & 0{,}6 & 0{,}3 \\ 0{,}1 & 0{,}2 & 0{,}1 \end{pmatrix}^6 \begin{pmatrix} 2\,624 \\ 1\,206 \\ 570 \end{pmatrix}$$

$$\approx \begin{pmatrix} 2\,746{,}97 \\ 1102{,}55 \\ 550{,}48 \end{pmatrix}$$

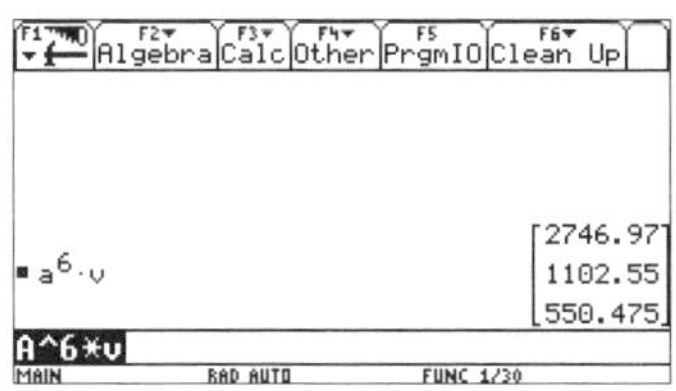

Für 2013 ist zu erwarten, dass ca. 2 714 Kunden genau einen und in etwa 1 130 Kunden mehr als einen Urlaub buchen werden. Die restlichen 556 Kunden werden voraussichtlich pausieren.
Für 2017 ist zu erwarten, dass ca. 2 747 Kunden genau einen und ungefähr 1 103 Kunden mehr als einen Urlaub buchen werden. Die restlichen 550 Kunden werden aller Voraussicht nach keine Buchung vornehmen.

Mögliche Aspekte für die Relevanz der Ergebnisse des Jahres 2017:

- Es ist fraglich, ob das Übergangsverhalten über einen so langen Zeitraum hinweg unverändert bleibt.
- Es ist nicht sicher, dass die Stammkundschaft über einen so langen Zeitraum unverändert bleibt.
- Sowohl wirtschaftliche als auch ökologische Gründe können dazu führen, dass sich das Reiseverhalten bis zum Jahr 2017 grundsätzlich verändert.

(3) Die zu ermittelnde Verteilung für das Jahr 2009 werde durch den Vektor $\begin{pmatrix} e \\ m \\ k \end{pmatrix}$ beschrieben, wobei e die Anzahl der Kunden bezeichnet, die 2009 genau einen Urlaub gebucht haben, m die Anzahl der Kunden, die mehr als einen Urlaub gebucht haben, und k die Anzahl der Kunden, die im Jahr 2009 keine Buchung gemacht haben. Durch die folgende Multiplikation mit der Übergangsmatrix gelangt man von der Verteilung des Jahres 2009 zur Verteilung von 2011:

$$\begin{pmatrix} 0{,}8 & 0{,}2 & 0{,}6 \\ 0{,}1 & 0{,}6 & 0{,}3 \\ 0{,}1 & 0{,}2 & 0{,}1 \end{pmatrix}^2 \begin{pmatrix} e \\ m \\ k \end{pmatrix} = \begin{pmatrix} 2\,624 \\ 1\,206 \\ 570 \end{pmatrix}$$

Diese Gleichung ist durch Multiplikation mit der inversen Matrix aufzulösen. Mithilfe eines CAS ergibt sich:

$$\begin{pmatrix} e \\ m \\ k \end{pmatrix} = \begin{pmatrix} 0{,}8 & 0{,}2 & 0{,}6 \\ 0{,}1 & 0{,}6 & 0{,}3 \\ 0{,}1 & 0{,}2 & 0{,}1 \end{pmatrix}^{-2} \begin{pmatrix} 2\,624 \\ 1\,206 \\ 570 \end{pmatrix} = \begin{pmatrix} 2\,200 \\ 1\,400 \\ 800 \end{pmatrix}$$

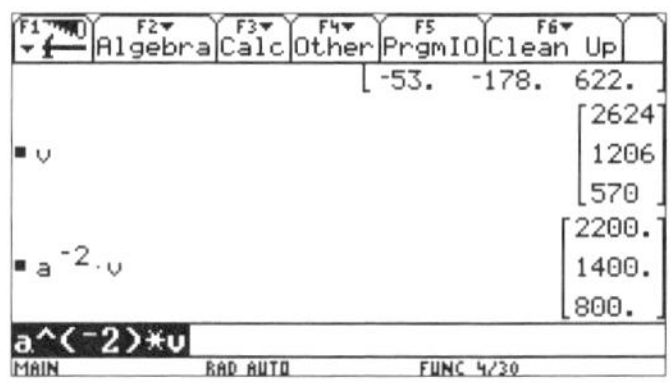

Im Jahr 2009 buchten 2 200 Kunden genau einen Urlaub, 1 400 Kunden mehr als einen Urlaub und 800 Kunden pausierten.

Für den Fall, dass die Matrix A auch das Buchungsverhalten für das Jahr 2008 beschreibt, würde die folgende Berechnung die Verteilung für dieses Jahr liefern:

$$\begin{pmatrix} 0{,}8 & 0{,}2 & 0{,}6 \\ 0{,}1 & 0{,}6 & 0{,}3 \\ 0{,}1 & 0{,}2 & 0{,}1 \end{pmatrix}^{-3} \begin{pmatrix} 2\,624 \\ 1\,206 \\ 570 \end{pmatrix} = \begin{pmatrix} 5\,000 \\ 3\,600 \\ -4\,200 \end{pmatrix}$$

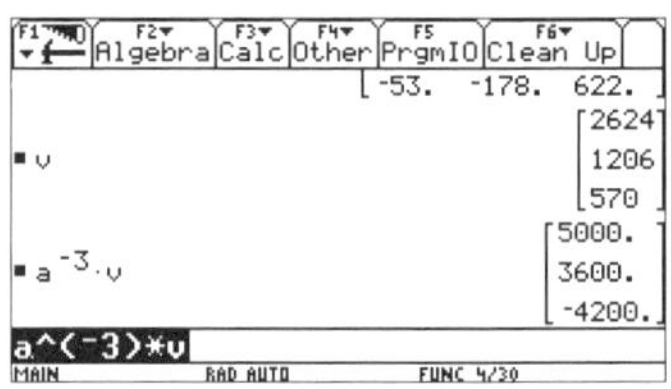

Die Werte 5 000 und −4 200 sind nicht möglich, da die Anzahl der Stammkunden nur 4 400 beträgt und negative Kundenanzahlen ausgeschlossen sind. Somit kann das Buchungsverhalten frühestens vom Jahr 2009 an mithilfe der Matrix A beschrieben werden.

c) Für die folgende Berechnung bezeichnet x die Anzahl der Kunden, die in einem bestimmten Jahr genau eine Reise buchen, y die Anzahl der Kunden, die in diesem Jahr mehr als eine Reise buchen, und z gibt die Anzahl der Kunden an, die in dem Jahr keine Buchung in dem Reisebüro vornehmen.

Zu ermitteln ist eine Kundenverteilung $\begin{pmatrix} x \\ y \\ z \end{pmatrix}$ des Reisebüros, die von Jahr zu Jahr gleich bleibt. Gesucht ist also der Fixvektor für die Matrix A mit der Nebenbedingung $x + y + z = 4\,400$:

$$\begin{pmatrix} 0{,}8 & 0{,}2 & 0{,}6 \\ 0{,}1 & 0{,}6 & 0{,}3 \\ 0{,}1 & 0{,}2 & 0{,}1 \end{pmatrix} \begin{pmatrix} x \\ y \\ z \end{pmatrix} = \begin{pmatrix} x \\ y \\ z \end{pmatrix}$$

$$x + y + z = 4\,400$$

Durch Ausmultiplizieren der Matrixgleichung erhält man folgendes Gleichungssystem:

$$\begin{aligned} 0{,}8x + 0{,}2y + 0{,}6z &= x \\ 0{,}1x + 0{,}6y + 0{,}3z &= y \\ 0{,}1x + 0{,}2y + 0{,}1z &= z \\ x + y + z &= 4\,400 \end{aligned}$$

$$\Leftrightarrow \quad \begin{aligned} -0{,}2x + 0{,}2y + 0{,}6z &= 0 \\ 0{,}1x - 0{,}4y + 0{,}3z &= 0 \\ 0{,}1x + 0{,}2y - 0{,}9z &= 0 \\ x + y + z &= 4\,400 \end{aligned}$$

Mithilfe eines CAS ergibt sich $x = 2\,750$, $y = 1\,100$ und $z = 550$.

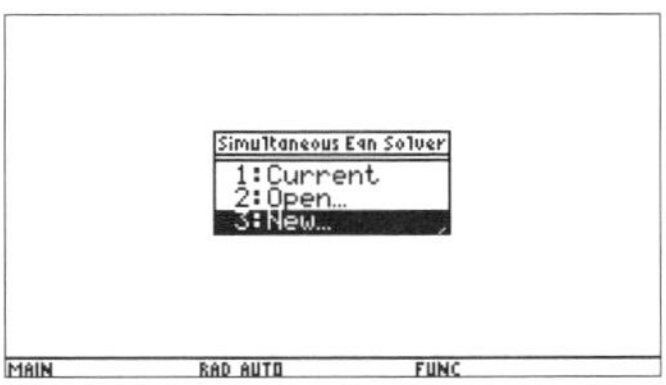

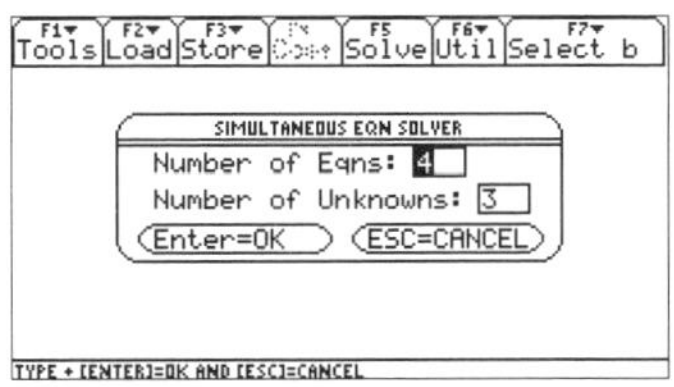

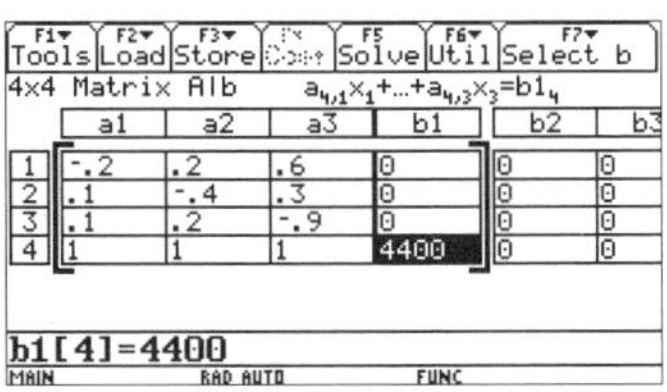

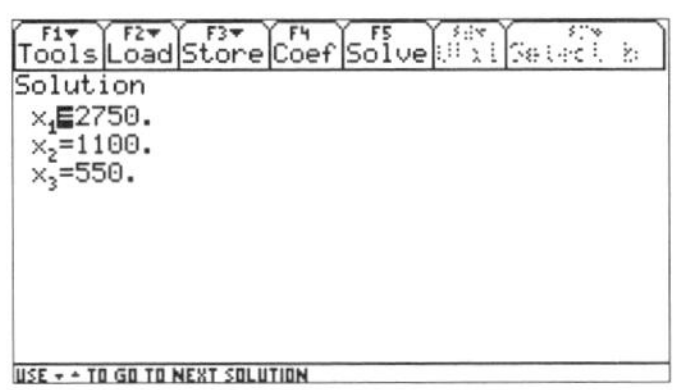

Die Anzahl der Kunden der einzelnen Gruppen E, M und K bleibt von Jahr zu Jahr gleich, wenn in einem Jahr 2 750 Kunden genau einen Urlaub, 1 100 Kunden mehr als einen Urlaub und 550 Kunden gar keinen Urlaub buchen.

d) (1) Die neu eingeführte Matrix B unterscheidet sich von der Matrix A zunächst im Element $b_{33}=0{,}05$. Durch diesen Wert wird zum Ausdruck gebracht, dass nach den Werbemaßnahmen nur noch 5 % der Kunden der Gruppe K eines Jahres im Folgejahr ebenfalls keinen Urlaub buchen.
Da die Spaltensumme in der Übergangsmatrix immer den Wert 1 haben muss, gilt $b_{13}+b_{23}=0{,}95$.
Setzt man in diese Gleichung $b_{13}=q$ mit $0 \le q \le 0{,}95$ ein, erhält man hieraus $b_{23}=0{,}95-q$.

(2) Da von 2011 zum Jahr 2013 zwei Übergangsschritte erforderlich sind, ergibt sich die Kundenverteilung von 2013 durch Multiplikation des Buchungsvektors $\vec{v}$ aus Teilaufgabe b mit der Matrixpotenz B^2. Die Berechnung mittels CAS liefert:

$$B^2 \cdot \vec{v} = \begin{pmatrix} 0{,}8 & 0{,}2 & q \\ 0{,}1 & 0{,}6 & 0{,}95-q \\ 0{,}1 & 0{,}2 & 0{,}05 \end{pmatrix}^2 \begin{pmatrix} 2\,624 \\ 1\,206 \\ 570 \end{pmatrix} = \begin{pmatrix} 874{,}1 \cdot q + 2\,177{,}82 \\ -817{,}1 \cdot q + 1\,656{,}035 \\ -57 \cdot q + 566{,}145 \end{pmatrix}$$

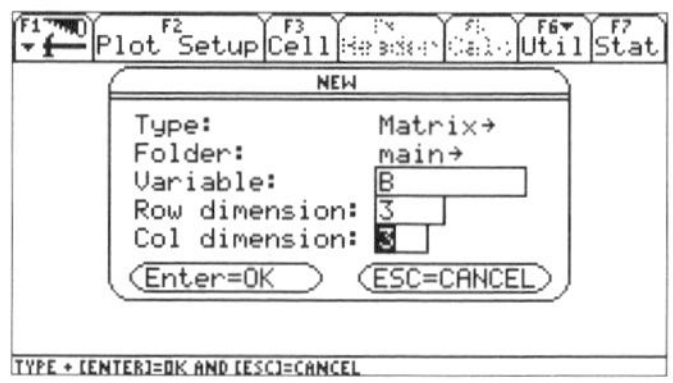

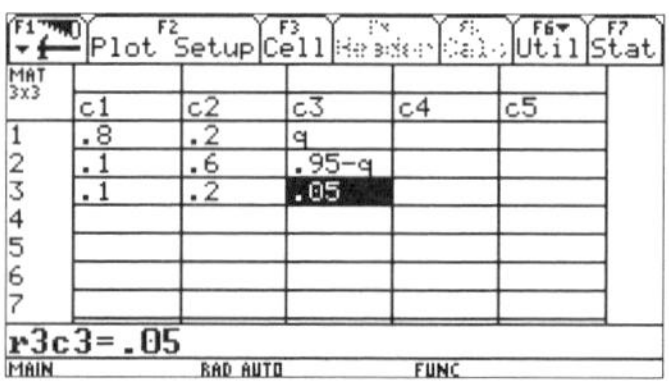

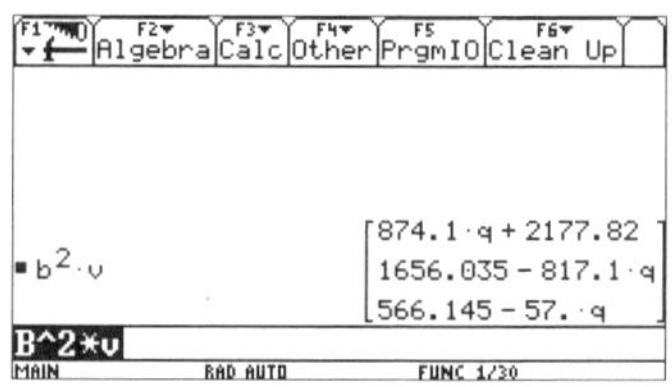

Da sich Ende 2013 herausstellt, dass 2 790 Kunden im Jahr 2013 genau einen Urlaub gebucht haben, folgt $874{,}1 \cdot q + 2\,177{,}82 = 2\,790$ und damit $q \approx 0{,}70$.

Nordrhein-Westfalen – Mathematik Grundkurs
2013 – Aufgabe 1: Analysis (WTR)

Die Buche ist ein in weiten Teilen Europas heimischer Laubbaum.
Eine frisch eingepflanzte kleine Buche hat eine Höhe von 0,3 m. Ein Biologe modelliert das Höhenwachstum dieser Buche aufgrund von Messungen in den ersten Jahren nach dem Pflanzen durch die Funktion f mit der Gleichung
$f(t) = 0{,}3 + 35 \cdot (1 - e^{-0{,}02 \cdot t})^2 = 0{,}3 + 35 \cdot (1 - 2 \cdot e^{-0{,}02 \cdot t} + e^{-0{,}04 \cdot t}),\ t \geq 0.$

Dabei wird t als Maßzahl zur Einheit 1 Jahr, f(t) als Maßzahl zur Einheit 1 Meter aufgefasst.
Der Zeitpunkt der Pflanzung der kleinen Buche wird durch $t = 0$ festgelegt.
Der Graph von f ist in Abbildung 1 dargestellt.

Punkte

a) (1) Beschreiben Sie den Verlauf des Graphen von f im Sachzusammenhang.

(2) Berechnen Sie f(20) und nennen Sie die Bedeutung des Wertes im Sachzusammenhang.

(3) Begründen Sie, dass gemäß der Modellierung die Buche nicht höher als 35,3 m werden kann. 11

b) Bestimmen Sie rechnerisch den Zeitpunkt t_1, zu dem die Buche am stärksten wächst.
[Hinweis: In Abbildung 2 ist auch der Graph von f' dargestellt.
Zur Kontrolle: $f'(t) = 1{,}4 \cdot (e^{-0{,}02t} - e^{-0{,}04t})$;
$f''(t) = 0{,}028 \cdot (2 \cdot e^{-0{,}04t} - e^{-0{,}02t})$] 14

c) In Abbildung 2 ist neben dem Graphen der Wachstumsgeschwindigkeit f' der oben genannten Buche auch der Graph der Wachstumsgeschwindigkeit g' einer zweiten Buche mit der Gleichung
$g'(t) = 1{,}1 \cdot (e^{-0{,}02 \cdot t} - e^{-0{,}04 \cdot t}),\ t \geq 0$, dargestellt.
Die zweite Buche wurde an einem anderen Standort zum selben Zeitpunkt wie die erste Buche gepflanzt.
Bei der Pflanzung war auch die zweite Buche 0,3 m hoch.

(1) Beschreiben Sie den zeitlichen Verlauf der Wachstumsgeschwindigkeiten der beiden Buchen im Vergleich.

(2) Begründen Sie, dass der Graph von g' an derselben Stelle ein Maximum besitzt wie der Graph von f'.

(3) Begründen Sie anhand der Abbildung 2, dass die erste Buche zu jedem Zeitpunkt $t > 0$ eine größere Höhe hat als die zweite Buche. 15

d) (1) Zeigen Sie, dass die Funktion h mit der Gleichung
$h(t) = 27{,}5 \cdot (e^{-0{,}04 \cdot t} - 2 \cdot e^{-0{,}02 \cdot t})$, $t \geq 0$, eine Stammfunktion von g' ist.

(2) Jemand behauptet, dass die beiden Buchen 50 Jahre nach ihrer Anpflanzung gemäß den Modellierungen ihres Höhenwachstums einen Höhenunterschied von mindestens 3,50 m aufweisen müssten.
Prüfen Sie, ob die Behauptung wahr ist. 10

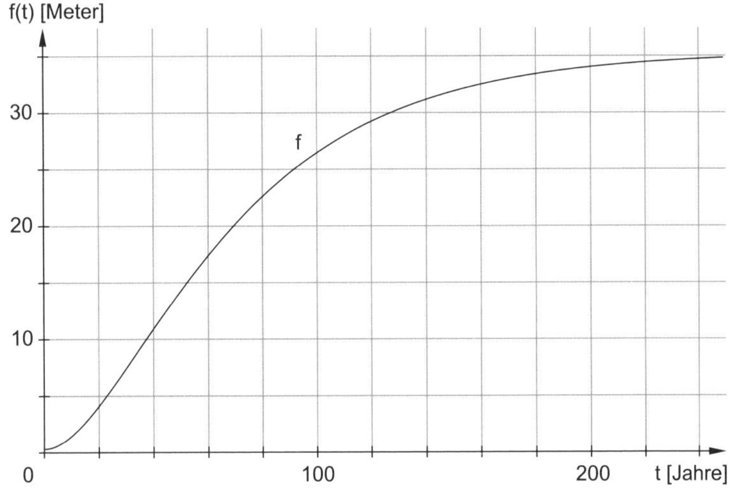

Abbildung 1

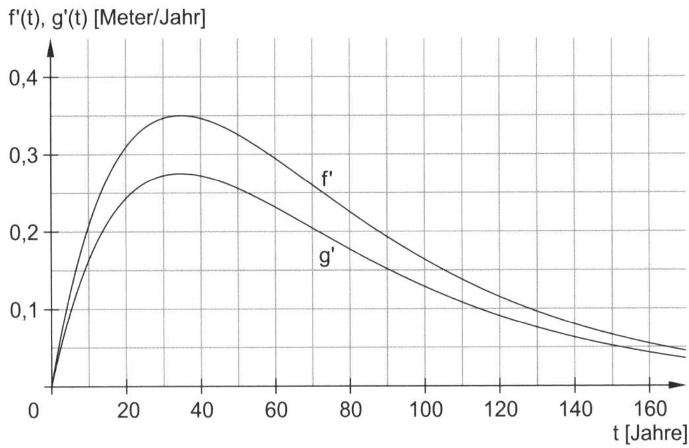

Abbildung 2

Hinweise und Tipps

Das in der Aufgabenstellung beschriebene Höhenwachstum ist die Höhe der Buche und nicht der Zuwachs. Gut zu erkennen ist dies daran, dass die Einheit für f(t) in Metern angegeben wird.

Teilaufgabe a

(1) Beschreiben Sie den Verlauf des Graphen hinsichtlich der möglichen Endhöhe, der Wachstumsgeschwindigkeit und der durchschnittlichen Wachstumsgeschwindigkeit zu Beginn und zu Ende des betrachteten Zeitintervalls.

(2) Setzen Sie $t = 20$ in den Funktionsterm ein.

(3) Schätzen Sie die Größe von $e^{-0{,}02 \cdot t}$, $1 - e^{-0{,}02 \cdot t}$ und $(1 - e^{-0{,}02 \cdot t})^2$ ab.

Alternativ: Beachten Sie das Grenzwertverhalten des Terms e^{-t} für t gegen unendlich.

Teilaufgabe b

Der Zeitpunkt, an dem die Buche am stärksten wächst, entspricht der Maximumstelle der Ableitungsfunktion f'.

Die Maximumstelle der 1. Ableitungsfunktion ist eine Wendestelle der Funktion f.

Bilden Sie die Ableitungen mithilfe der Faktor- und Kettenregel.

Die notwendige Bedingung für Wendestellen ist: $f''(t) = 0$

Die hinreichende Bedingung für Wendestellen ist: $f''(t) = 0 \wedge f'''(t) \neq 0$

Alternativ: Beachten Sie die Eigenschaften des Graphen der Funktion f bzw. des Graphen f' zu dem berechneten Zeitpunkt, um nachzuweisen, dass es sich um eine Wendestelle handelt.

Achten Sie darauf, den Graphen der Funktion auf Randextrema zu untersuchen.

Teilaufgabe c

(1) Betrachten Sie das Maximum beider Ableitungsfunktionen.

Vergleichen Sie die Lage der Graphen der beiden Ableitungsfunktionen zueinander.

Vergleichen Sie die Differenz der Funktionswerte der beiden Ableitungsfunktionen.

(2) Beachten Sie die Faktoren in beiden Funktionstermen.

(3) Die Fläche zwischen dem Graphen der Funktion f'(t) bzw. g'(t) und der t-Achse im Intervall]0; t] gibt die Höhe der Buche an.

Teilaufgabe d

(1) Die Funktion h(t) ist dann eine Stammfunktion der Funktion g'(t), wenn h'(t) = g'(t) ist.

Berechnen Sie die Ableitung mithilfe der Faktor- und Kettenregel.

(2) Die Höhe von Buche 1 wird modelliert durch die Funktion f(t), die Höhe von Buche 2 durch die Stammfunktion zur Funktion g'(t), also h(t).

Beachten Sie, dass durch den Integralwert der Funktion g'(t) nur der Gesamthöhenzuwachs berechnet wird.

Lösung

a) (1) Die Höhe der Buche nimmt während der ganzen Zeit zu. Nach 200 Jahren hat die Buche eine ungefähre Höhe von 34 m erreicht. Im weiteren Verlauf ist kaum noch ein Höhenzuwachs zu beobachten, denn die Buche scheint nur etwa 35 m hoch zu werden.
Die Wachstumsgeschwindigkeit nimmt vom Anpflanzen bis zu einem Zeitpunkt zwischen 30 und 40 Jahren zu (der Graph ist linksgekrümmt) und anschließend bis zum Ende des dargestellten Zeitraums wieder ab (der Graph ist rechtsgekrümmt). Nach 40 Jahren beträgt die Höhe ca. 10 m, sodass am Anfang die Buche durchschnittlich 2,5 m pro 10 Jahre wächst. In den letzten 40 Jahren des betrachteten Zeitraums beträgt die durchschnittliche Wachstumsgeschwindigkeit weniger als 0,25 m pro 10 Jahre (nach 200 Jahren ist die Buche 34 m hoch und nach 240 Jahren ist sie zwischen 34 m und 35 m hoch).

(2) Durch Einsetzen von $t=20$ in den Funktionsterm erhält man:

$$f(20) = 0{,}3 + 35 \cdot (1 - e^{-0{,}02 \cdot 20})^2$$
$$= 0{,}3 + 35 \cdot (1 - e^{-0{,}4})^2$$
$$\approx 4{,}10 \text{ [m]}$$

20 Jahre nach dem Pflanzen der Buche hat diese eine Höhe von ca. 4,1 m erreicht.

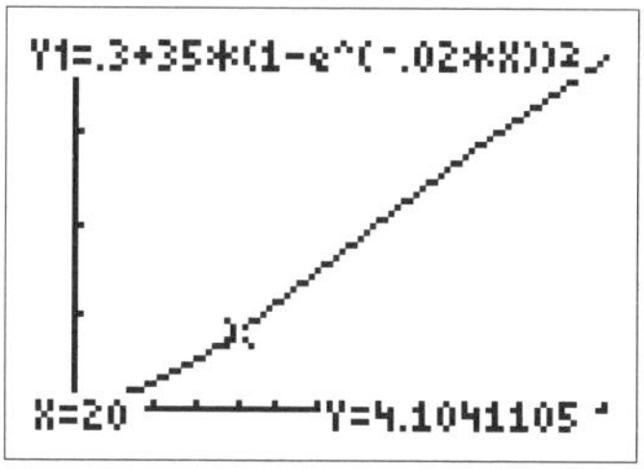

(3) Der Graph der Funktion $g(t) = e^{-t}$ schneidet die y-Achse im Punkt $S_y(0\,|\,1)$ und nähert sich dem positiven Teil der x-Achse.

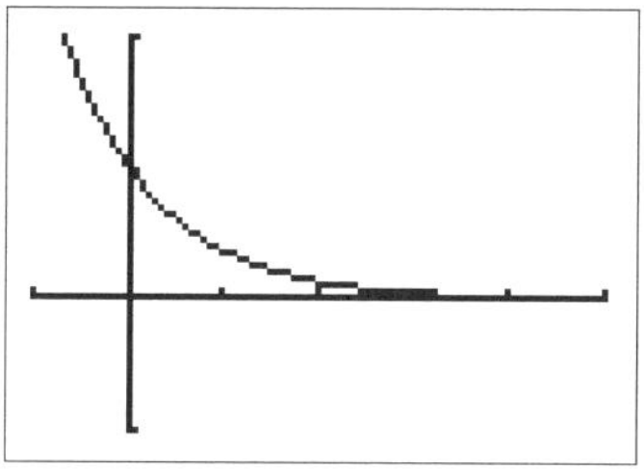

Für $t > 0$ gilt somit:

$0 < e^{-0{,}02 \cdot t} < 1$

$0 < 1 - e^{-0{,}02 \cdot t} < 1$

Das Quadrat einer Zahl im Intervall]0; 1[liegt im Intervall]0; 1[.

$0 < (1 - e^{-0{,}02 \cdot t})^2 < 1$

$0 < 35 \cdot (1 - e^{-0{,}02 \cdot t})^2 < 35$

$0{,}3 < 0{,}3 + 35 \cdot (1 - e^{-0{,}02 \cdot t})^2 < 35{,}3$

Die Buche kann nicht höher als 35,3 m werden.

Alternativ:

Wegen $\lim\limits_{t \to \infty} e^{-0{,}02 \cdot t} = 0$ gilt:

$$\lim_{t \to \infty} f(t) = \lim_{t \to \infty} (0{,}3 + 35 \cdot (1 - \underbrace{e^{-0{,}02 \cdot t}}_{\to 0})^2) = 35{,}3$$

Alternativ:

Da $\lim\limits_{t \to \infty} e^{-0,02 \cdot t} = 0$ und $\lim\limits_{t \to \infty} e^{-0,04 \cdot t} = 0$ ist, gilt:

$$(1 - 2 \cdot e^{-0,02 \cdot t} + e^{-0,04 \cdot t}) = 1 - e^{-0,02 \cdot t}(2 - \underbrace{e^{-0,02 \cdot t}}_{0 < e^{-0,02 \cdot t} < 1}) < 1$$

Im ausmultiplizierten Funktionsterm ist der 2. Summand somit immer kleiner als 1 und der gesamte Funktionsterm daher kleiner als 35,3.

b) Der Zeitpunkt, an dem die Buche am stärksten wächst, entspricht der Maximumstelle der Ableitungsfunktion f'. Dies ist die Wendestelle der Funktion f. Abschließend muss gezeigt werden, dass das lokale Extremum auch das globale Extremum ist. Dafür muss das Wachstum am Anfang und am Ende mit dem Wachstum am lokalen Extremum verglichen werden.
Die Ableitungen werden mithilfe der Faktor- und Kettenregel berechnet.

$$\begin{aligned} f'(t) &= 35 \cdot 2 \cdot (1 - e^{-0,02 \cdot t}) \cdot (0,02e^{-0,02 \cdot t}) \\ &= 1,4 \cdot (1 - e^{-0,02 \cdot t}) \cdot e^{-0,02 \cdot t} \\ &= 1,4 \cdot (e^{-0,02 \cdot t} - e^{-0,04 \cdot t}) \end{aligned}$$

$$\begin{aligned} f''(t) &= 1,4 \cdot ((-0,02)e^{-0,02 \cdot t} - (-0,04) \cdot e^{-0,04 \cdot t}) \\ &= 0,028 \cdot (2e^{-0,04 \cdot t} - e^{-0,02 \cdot t}) \end{aligned}$$

$$\begin{aligned} f'''(t) &= 0,028 \cdot (2 \cdot (-0,04) \cdot e^{-0,04 \cdot t} - (-0,02) \cdot e^{-0,02 \cdot t}) \\ &= 0,00056 \cdot (-4e^{-0,04 \cdot t} + e^{-0,02 \cdot t}) \end{aligned}$$

Die notwendige Bedingung für Wendestellen ist: $f''(t) = 0$

$$\begin{aligned} 0,028 \cdot (2e^{-0,04 \cdot t} - e^{-0,02 \cdot t}) &= 0 \qquad |:0,028 \\ 2e^{-0,04 \cdot t} - e^{-0,02 \cdot t} &= 0 \qquad |\cdot e^{0,04 \cdot t} \\ 2 - e^{0,02 \cdot t} &= 0 \\ e^{0,02 \cdot t} &= 2 \\ 0,02t &= \ln 2 \\ t &= 50 \cdot \ln 2 \approx 34,7\,[\text{Jahre}] \end{aligned}$$

Die hinreichende Bedingung für Wendestellen ist: $f''(t) = 0 \wedge f'''(t) \neq 0$

$$f'''(50 \cdot \ln 2) = 0,00056 \cdot (-4e^{-0,04 \cdot 50 \cdot \ln 2} + e^{-0,02 \cdot 50 \cdot \ln 2}) = -0,00028 \neq 0$$

Alternativ:

Der Graph der Funktion f wechselt an der Stelle $t_1 = 50 \cdot \ln 2$ von einer Links- in eine Rechtskurve (siehe Abbildung 1) bzw. der Graph der Funktion f' hat an der Stelle $t_1 = 50 \cdot \ln 2$ einen Hochpunkt. Die hinreichende Bedingung für einen Wendepunkt ist somit erfüllt.

Untersuchung der Funktion f' auf Randextrema:

$\lim\limits_{t \to 0} f'(t) = 0$ und $\lim\limits_{t \to \infty} f'(t) = 0$

Die Buche wächst nach ca. 35 Jahren am stärksten.

c) (1) Die Wachstumsgeschwindigkeiten beider Buchen nehmen bis ca. 35 Jahre zu und anschließend ab. Die Wachstumsgeschwindigkeit der ersten Buche erreicht zu diesem Zeitpunkt ca. 0,35 m pro Jahr, die der 2. Buche ca. 0,28 m pro Jahr. Dies ist auch der größte Unterschied zwischen den Wachstumsgeschwindigkeiten. Die beiden Wachstumsgeschwindigkeiten nähern sich am Ende des betrachteten Zeitraums wieder an und scheinen gegen null zu gehen. Beim Anpflanzen sind beide Buchen 0,3 m groß. Anschließend ist die Wachstumsgeschwindigkeit im betrachteten Zeitintervall von Buche 1 immer größer als die von Buche 2.

(2) Es gilt:

$$f'(t) = 1{,}4 \cdot (e^{-0{,}02 \cdot t} - e^{-0{,}04 \cdot t})$$

$$g'(t) = 1{,}1 \cdot (e^{-0{,}02 \cdot t} - e^{-0{,}04 \cdot t})$$

Beide Ableitungsterme enthalten den Faktor $(e^{-0{,}02 \cdot t} - e^{-0{,}04 \cdot t})$, der an der gleichen Stelle den Wert null annimmt. Die Graphen von f' und g' nehmen somit an der gleichen Stelle ihr Maximum an.

Alternativ:

Es ist:

$$f'(t) = \frac{14}{11} \cdot g'(t)$$

Der Graph der Funktion f'(t) geht somit durch Streckung in y-Richtung aus dem Graphen der Funktion g'(t) hervor. Eine Streckung in y-Richtung ändert aber an der Lage von Extrem- und Wendestellen nichts.

(3) Die Fläche zwischen dem Graphen der Funktion f'(t) bzw. g'(t) und der t-Achse im Intervall]0; t] gibt die Höhe an, die die Buche im betrachteten Zeitintervall insgesamt gewachsen ist. Beide Buchen hatten beim Anpflanzen eine Höhe von 0,3 m. Da die Wachstumsgeschwindigkeit von Buche 1 immer größer ist als die Wachstumsgeschwindigkeit von Buche 2, ist die Höhe von Buche 1 zu jedem Zeitpunkt im Intervall]0; t] größer als die von Buche 2.

d) (1) Die Funktion h(t) ist dann eine Stammfunktion der Funktion g'(t), wenn $h'(t) = g'(t)$ ist.

Die Ableitung wird mithilfe der Faktor- und Kettenregel berechnet.

$$\begin{aligned} h'(t) &= 27{,}5 \cdot (-0{,}04 \cdot e^{-0{,}04t} - 2 \cdot (-0{,}02 \cdot e^{-0{,}02t})) \\ &= -1{,}1 \cdot e^{-0{,}04t} + 1{,}1 \cdot e^{-0{,}02t} \\ &= 1{,}1 \cdot (e^{-0{,}02t} - e^{-0{,}04t}) \\ &= g'(t) \end{aligned}$$

(2) Die Höhe von Buche 1 wird modelliert durch die Funktion f(t), die Höhe von Buche 2 durch die Stammfunktion zur Funktion g'(t), also h(t).

Ist d der Höhenunterschied, so gilt:

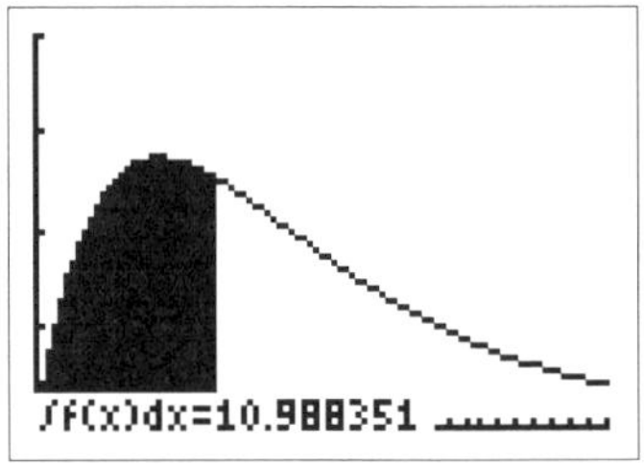

$$d = f(50) - \left[\int_0^{50} g'(t)\,dt + 0{,}3\right]$$

$$= f(50) - ([h(t)]_0^{50} + 0{,}3)$$

$$= f(50) - ([h(50) - h(0)] + 0{,}3)$$

$$\approx 14{,}285 - ((-16{,}512 - (-27{,}5)) + 0{,}3)$$

$$= 14{,}285 - (10{,}988 + 0{,}3)$$

$$= 14{,}285 - 11{,}288$$

$$= 2{,}997 < 3$$

Da der Höhenunterschied keine 3 m beträgt, ist die Behauptung falsch.

Nordrhein-Westfalen – Mathematik Grundkurs
2013 – Aufgabe 3: Analysis (WTR)

Gegeben ist die Funktion f mit der Gleichung $f(x) = x^3 + 3x^2$, $x \in \mathbb{R}$.
Der Graph der Funktion f wird in der Abbildung dargestellt.

Punkte

a) (1) Berechnen Sie die Nullstellen der Funktion f.

(2) Berechnen Sie die Koordinaten der Extrem- und Wendepunkte der Funktion f. 13

b) Man betrachtet die Verschiebung, welche den Wendepunkt $W(-1\,|\,2)$ der Funktion f auf den Ursprung des Koordinatensystems abbildet.

(1) Zeigen Sie rechnerisch: Durch die genannte Verschiebung wird der Graph der Funktion f auf den Graphen der Funktion h mit der Gleichung $h(x) = x^3 - 3x$, $x \in \mathbb{R}$, abgebildet.

(2) Begründen Sie nun, dass der Graph der Funktion f punktsymmetrisch zu seinem Wendepunkt $W(-1\,|\,2)$ ist. 8

c) (1) Die Graphen der Funktionen f und h schließen eine Fläche ein. Berechnen Sie deren Inhalt.

(2) Es sei p die Parallele zur x-Achse durch den Wendepunkt $W(-1\,|\,2)$ der Funktion f.
Bestimmen Sie (zum Beispiel mithilfe von b) (1)) den Inhalt der Fläche, die von dem Graphen der Funktion f und der Geraden p eingeschlossen wird. 14

d) Für eine beliebige positive reelle Zahl a ist die Funktion f_a mit der Gleichung $f_a(x) = x^3 + ax^2$, $x \in \mathbb{R}$, gegeben. Für $a = 3$ erhält man z. B. die zuvor betrachtete Funktion f.

(1) Es sei w_a die Tangente im Wendepunkt W_a der Funktion f_a.
Ermitteln Sie eine Gleichung von w_a in Abhängigkeit von a.

[Zur Kontrolle: $w_a(x) = -\frac{1}{3}a^2x - \frac{1}{27}a^3$, $x \in \mathbb{R}$]

(2) Die Tangente w_a schließt im III. Quadranten eine Fläche mit den Koordinatenachsen ein.
Bestimmen Sie den Inhalt dieser Fläche in Abhängigkeit von a. 15

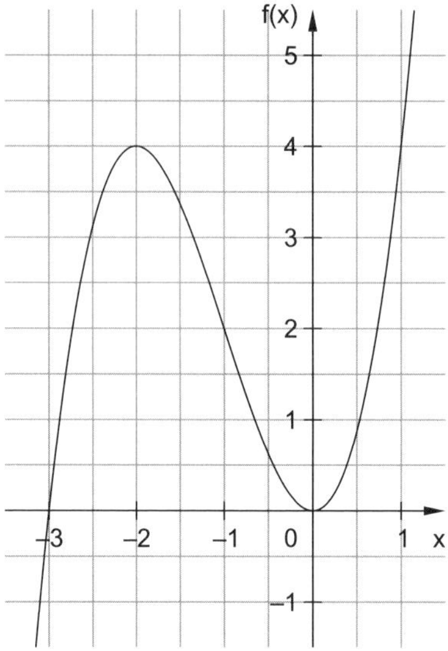

Abbildung

Hinweise und Tipps

Teilaufgabe a

(1) Beachten Sie, dass der Funktionsterm nur die Potenzen x^3 und x^2 enthält.

Ein Produkt wird null, wenn wenigstens ein Faktor des Produktes den Wert null annimmt.

(2) Bestimmen Sie die Ableitungen mithilfe der Faktor-, Summen- und Potenzregel.

Die notwendige Bedingung für Extremstellen lautet: $f'(x)=0$

Die hinreichende Bedingung für Extremstellen lautet: $f'(x)=0 \wedge f''(x)\neq 0$

Die notwendige Bedingung für Wendestellen lautet: $f''(x)=0$

Die hinreichende Bedingung für Wendestellen lautet: $f''(x)=0 \wedge f'''(x)\neq 0$

Beachten Sie, dass auch die zugehörigen Funktionswerte berechnet werden müssen.

Teilaufgabe b

(1) Der Graph muss sowohl in x-Richtung als auch in y-Richtung verschoben werden.

$f(x-a)$ bewirkt eine Verschiebung um a in x-Richtung.

$f(x)+b$ bewirkt eine Verschiebung um b in y-Richtung.

(2) Der Graph einer ganzrationalen Funktion h ist punktsymmetrisch zum Ursprung, wenn die Potenzen von x nur ungerade Exponenten besitzen.

Alternativ: Der Graph einer Funktion h ist punktsymmetrisch zum Ursprung, wenn gilt: $h(-x)=-h(x)$

Beachten Sie, dass eine Verschiebung keine Auswirkung auf die Symmetrie hat.

Teilaufgabe c

(1) Bestimmen Sie die Schnittstellen der Graphen der Funktionen f und h.

Berechnen Sie die Differenzfunktion der Funktionen f und h.

Integrieren Sie über die Differenzfunktion. Die Integrationsgrenzen sind die Schnittstellen.

Denken Sie daran, dass ein Flächeninhalt nicht negativ sein kann.

(2) Beachten Sie, dass der Graph der Funktion h der verschobene Graph der Funktion f ist.

Verschieben Sie die Parallele durch den Wendepunkt entsprechend.

Führen Sie die Berechnung des Flächeninhalts der betrachteten Fläche zurück auf eine Flächenberechnung bei der Funktion h.

Beachten Sie, dass der Graph der Funktion h punktsymmetrisch zum Ursprung ist und die Teilflächen somit gleich groß sind.

Alternativ: Berechnen Sie die Schnittstellen des Graphen der Funktion f mit der Geraden p.

Die Parallele zur x-Achse durch den Punkt $P(a|b)$ hat die Gleichung $y = b$.

Beachten Sie bei der Polynomdivision, dass die Wendestelle eine Schnittstelle ist.

Berechnen Sie nun die Fläche über das Integral unter Berücksichtigung der Punktsymmetrie.

Teilaufgabe d

(1) Berechnen Sie wie in Teilaufgabe a (2) den Wendepunkt in Abhängigkeit von a.

Berechnen Sie die Steigung der Wendetangente mithilfe der 1. Ableitung.

Benutzen Sie zur Berechnung des y-Achsenabschnitts der Tangente die allgemeine Geradengleichung $y = mx + b$.

(2) Die Koordinatenachsen und die Wendetangente schließen ein rechtwinkliges Dreieck ein.

Die Längen der Katheten kann man den Schnittpunkten der Wendetangente mit der x- bzw. y-Achse entnehmen.

Der Flächeninhalt eines rechtwinkligen Dreiecks mit den Katheten k_1 und k_2 berechnet sich nach folgender Formel: $A = \frac{1}{2} \cdot k_1 \cdot k_2$

Lösung

a) (1) Durch Faktorisieren des Funktionsterms erhält man:

$f(x) = x^3 + 3x^2 = x^2 \cdot (x+3)$

Ein Produkt wird null, wenn wenigstens ein Faktor des Produktes den Wert null annimmt.

Aus der Gleichung $x^2 \cdot (x+3) = 0$ liest man die Nullstellen ab:

$x_1 = 0$

$x_2 = -3$

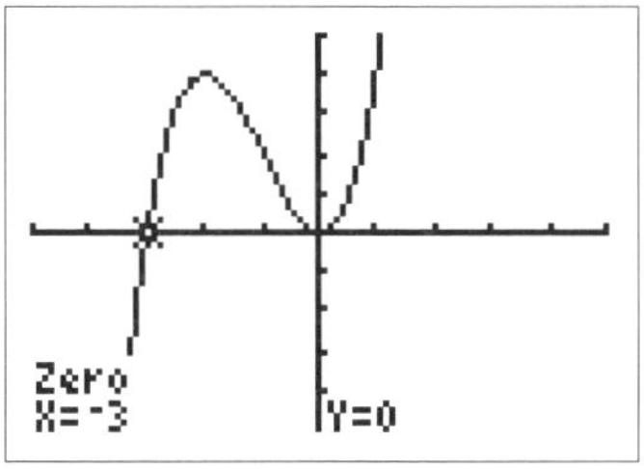

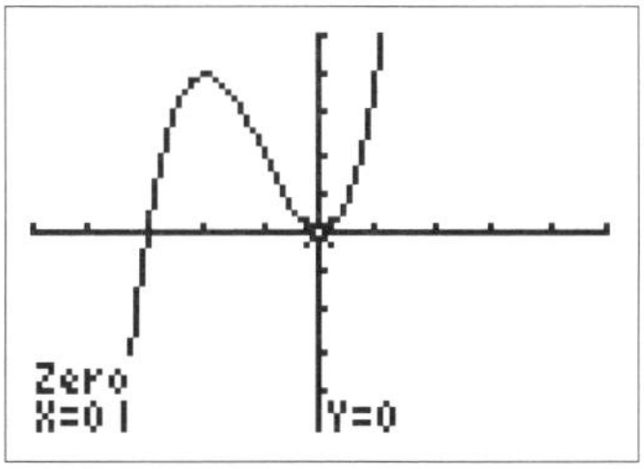

(2) Die Ableitungen werden mit der Faktor-, Summen- und Potenzregel berechnet.

$f'(x) = 3x^2 + 6x = 3x \cdot (x+2)$
$f''(x) = 6x + 6$
$f'''(x) = 6$

Notwendige Bedingung für Extremstellen: $f'(x) = 0$
$3x \cdot (x+2) = 0$
Der Gleichung entnimmt man die möglichen Extremstellen $x_1 = 0$ und $x_2 = -2$.

Hinreichende Bedingung für Extremstellen: $f'(x) = 0 \wedge f''(x) \neq 0$
$f''(0) = 6 > 0$
$f''(-2) = -6 < 0$
An der Stelle $x_1 = 0$ liegt ein Minimum und an der Stelle $x_2 = -2$ ein Maximum vor.

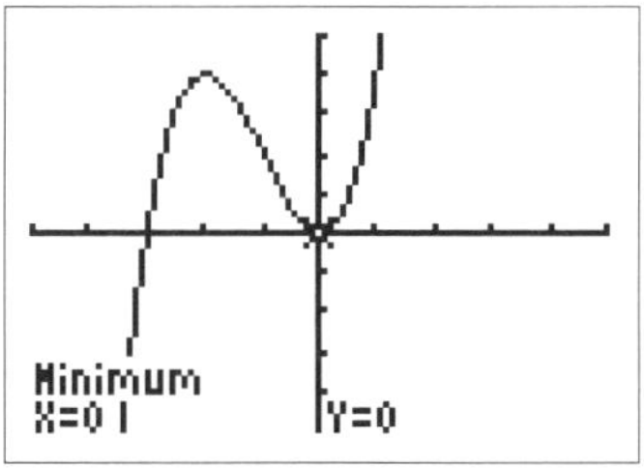

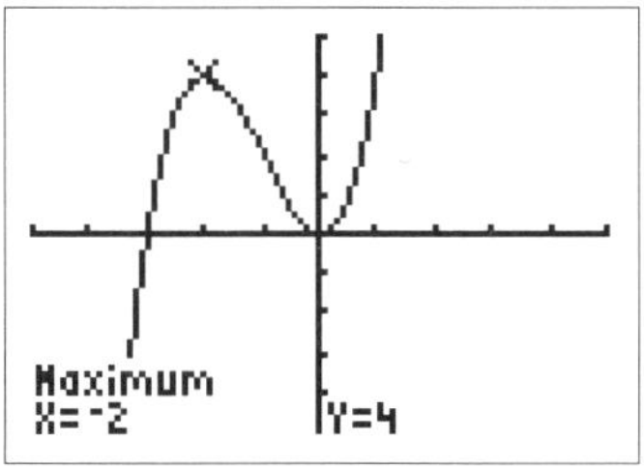

Einsetzen der berechneten Extremstellen in den Funktionsterm liefert den Funktionswert.

$f(0) = 0$
$f(-2) = (-2)^3 + 3 \cdot (-2)^2 = -8 + 12 = 4$
Der Graph der Funktion hat den Tiefpunkt $T(0\,|\,0)$ und den Hochpunkt $H(-2\,|\,4)$.

Notwendige Bedingung für Wendestellen: $f''(x) = 0$

$6x + 6 = 0$

$x = -1$

Eine mögliche Wendestelle ist $x = -1$.

Hinreichende Bedingung für Wendestellen: $f''(x) = 0 \wedge f'''(x) \neq 0$

$f'''(x) = 6 \neq 0$

Durch Einsetzen der berechneten Wendestelle in den Funktionsterm erhält man den Funktionswert.

$f(-1) = (-1)^3 + 3 \cdot (-1)^2 = -1 + 3 = 2$

Der Graph der Funktion hat den Wendepunkt $W(-1\,|\,2)$.

b) (1) Eine Verschiebung in Richtung der x-Achse um a Einheiten erhält man, indem im Funktionsterm x durch $x - a$ ersetzt wird.
Eine Verschiebung in y-Richtung um b Einheiten erhält man, indem man zum Funktionsterm b addiert.
Eine Verschiebung des Wendepunktes in den Ursprung bedeutet eine Verschiebung um 1 Einheit nach rechts und um 2 Einheiten nach unten.
Im Funktionsterm der Funktion f ist somit x durch $x - 1$ zu ersetzen und vom Funktionswert muss 2 subtrahiert werden.

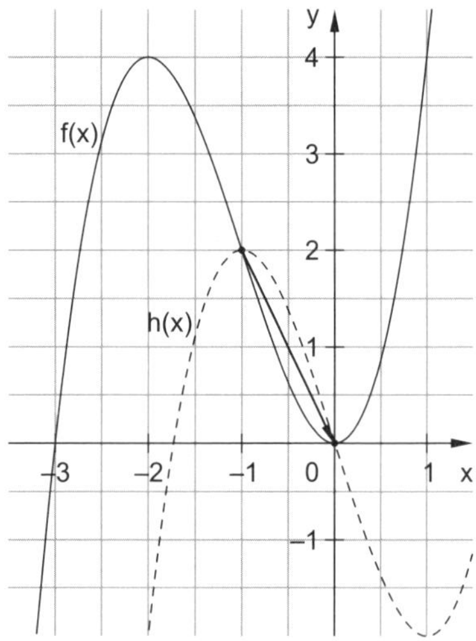

Es gilt:

$$\begin{aligned} h(x) &= f(x-1) - 2 \\ &= (x-1)^3 + 3 \cdot (x-1)^2 - 2 \\ &= x^3 - 3x^2 + 3x - 1 + 3 \cdot (x^2 - 2x + 1) - 2 \\ &= x^3 - 3x^2 + 3x - 1 + 3x^2 - 6x + 3 - 2 \\ &= x^3 - 3x \end{aligned}$$

(2) Der Graph einer ganzrationalen Funktion h ist punktsymmetrisch zum Ursprung, wenn die Potenzen von x nur ungerade Exponenten besitzen, bzw. wenn $h(-x) = -h(x)$ gilt.

Da im Funktionsterm der Funktion h nur ungerade Exponenten bei den Potenzen von x vorkommen, ist der Graph der Funktion h punktsymmetrisch zum Ursprung.

Alternativ:

$h(-x) = (-x)^3 - 3 \cdot (-x) = -x^3 + 3x = -(x^3 - 3x) = -h(x)$

Der Graph der Funktion f geht durch Verschiebung um 1 Einheit nach links und 2 Einheiten nach oben hervor. Der Ursprung wird also auf W(–1 | 2) abgebildet. Da sich bei der Verschiebung hinsichtlich der Symmetrie der Graphen nichts ändert, ist der Graph der Funktion f punktsymmetrisch zum Wendepunkt W(–1 | 2).

c) (1) Zur Bestimmung des Flächeninhaltes der von den Graphen der beiden Funktionen f und h eingeschlossenen Fläche sind zuerst die Schnittstellen zu bestimmen. Hierzu werden die beiden Funktionsterme gleichgesetzt.

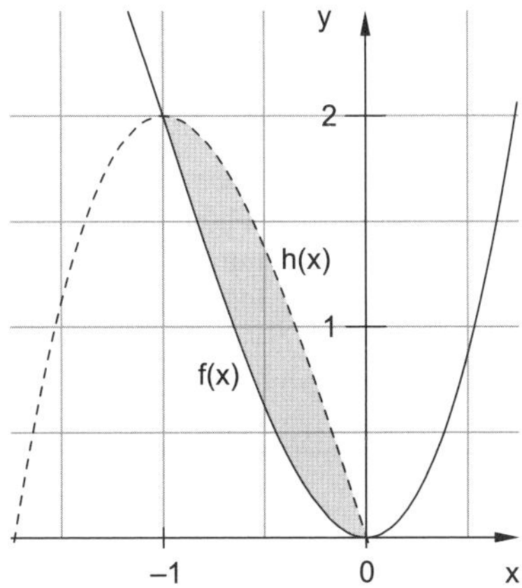

$$x^3 + 3x^2 = x^3 - 3x$$
$$3x^2 + 3x = 0$$
$$3x \cdot (x+1) = 0$$

Die Schnittstellen sind $x_1 = -1$ und $x_2 = 0$.

Zur Bestimmung des Flächeninhaltes integriert man über die Differenzfunktion der Funktionen f und h im Intervall [–1; 0].

Da h(x) oberhalb von f(x) verläuft, bietet es sich an, als Differenzfunktion h(x) – f(x) zu wählen. Wird f(x) – h(x) gewählt, muss der Betrag des Integralwertes genommen werden, da Flächeninhalte nicht negativ sein können.

$$\begin{aligned}
A &= \int_{-1}^{0} (h(x) - f(x))\,dx \\
&= \int_{-1}^{0} ((x^3 - 3x) - (x^3 + 3x^2))\,dx \\
&= \int_{-1}^{0} (-3x^2 - 3x)\,dx \\
&= \left[-x^3 - \frac{3}{2}x^2\right]_{-1}^{0} \\
&= 0 - \left(1 - \frac{3}{2}\right) \\
&= \frac{1}{2} \\
&= 0{,}5
\end{aligned}$$

Der Flächeninhalt der Fläche, die von den Graphen der Funktionen f und h eingeschlossenen wird, beträgt 0,5 Flächeneinheiten.

(2) Der Graph der Funktion h ist der verschobene Graph der Funktion f. Verschiebt man die Parallele zur x-Achse durch den Wendepunkt in der gleichen Richtung, so fällt die verschobene Gerade mit der x-Achse zusammen. Die Fläche zwischen dem Graphen der Funktion f und der Parallelen entspricht somit der Fläche zwischen dem Graphen der Funktion h und der x-Achse. Zur Bestimmung des Flächeninhalts der Fläche zwischen dem Graphen der Funktion h und der x-Achse müssen zuerst die Nullstellen der Funktion h bestimmt werden.

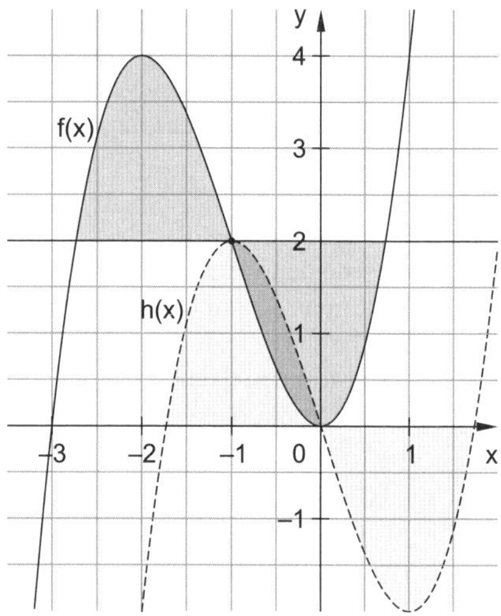

$$h(x)=0$$
$$x^3-3x=0$$
$$x\cdot(x^2-3)=0$$
$$x_1=0 \lor x_{2;3}=\pm\sqrt{3}$$

$$A=\left|\int_{-\sqrt{3}}^{0} h(x)\,dx\right|+\left|\int_{0}^{\sqrt{3}} h(x)\,dx\right|$$

Da der Graph der Funktion punktsymmetrisch ist, reicht es aus, den Flächeninhalt einer Teilfläche zu berechnen und diesen Flächeninhalt anschließend zu verdoppeln.

$$\begin{aligned}A&=2\cdot\left|\int_{0}^{\sqrt{3}}(x^3-3x)\,dx\right|\\&=2\cdot\left|\left[\frac{x^4}{4}-\frac{3}{2}x^2\right]_0^{\sqrt{3}}\right|\\&=2\cdot\left|\frac{9}{4}-\frac{9}{2}\right|\\&=\frac{9}{2}\\&=4{,}5\end{aligned}$$

Der Flächeninhalt, der vom Graphen der Funktion f und der Parallelen p eingeschlossen wird, beträgt 4,5 Flächeneinheiten.

Alternativ:
Die Parallele zur x-Achse durch den Wendepunkt hat die Gleichung $y=2$.

Zur Bestimmung der Schnittstellen werden die Funktionsterme gleichgesetzt:

$$x^3+3x^2=2$$
$$x^3+3x^2-2=0$$

Diese Gleichung wird mithilfe der Polynomdivision gelöst. Da der Wendepunkt auf beiden Graphen liegt, ist −1 eine Lösung der Gleichung.

$-1+3-2=0$

Der zur Lösung gehörende Linearfaktor ist $(x+1)$. Division durch den Faktor $(x+1)$ ergibt:

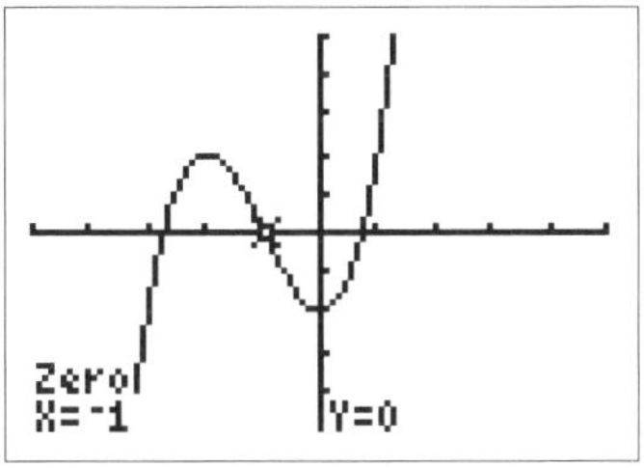

$$\begin{array}{l} (x^3+3x^2-2):(x+1)=x^2+2x-2 \\ \underline{-(x^3+x^2)} \\ \quad 2x^2-2 \\ \quad \underline{-(2x^2+2x)} \\ \qquad -2x-2 \\ \qquad \underline{-(-2x-2)} \\ \qquad\quad 0 \end{array}$$

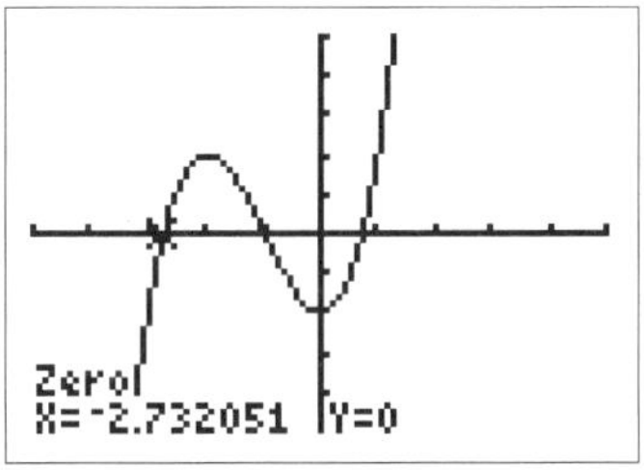

Nach dem Lösen der quadratischen Gleichung $x^2+2x-2=0$ erhält man die weiteren Lösungen:

$x_2=-1+\sqrt{3}$

$x_3=-1-\sqrt{3}$

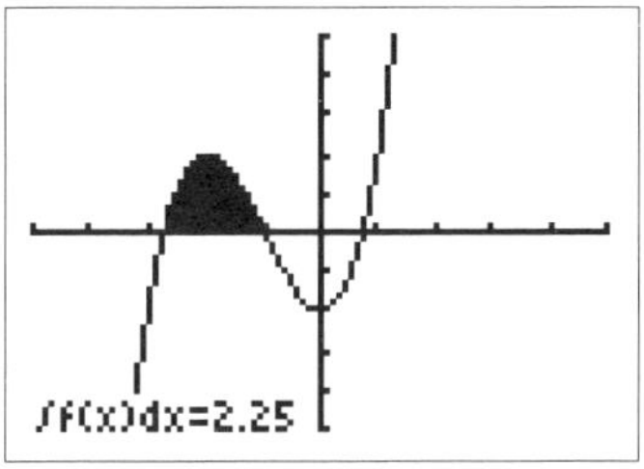

Integration über die Differenzfunktion $d(x)=x^3+3x^2-2$ im Intervall $[-1-\sqrt{3};-1]$ ergibt:

$$\int_{-1-\sqrt{3}}^{-1}(x^3+3x^2-2)\,dx=\left[\frac{x^4}{4}+x^3-2x\right]_{-1-\sqrt{3}}^{-1}$$

$$=\frac{1}{4}-1+2-\left(\frac{(-1-\sqrt{3})^4}{4}+(-1-\sqrt{3})^3-2(-1-\sqrt{3})\right)$$

$$=\frac{5}{4}-(-1)$$

$$=\frac{9}{4}$$

Da der Graph der Funktion f und die Gerade $y=2$ punktsymmetrisch zum Wendepunkt sind, ist der Flächeninhalt gleich dem Doppelten des berechneten Integralwertes.

$$A = 2 \cdot \frac{9}{4} = 4{,}5\,[\text{FE}]$$

Der Flächeninhalt der vom Graphen der Funktion f und der Geraden $y=2$ (eingeschlossenen Fläche beträgt 4,5 Flächeneinheiten.

d) (1) Es gilt:

$$f_a'(x) = 3x^2 + 2ax$$

$$f_a''(x) = 6x + 2a$$

$$f_a'''(x) = 6$$

Notwendige Bedingung für Wendestellen: $f_a''(x) = 0$

$$6x + 2a = 0$$
$$x = -\frac{a}{3}$$

Eine mögliche Wendestelle ist $x = -\frac{a}{3}$.

Hinreichende Bedingung für Wendestellen: $f_a''(x) = 0 \wedge f_a'''(x) \neq 0$

$$f_a'''(x) = 6 \neq 0$$

Durch Einsetzen der berechneten Wendestelle in den Funktionsterm erhält man den Funktionswert.

$$f_a\left(-\frac{a}{3}\right) = \left(-\frac{a}{3}\right)^3 + a \cdot \left(-\frac{a}{3}\right)^2 = -\frac{a^3}{27} + \frac{a^3}{9} = \frac{2}{27}a^3$$

Der Graph der Funktion hat den Wendepunkt $W\left(-\frac{a}{3} \,\middle|\, \frac{2}{27}a^3\right)$.

Die Steigung der Wendetangente ist gleich der Steigung des Graphen der Funktion im Wendepunkt.

$$f_a'\left(-\frac{a}{3}\right) = 3 \cdot \left(-\frac{a}{3}\right)^2 + 2a \cdot \left(-\frac{a}{3}\right) = \frac{a^2}{3} - \frac{2a^2}{3} = -\frac{a^2}{3}$$

Durch Einsetzen in die allgemeine Geradengleichung $y = mx + b$ erhält man:

$$\frac{2a^3}{27} = -\frac{a^2}{3} \cdot \left(-\frac{a}{3}\right) + b$$

$$\frac{2a^3}{27} = \frac{a^3}{9} + b$$

$$b = -\frac{a^3}{27}$$

Die Gleichung der Wendetangente lautet:

$$y = -\frac{a^2}{3} \cdot x - \frac{a^3}{27}$$

(2) Die Wendetangente schneidet die y-Achse im Punkt $S_y\left(0 \,\middle|\, -\frac{a^3}{27}\right)$.

Zur Berechnung der Nullstelle setzt man den Funktionsterm der Wendetangente gleich null.

$$0 = -\frac{a^2}{3} \cdot x - \frac{a^3}{27}$$

$$\frac{a^2}{3} \cdot x = -\frac{a^3}{27}$$

$$x = -\frac{a}{9}$$

Der Schnittpunkt mit der x-Achse hat die Koordinaten $S_x\left(-\frac{a}{9} \,\middle|\, 0\right)$.

Die Koordinatenachsen und die Wendetangente schließen ein rechtwinkliges Dreieck ein. Die Längen der Katheten des Dreiecks sind, da $a > 0$, $\frac{a}{9}$ [LE] und $\frac{a^3}{27}$ [LE].

Der Flächeninhalt eines rechtwinkligen Dreiecks mit den Katheten k_1 und k_2 berechnet sich nach folgender Formel:

$$A = \frac{1}{2} \cdot k_1 \cdot k_2$$

Das von den Koordinatenachsen und der Wendetangente eingeschlossene Dreieck hat daher folgenden Flächeninhalt:

$$A = \frac{1}{2} \cdot \frac{a^3}{27} \cdot \frac{a}{9} = \frac{1}{486} a^4$$

Der Flächeninhalt des Dreiecks beträgt $\frac{1}{486} a^4$ Flächeneinheiten.

Nordrhein-Westfalen – Mathematik Grundkurs
2013 – Aufgabe 4: Analytische Geometrie (WTR/CAS)

Ein gleichschenkliges, rechtwinkliges Dreieck aus Pappe wird zwischen eine Lichtquelle und eine Leinwand gehalten, auf der es einen Schatten erzeugt (siehe Abbildung).

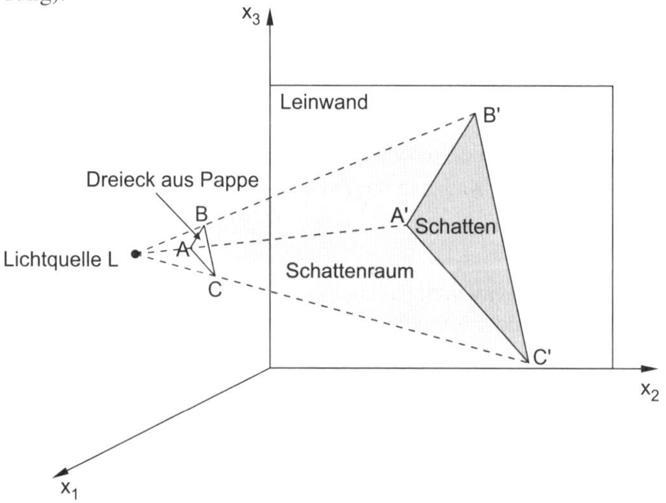

Abbildung

In dieser Aufgabe ist die Leinwand Teil der x_2x_3-Ebene, die Position der Lichtquelle ist $L(40\,|\,10\,|\,18)$, die Längeneinheit 1 dm.
Das Pappdreieck wird so zwischen Lichtquelle und Leinwand gehalten, dass seine Ecken in den Punkten $A(30\,|\,10\,|\,16)$, $B(32\,|\,11\,|\,18)$ und $C(31\,|\,12\,|\,14)$ liegen.

Punkte

a) (1) Berechnen Sie die Seitenlängen des Dreiecks ABC.

(2) Bestimmen Sie die Position des rechten Winkels im rechtwinkligen Dreieck ABC und berechnen Sie den Flächeninhalt dieses Dreiecks. [Kontrollergebnis: 4,5 dm^2] 12

b) Bestimmen Sie die Koordinaten der Eckpunkte A', B' und C' des Schattens, den das Pappdreieck auf die Leinwand wirft.
[Zur Kontrolle: $A'(0\,|\,10\,|\,10)$, $B'(0\,|\,15\,|\,18)$ und $C'\left(0\,\middle|\,\frac{170}{9}\,\middle|\,\frac{2}{9}\right)$] 12

c) Zeigen Sie, dass das Schattendreieck A'B'C' des Dreiecks ABC keinen rechten Winkel bei A' hat. 5

d) Nun soll das Volumen des Schattenraums zwischen dem Dreieck ABC und seinem Schatten A'B'C' berechnet werden (siehe Abbildung). Gehen Sie dazu folgendermaßen vor:

(1) Berechnen Sie das Volumen der Pyramide A'B'C'L mit der Grundfläche A'B'C' und der Spitze L.
Ohne Nachweis darf dabei verwendet werden, dass das Dreieck A'B'C' den Flächeninhalt 60 dm^2 hat.

(2) Geben Sie eine Gleichung der durch die Punkte A, B und C gegebenen Ebene E_{ABC} in Parameterform an.
Bestimmen Sie einen Vektor $\vec{n}$, der senkrecht auf E_{ABC} steht, und geben Sie eine Gleichung der Geraden ℓ an, die durch den Punkt L verläuft und die Ebene E_{ABC} senkrecht schneidet.

[Zur Kontrolle: z. B. $\vec{n} = \begin{pmatrix} -2 \\ 2 \\ 1 \end{pmatrix}$]

(3) Bestimmen Sie die Koordinaten des Schnittpunkts F dieser Geraden ℓ mit der Ebene E_{ABC} und berechnen Sie den Abstand der Punkte L und F.
[Zur Kontrolle: F(36 | 14 | 20)]

(4) Ermitteln Sie nun das Volumen des Schattenraums zwischen dem Dreieck ABC und seinem Schatten A'B'C' (siehe Abbildung). 21

Hinweise und Tipps

Teilaufgabe a

(1) Der Abstand zweier Punkte $P(p_1 | p_2 | p_3)$ und $Q(q_1 | q_2 | q_3)$ berechnet sich durch:
$\overline{PQ} = |\overrightarrow{PQ}| = \sqrt{(q_1 - p_1)^2 + (q_2 - p_2)^2 + (q_3 - p_3)^2}$

(2) Beachten Sie die Seitenlängen des Dreiecks und wenden Sie die Umkehrung des Satzes des Pythagoras an.

Alternativ: Ein Dreieck ist dann rechtwinklig, wenn zwei Seitenvektoren aufeinander senkrecht stehen.

Vektoren stehen dann senkrecht aufeinander, wenn das Skalarprodukt der Vektoren gleich null ist.

Der Flächeninhalt eines rechtwinkligen Dreiecks mit den Katheten k_1 und k_2 berechnet sich nach folgender Formel: $A = \frac{1}{2} \cdot k_1 \cdot k_2$

Teilaufgabe b

Die Projektionsstrahlen sind festgelegt durch die Lichtquelle L und die Eckpunkte des Dreiecks.

Die Schattenpunkte sind die Schnittpunkte der Projektionsstrahlen mit der Leinwandebene.

Beachten Sie, dass die Leinwand Teil der x_2x_3-Ebene ist.

Teilaufgabe c

Berechnen Sie das Skalarprodukt der Vektoren $\overrightarrow{A'B'}$ und $\overrightarrow{A'C'}$.

Was lässt sich aus dem Ergebnis schließen?

Teilaufgabe d

(1) Beachten Sie, dass sich die Leinwand in der x_2x_3-Ebene befindet.

Aus welcher Koordinate lässt sich dadurch direkt die Höhe der Pyramide ablesen?

Das Volumen einer Pyramide wird durch $V = \frac{1}{3} \cdot G \cdot h$ berechnet.

(2) Bestimmen Sie mit den Eckpunkten des Dreiecks die Dreipunkteform der Ebene E_{ABC}.

Ein Normalenvektor $\vec{n} = \begin{pmatrix} n_1 \\ n_2 \\ n_3 \end{pmatrix}$ der Ebene steht senkrecht auf den Spannvektoren der Ebene.

Das Skalarprodukt von Spannvektor und Normalenvektor ist gleich null.

Sie erhalten ein Gleichungssystem mit zwei Gleichungen und drei Unbekannten.

Legen Sie einen Wert für n_1, n_2 oder n_3 fest und ermitteln Sie in Abhängigkeit davon die anderen beiden Werte.

Bestimmen Sie die Zweipunkteform der Geraden ℓ.

(3) Bestimmen Sie die Punkt-Normalenform der Ebene E_{ABC}.

Der Lotfußpunkt F ist der Schnittpunkt der Geraden ℓ mit der Punkt-Normalenform der Ebene E_{ABC}.

Setzen Sie die Koordinaten der Geraden ℓ in die Koordinatenform der Ebene E_{ABC} ein.

Alternativ: Setzen Sie die Gerade ℓ und die Parameterform der Ebene E_{ABC} gleich und lösen Sie das entstehende Gleichungssystem.

Berechnen Sie die Länge des Vektors $\overrightarrow{LF}$.

(4) Der Schattenraum zwischen den Dreiecken ABC und A'B'C' hat die Form eines Pyramidenstumpfes.

Das Volumen berechnet sich als Differenz der Volumina $V_{A'B'C'L}$ und V_{ABCL}.

Lösung

a) (1) Die Seitenlängen des Dreiecks sind festgelegt durch den Betrag der Vektoren $\overrightarrow{AB}$, $\overrightarrow{AC}$ und $\overrightarrow{BC}$.

$$\overline{AB} = |\overrightarrow{AB}| = \left| \begin{pmatrix} 32 \\ 11 \\ 18 \end{pmatrix} - \begin{pmatrix} 30 \\ 10 \\ 16 \end{pmatrix} \right| = \left| \begin{pmatrix} 2 \\ 1 \\ 2 \end{pmatrix} \right| = \sqrt{4+1+4} = 3\,[\text{dm}]$$

$$\overline{AC} = |\overrightarrow{AC}| = \left| \begin{pmatrix} 31 \\ 12 \\ 14 \end{pmatrix} - \begin{pmatrix} 30 \\ 10 \\ 16 \end{pmatrix} \right| = \left| \begin{pmatrix} 1 \\ 2 \\ -2 \end{pmatrix} \right| = \sqrt{1+4+4} = 3\,[\text{dm}]$$

$$\overline{BC} = |\overrightarrow{BC}| = \left| \begin{pmatrix} 31 \\ 12 \\ 14 \end{pmatrix} - \begin{pmatrix} 32 \\ 11 \\ 18 \end{pmatrix} \right| = \left| \begin{pmatrix} -1 \\ 1 \\ -4 \end{pmatrix} \right| = \sqrt{1+1+16} = \sqrt{18} = 3\sqrt{2}\,[\text{dm}]$$

(2) Es gilt:

$$\overline{AB}^2 + \overline{AC}^2 = \overline{BC}^2$$

Nach der Umkehrung des Satzes des Pythagoras ist das Dreieck rechtwinklig mit den Katheten $\overline{AB}$ und $\overline{AC}$ sowie der Hypotenuse $\overline{BC}$. Der rechte Winkel des Dreiecks liegt somit beim Eckpunkt A.

Alternativ:

Das Dreieck ist dann rechtwinklig, wenn zwei Seitenvektoren aufeinander senkrecht stehen. Vektoren stehen dann senkrecht aufeinander, wenn das Skalarprodukt der Vektoren gleich null ist.

Es gilt:

$$\overrightarrow{AB} \circ \overrightarrow{AC} = \begin{pmatrix} 2 \\ 1 \\ 2 \end{pmatrix} \circ \begin{pmatrix} 1 \\ 2 \\ -2 \end{pmatrix} = 2 + 2 - 4 = 0$$

Die Vektoren $\overrightarrow{AB}$ und $\overrightarrow{AC}$ stehen senkrecht aufeinander. Der rechte Winkel wird von diesen Vektoren eingeschlossen und liegt somit beim Eckpunkt A des Dreiecks.

Für den Flächeninhalt eines rechtwinkligen Dreiecks mit den Katheten k_1 und k_2 gilt:

$$A = \frac{1}{2} \cdot k_1 \cdot k_2$$

Der Flächeninhalt des Dreiecks ABC ist somit:

$$A = \frac{1}{2} \cdot 3 \cdot 3\,\text{dm}^2 = \frac{9}{2}\,\text{dm}^2 = 4{,}5\,\text{dm}^2$$

b) Zur Bestimmung der Schattenpunkte müssen die Gleichungen der Projektionsstrahlen aufgestellt werden. Wählt man die Lichtquelle L als Anbindungspunkt der Strahlen und als Richtungsvektor den Differenzvektor zwischen den Eckpunkten des Dreiecks und der Lichtquelle, so erhält man die Gleichungen:

$$g_{L_A}\colon \vec{x} = \vec{\ell} + r \cdot \overrightarrow{LA} = \begin{pmatrix} 40 \\ 10 \\ 18 \end{pmatrix} + r \left[\begin{pmatrix} 30 \\ 10 \\ 16 \end{pmatrix} - \begin{pmatrix} 40 \\ 10 \\ 18 \end{pmatrix} \right] = \begin{pmatrix} 40 \\ 10 \\ 18 \end{pmatrix} + r \begin{pmatrix} -10 \\ 0 \\ -2 \end{pmatrix}; \qquad r \geq 0$$

$$g_{L_B}\colon \vec{x} = \vec{\ell} + s \cdot \overrightarrow{LB} = \begin{pmatrix} 40 \\ 10 \\ 18 \end{pmatrix} + s \left[\begin{pmatrix} 32 \\ 11 \\ 18 \end{pmatrix} - \begin{pmatrix} 40 \\ 10 \\ 18 \end{pmatrix} \right] = \begin{pmatrix} 40 \\ 10 \\ 18 \end{pmatrix} + s \begin{pmatrix} -8 \\ 1 \\ 0 \end{pmatrix}; \qquad s \geq 0$$

$$g_{L_C}\colon \vec{x} = \vec{\ell} + t \cdot \overrightarrow{LC} = \begin{pmatrix} 40 \\ 10 \\ 18 \end{pmatrix} + t \left[\begin{pmatrix} 31 \\ 12 \\ 14 \end{pmatrix} - \begin{pmatrix} 40 \\ 10 \\ 18 \end{pmatrix} \right] = \begin{pmatrix} 40 \\ 10 \\ 18 \end{pmatrix} + t \begin{pmatrix} -9 \\ 2 \\ -4 \end{pmatrix}; \qquad t \geq 0$$

Die Leinwand ist Teil der x_2x_3-Ebene. Die Koordinatenform der x_2x_3- Ebene lautet:

$x_1 = 0$

Durch Einsetzen der Koordinatengleichungen der Strahlen in die Koordinatenform der Ebenengleichung der x_2x_3-Ebene erhält man:

$E_{x_2x_3} \cap g_{L_A} = \{A'\}$

$40 - 10r = 0 \iff r = 4$

$$\vec{a}\,' = \begin{pmatrix} 40 \\ 10 \\ 18 \end{pmatrix} + 4 \cdot \begin{pmatrix} -10 \\ 0 \\ -2 \end{pmatrix} = \begin{pmatrix} 0 \\ 10 \\ 10 \end{pmatrix}$$

$\Rightarrow \; A'(0 \,|\, 10 \,|\, 10)$

$E_{x_2x_3} \cap g_{L_B} = \{B'\}$

$40 - 8s = 0 \iff s = 5$

$$\vec{b}\,' = \begin{pmatrix} 40 \\ 10 \\ 18 \end{pmatrix} + 5 \cdot \begin{pmatrix} -8 \\ 1 \\ 0 \end{pmatrix} = \begin{pmatrix} 0 \\ 15 \\ 18 \end{pmatrix}$$

$\Rightarrow \; B'(0 \,|\, 15 \,|\, 18)$

$E_{x_2x_3} \cap g_{L_C} = \{C'\}$

$40 - 9t = 0 \iff t = \frac{40}{9}$

$$\vec{c}\,' = \begin{pmatrix} 40 \\ 10 \\ 18 \end{pmatrix} + \frac{40}{9} \cdot \begin{pmatrix} -9 \\ 2 \\ -4 \end{pmatrix} = \begin{pmatrix} 0 \\ \frac{170}{9} \\ \frac{2}{9} \end{pmatrix}$$

$\Rightarrow \; C'\left(0 \,\middle|\, \frac{170}{9} \,\middle|\, \frac{2}{9}\right)$

c) Das Schattendreieck hat im Punkt A dann keinen rechten Winkel, wenn das Skalarprodukt der Vektoren $\overrightarrow{A'B'}$ und $\overrightarrow{A'C'}$ ungleich null ist.

$$\begin{pmatrix}0\\5\\8\end{pmatrix}\circ\begin{pmatrix}0\\\frac{80}{9}\\-\frac{88}{9}\end{pmatrix}=\frac{400}{9}-\frac{704}{9}=-\frac{304}{9}\neq 0$$

Das Schattendreieck hat bei A' keinen rechten Winkel.

d) (1) Der Abstand der Lichtquelle L zur x_2x_3-Ebene entspricht der x_1-Koordinate des Punktes L. Der Abstand des Punktes L von der x_2x_3-Ebene ist daher 40 dm.

Das Volumen einer Pyramide berechnet sich nach folgender Formel:

$$V=\frac{1}{3}\cdot G\cdot h$$

Für die Pyramide A'B'C'L erhält man damit:

$$V=\frac{1}{3}\cdot 60\text{ dm}^2\cdot 40\text{ dm}=800\text{ dm}^3$$

Die Pyramide A'B'C'L hat ein Volumen von 800 dm^3.

(2) Wählt man den Eckpunkt A als Anbindungspunkt und die von A ausgehenden Seitenvektoren als Spannvektoren, so lautet die Dreipunkteform der Ebene E_{ABC}:

$$E_{ABC}\colon \vec{x}=\begin{pmatrix}30\\10\\16\end{pmatrix}+r\begin{pmatrix}2\\1\\2\end{pmatrix}+s\begin{pmatrix}1\\2\\-2\end{pmatrix};\quad r,s\in\mathbb{R}$$

Ein Normalenvektor $\vec{n}=\begin{pmatrix}n_1\\n_2\\n_3\end{pmatrix}$ der Ebene steht senkrecht auf den Spannvektoren der Ebene. Das Skalarprodukt von Spannvektor und Normalenvektor ist somit gleich null.

$$\text{I}\qquad \begin{pmatrix}n_1\\n_2\\n_3\end{pmatrix}\circ\begin{pmatrix}2\\1\\2\end{pmatrix}=0$$

$$\text{II}\qquad \begin{pmatrix}n_1\\n_2\\n_3\end{pmatrix}\circ\begin{pmatrix}1\\2\\-2\end{pmatrix}=0$$

$$\begin{array}{ll}\text{I} & 2n_1+n_2+2n_3=0\\ \text{II} & n_1+2n_2-2n_3=0\\ \text{I}+\text{II} & 3n_1+3n_2=0\ \Rightarrow\ n_2=-n_1\end{array}$$

Wählt man $n_1=1$, so ist $n_2=-1$ und durch Einsetzen von $n_1=1$ und $n_2=-1$ in Gleichung I erhält man:

$2-1+2n_3=0\ \Rightarrow\ n_3=-0{,}5$

Ein Normalenvektor der Ebene E_{ABC} lautet:

$$\vec{n} = \begin{pmatrix} 1 \\ -1 \\ -0{,}5 \end{pmatrix} = -0{,}5 \cdot \begin{pmatrix} -2 \\ 2 \\ 1 \end{pmatrix}$$

Mit der Lichtquelle L als Anbindungspunkt und dem Normalenvektor $\vec{n}$ als Richtungsvektor lautet die Gleichung der Geraden ℓ:

$$\ell\colon \vec{x} = \vec{\ell} + t \cdot \vec{n} = \begin{pmatrix} 40 \\ 10 \\ 18 \end{pmatrix} + t \begin{pmatrix} -2 \\ 2 \\ 1 \end{pmatrix}; \quad t \in \mathbb{R}$$

(3) Die Punkt-Normalenform der Ebene E_{ABC} lautet:

$$E_{ABC}\colon \begin{pmatrix} -2 \\ 2 \\ 1 \end{pmatrix} \circ \vec{x} - \begin{pmatrix} -2 \\ 2 \\ 1 \end{pmatrix} \circ \begin{pmatrix} 30 \\ 10 \\ 16 \end{pmatrix} = 0$$

$$\Leftrightarrow \quad E_{ABC}\colon \begin{pmatrix} -2 \\ 2 \\ 1 \end{pmatrix} \circ \vec{x} + 24 = 0$$

$$\Leftrightarrow \quad E_{ABC}\colon -2x_1 + 2x_2 + x_3 = -24$$

Der Lotfußpunkt F ist der Schnittpunkt der Geraden ℓ mit der Ebene E_{ABC}.
Einsetzen der Koordinatengleichungen der Geraden ℓ in die Koordinatenform der Ebene E_{ABC} ergibt folgende Gleichung:

$$\begin{aligned} -2 \cdot (40 - 2t) + 2 \cdot (10 + 2t) + 18 + t &= -24 \\ -80 + 4t + 20 + 4t + 18 + t &= -24 \\ 9t &= 18 \\ t &= 2 \end{aligned}$$

Alternativ:
Durch Gleichsetzen der Terme der Geraden ℓ und der Parameterform der Ebene E_{ABC} erhält man ein Gleichungssystem mit drei Variablen.

$$\begin{pmatrix} 30 \\ 10 \\ 16 \end{pmatrix} + r \begin{pmatrix} 2 \\ 1 \\ 2 \end{pmatrix} + s \begin{pmatrix} 1 \\ 2 \\ -2 \end{pmatrix} = \begin{pmatrix} 40 \\ 10 \\ 18 \end{pmatrix} + t \begin{pmatrix} -2 \\ 2 \\ 1 \end{pmatrix}$$

$$\begin{array}{ll} \text{I} & 30 + 2r + s = 40 - 2t \\ \text{II} & 10 + r + 2s = 10 + 2t \\ \text{III} & 16 + 2r - 2s = 18 + t \end{array}$$

$$\begin{array}{ll} \text{I} & 2r + s + 2t = 10 \\ \text{II} & r + 2s - 2t = 0 \\ \text{III} & 2r - 2s - t = 2 \end{array}$$

$$\begin{array}{lll} \text{II} + \text{III} & 3r - 3t = 2 & (\text{I}') \\ 2 \cdot \text{I} + \text{III} & 6r + 3t = 22 & (\text{II}') \end{array}$$

$I' + II' \quad 9r = 24 \quad \Rightarrow \quad r = \frac{8}{3}$

Einsetzen von $r = \frac{8}{3}$ in I': $8 - 3t = 2 \quad \Rightarrow \quad t = 2$

Einsetzen von $t = 2$ in die Gleichung der Geraden ℓ liefert den Ortsvektor des Lotfußpunktes.

$$\vec{f} = \begin{pmatrix} 40 \\ 10 \\ 18 \end{pmatrix} + 2 \cdot \begin{pmatrix} -2 \\ 2 \\ 1 \end{pmatrix} = \begin{pmatrix} 36 \\ 14 \\ 20 \end{pmatrix} \quad \Rightarrow \quad F(36\,|\,14\,|\,20)$$

Der Lotfußpunkt hat die Koordinaten $F(36\,|\,14\,|\,20)$.

Der Abstand der Punkte L und F ist:

$$\overline{LF} = |\overrightarrow{LF}| = \left| \begin{pmatrix} 36 \\ 14 \\ 20 \end{pmatrix} - \begin{pmatrix} 40 \\ 10 \\ 18 \end{pmatrix} \right| = \left| \begin{pmatrix} -4 \\ 4 \\ 2 \end{pmatrix} \right| = \sqrt{16 + 16 + 4} = 6\,[\text{dm}]$$

(4) Der Schattenraum zwischen den Dreiecken ABC und A'B'C' hat die Form eines Pyramidenstumpfes. Das Volumen berechnet sich als Differenz der Volumina $V_{A'B'C'L}$ und V_{ABCL}.

Mit der berechneten Grundfläche aus Teilaufgabe a (2) und dem berechneten Abstand der Punkte L und F als Höhe berechnet man das Volumen der Pyramide ABCL:

$$V_{ABCL} = \frac{1}{3} \cdot 4{,}5\ \text{dm}^2 \cdot 6\ \text{dm} = 9\ \text{dm}^3$$

Der Schattenraum hat demnach folgendes Volumen:

$V_{Schattenraum} = 800\ \text{dm}^3 - 9\ \text{dm}^3 = 791\ \text{dm}^3$

Laut ADFC (Allgemeiner Deutscher Fahrrad Club) nutzen zwei Drittel aller Deutschen ihr Fahrrad privat oder auf dem Weg zur Arbeit mindestens einmal im Monat. In der gesamten Aufgabe sollen alle genannten Anteile als Wahrscheinlichkeiten verwendet werden.

Punkte

a) In einer repräsentativen Umfrage werden 100 zufällig ausgewählte Deutsche befragt.
Berechnen Sie die Wahrscheinlichkeiten für folgende Ereignisse:
E_1: Unter den Befragten nutzen genau 70 mindestens einmal im Monat ihr Fahrrad.
E_2: Unter den Befragten nutzen mindestens 70 mindestens einmal im Monat ihr Fahrrad.
E_3: Unter den Befragten nutzen mindestens 60 und höchstens 70 mindestens einmal im Monat ihr Fahrrad. 8

b) Bei Kontrollen der Polizei werden Fahrräder, die Mängel aufweisen, beanstandet. Bei diesen Prüfungen hat durchschnittlich ein Sechstel der Fahrräder Mängel.
Bestimmen Sie die Anzahl n der Fahrräder, die von der Polizei kontrolliert werden müssen, damit mit einer Wahrscheinlichkeit von mindestens 90 % mindestens ein Fahrrad mit Mängeln entdeckt wird. 6

c) Die Nutzung des Fahrrads als **regelmäßiges Verkehrsmittel auf dem Weg zur Arbeit** hängt unter anderem von der Ortsgröße ab.

Ortsgröße	Anteil der Personen in der Bevölkerung, die in einem Ort der angegebenen Ortsgröße leben[1]	**davon** regelmäßige Nutzung des Fahrrads[2]
unter 20 000 Einwohner	40,4 %	37 %
20 000 bis 100 000 Einwohner	29,0 %	42 %
über 100 000 Einwohner	30,6 %	43 %

(1) Stellen Sie den Sachverhalt in einem Baumdiagramm dar und berechnen Sie alle resultierenden Pfadwahrscheinlichkeiten (1. Stufe: Ortsgröße).

1 BBSR Laufende Stadtbeobachtung – Raumabgrenzungen 2011. © BBSR, Bonn. URL: http://www.bbsr.bund.de/nn_1067638/BBSR/DE/Raumbeobachtung/Raumabgrenzungen/StadtGemeindetyp/StadtGemeindetyp_202008.html
2 Fahrrad-Monitor Deutschland 2011. Copyright SINUS-Institut & ADFC 2011

(2) Bestimmen Sie die Wahrscheinlichkeit dafür, dass eine aus der Bevölkerung zufällig ausgewählte Person regelmäßig ein Fahrrad als Verkehrsmittel nutzt. 13

d) Studien zeigen, dass Fahrradfahrer, die keinen Helm tragen, ein viermal so hohes Risiko für schwere Verletzungen eingehen wie Fahrradfahrer, die einen Helm tragen. Unabhängig davon reduziert sich das Unfallrisiko bei 20- bis 40-jährigen Fahrradfahrern auf 55 % des Risikos bei 10- bis 15-jährigen Kindern.
Bestimmen Sie, um wie viel Prozent bei einem 10- bis 15-jährigen Kind, das keinen Helm trägt, das Risiko für eine schwere Verletzung höher ist als bei einem 20- bis 40-jährigen Fahrradfahrer, der einen Helm trägt. 5

e) Die Einsatzleitung der Polizei vermutet, dass wegen der häufigen Kontrollen mittlerweile weniger als 10 % der Fahrräder Mängel aufweisen. Sie möchte diese Vermutung überprüfen und, falls sie als richtig angenommen wird, die Kontrollen nur noch jährlich statt monatlich durchführen. An einem Morgen werden 200 Fahrräder kontrolliert.

(1) Auf Grundlage dieser Stichprobe soll ein aus Sicht der Polizei sinnvoller Test entworfen werden, um zu überprüfen, ob die Mängelquote wirklich unter 10 % gesunken ist.
Ermitteln Sie aus Sicht der Polizei geeignete Hypothesen und eine dazu passende Entscheidungsregel mit einem Signifikanzniveau von $\alpha = 0{,}05$ und begründen Sie die Wahl der Hypothesen.

(2) Geben Sie eine begründete Entscheidung an, wenn bei 16 der 200 kontrollierten Fahrräder Mängel festgestellt werden.

(3) Beschreiben Sie den Fehler zweiter Art im Sachzusammenhang. 18

Die benötigten Tabellen finden Sie im Abschnitt „Tabellen".

Hinweise und Tipps

Teilaufgabe a

- Benutzen Sie zur Berechnung die Binomialverteilung.
- Laut Aufgabenstellung sind die folgenden Wahrscheinlichkeiten zu berechnen: $P(X=70)$; $P(X \geq 70)$; $P(60 \leq X \leq 70)$
- Die Wahrscheinlichkeiten können den beigefügten Tabellen entnommen werden.

Teilaufgabe b

- Es handelt sich um einen n-stufigen Bernoulli-Versuch mit $p = \frac{1}{6}$.
- Es muss $P(X \geq 1) \geq 0{,}9$ gelten.
- Benutzen Sie die Gegenwahrscheinlichkeit und lösen Sie die Ungleichung nach n auf.

Teilaufgabe c

- (1) Die erste Stufe des Baumdiagramms enthält die Anteile der Ortsgrößen, die zweite Stufe die Häufigkeiten regelmäßiger bzw. nicht regelmäßiger Nutzung.
- Berechnen Sie die gesuchten Wahrscheinlichkeiten mithilfe der Pfadregel.
- (2) Da es sich um eine beliebig ausgewählte Person handelt, sind alle drei Äste der ersten Stufe heranzuziehen.
- Diese müssen dann mit den Zweigen der zweiten Stufe verknüpft werden, die eine regelmäßige Nutzung darstellen.
- Für die Berechnung ist die Additionsregel heranzuziehen.

Teilaufgabe d

- Bezeichnen Sie das (unbekannte) Unfallrisiko für 10- bis 15-jährige Kinder mit Helm durch den Wert x.
- Die in der Aufgabenstellung geschilderte Situation kann dann übersichtlich durch eine Tabelle dargestellt werden.

Teilaufgabe e

- (1) Es geht um einen linksseitigen Hypothesentest. p ist die Wahrscheinlichkeit dafür, dass ein Fahrrad Mängel hat.
- Getestet wird H_0: $p \geq 0{,}1$ gegen H_1: $p < 0{,}1$, wobei H_0 widerlegt werden soll.
- Ein Fehler erster Art liegt vor, wenn die Hypothese H_0 wahr ist, aber irrtümlich abgelehnt wird.
- Eine solche Situation soll nach Möglichkeit vermieden werden, da sie dazu führen würde, dass die Anzahl der Kontrollen ungerechtfertigterweise reduziert würde.
- (2) Liegt der Wert 16 im Annahme- oder Ablehnungsbereich von H_0?
- (3) Ein Fehler 2. Art liegt vor, wenn das Versuchsergebnis im Annahmebereich von H_0 $(p \geq 0{,}1)$ liegt, jedoch H_1 $(p < 0{,}1)$ zutrifft.

Lösung

a) Es handelt sich um einen 100-stufigen Bernoulli-Versuch mit der Wahrscheinlichkeit $p = \frac{2}{3}$ für Fahrradnutzung und $q = \frac{1}{3}$ für Nichtbenutzung des Fahrrades. Die Zufallsgröße X gibt die Anzahl der regelmäßigen Fahrradnutzer unter den 100 befragten Personen an und ist binomialverteilt mit $n = 100$ und $p = \frac{2}{3}$.

$$P(E_1) = P(X = 70) = \binom{100}{70} \cdot \left(\frac{2}{3}\right)^{70} \cdot \left(\frac{1}{3}\right)^{30} \approx 0{,}0673$$

Alternativ:

$P(E_1) = P(X = 70) = P(X \le 70) - P(X \le 69) \approx 1 - 0{,}2093 - (1 - 0{,}2766) = 0{,}0673$
(Tabelle)

$P(E_2) = P(X \ge 70) = 1 - P(X \le 69) \approx 1 - (1 - 0{,}2766) = 0{,}2766$ (Tabelle)

$$\begin{aligned} P(E_3) &= P(60 \le X \le 70) \\ &= P(X \le 70) - P(X \le 59) \\ &\approx 1 - 0{,}2093 - (1 - 0{,}9341) \\ &= 0{,}7248 \quad \text{(Tabelle)} \end{aligned}$$

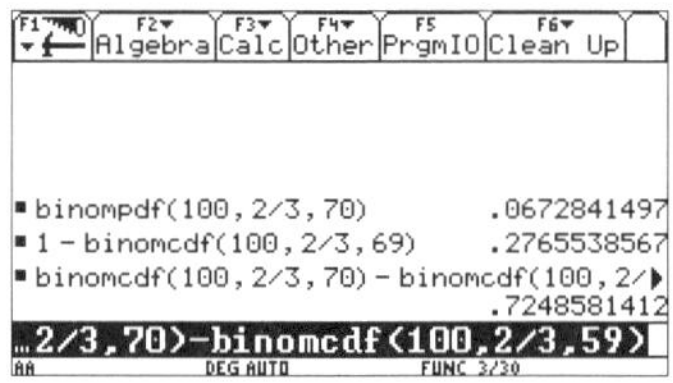

b) Es handelt sich um einen n-stufigen Bernoulli-Versuch mit der Wahrscheinlichkeit $p = \frac{1}{6}$ für ein Fahrrad mit Mängeln und $q = \frac{5}{6}$ für ein Fahrrad ohne Mängel. Die zugehörige Zufallsvariable X gibt die Anzahl der Fahrräder mit Mängeln bei einer Polizeikontrolle an und ist $B_{n;\frac{1}{6}}$-verteilt.

$$\begin{aligned} & & P(X \ge 1) &\ge 0{,}9 \\ &\Leftrightarrow & 1 - P(X = 0) &\ge 0{,}9 \\ &\Leftrightarrow & 1 - \binom{n}{0} \cdot \left(\frac{1}{6}\right)^{0} \cdot \left(\frac{5}{6}\right)^{n-0} &\ge 0{,}9 \\ &\Leftrightarrow & 1 - \left(\frac{5}{6}\right)^{n} &\ge 0{,}9 \\ &\Leftrightarrow & \left(\frac{5}{6}\right)^{n} &\le 0{,}1 \\ &\Leftrightarrow & n \ln\left(\frac{5}{6}\right) &\le \ln 0{,}1 \\ &\Leftrightarrow & n &\ge \frac{\ln 0{,}1}{\ln\left(\frac{5}{6}\right)} \qquad \Big| \ln\left(\frac{5}{6}\right) < 0 \\ &\Leftrightarrow & n &\ge 12{,}6293 \end{aligned}$$

Die Polizei muss mindestens 13 Fahrräder kontrollieren, um mit einer Wahrscheinlichkeit von mindestens 90 % mindestens ein Rad mit Mängeln zu entdecken.

c) (1) Die Lösung lässt sich durch das folgende Baumdiagramm veranschaulichen.

1: unter 20 000 Einwohner
2: 20 000 bis 100 000 Einwohner
3: über 100 000 Einwohner

R: regelmäßige Nutzung
$\overline{R}$: nicht regelmäßige Nutzung

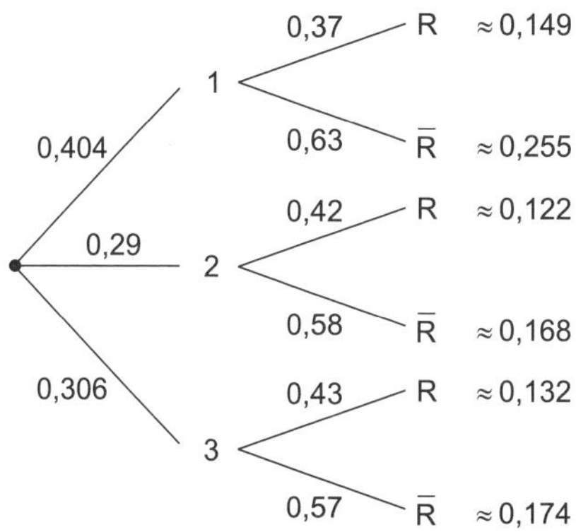

Die resultierenden Wahrscheinlichkeiten ergeben sich durch Multiplikation entsprechend der Pfadregel.

(2) $$\begin{aligned} P(R) &= P(1 \cap R) + P(2 \cap R) + P(3 \cap R) \\ &= 0{,}404 \cdot 0{,}37 + 0{,}290 \cdot 0{,}42 + 0{,}306 \cdot 0{,}43 \\ &= 0{,}40286 \end{aligned}$$

Die Herleitung dieses Ergebnisses kann man sich sehr gut am Baumdiagramm veranschaulichen: Da es sich um eine beliebig ausgewählte Person handelt, sind alle drei Zweige für die Einwohnerzahl zu betrachten. Diese müssen dann mit den Zweigen für regelmäßige Nutzung verknüpft werden. Die Anwendung der Pfadregeln liefert dann das obige Ergebnis.

d) Die in der Aufgabenstellung geschilderte Situation lässt sich anschaulich durch folgende Tabelle darstellen. Dabei wird das (unbekannte) Unfallrisiko für 10- bis 15-jährige Kinder mit Helm durch den Wert x angegeben:

	mit Helm	ohne Helm
10 bis 15 Jahre	x	4x
20 bis 40 Jahre	0,55x	$4 \cdot 0{,}55x = 2{,}2x$

Gesucht ist folgendes Verhältnis:

$$\frac{4x}{0{,}55x} \approx 7{,}27$$

Das Verletzungsrisiko für 10- bis 15-jährige Kinder ohne Helm ist im Vergleich zu 20- bis 40-jährigen Radfahrern mit Helm um das 7,27-Fache erhöht, also um ca. 627 % höher.

e) (1) Es geht um einen linksseitigen Hypothesentest. Dabei gibt p die Wahrscheinlichkeit dafür an, dass ein Fahrrad Mängel hat.
Getestet wird
H_0: $p \geq 0{,}1$ gegen
H_1: $p < 0{,}1$
mit dem Signifikanzniveau $\alpha = 0{,}05$. Hier ist folglich die $1{,}64\sigma$-Umgebung um den Erwartungswert μ anzuwenden, vorausgesetzt die Laplace-Bedingung $\sigma > 3$ ist erfüllt.

Die Festlegung von H_0: $p \geq 0{,}1$ als Nullhypothese erfolgt mit der Intention, diese Aussage zu widerlegen und damit die Aussage H_1 zu bestätigen.

Die Zufallsgröße X gibt die Anzahl der Fahrräder mit Mängeln in einer Stichprobe von $n = 200$ kontrollierten Fahrrädern an. Bei Annahme der Gültigkeit von H_0 ist X im Extremfall (kleinster Wert für $p = 0{,}1$) $B_{200;\,0,1}$-verteilt.

$\mu = n \cdot p = 200 \cdot 0{,}1$

$\sigma = \sqrt{n \cdot p \cdot (1-p)} = \sqrt{200 \cdot 0{,}1 \cdot 0{,}9} = \sqrt{18} > 3$ (Laplace-Bedingung erfüllt)

Mit $\mu - 1{,}64\sigma = 20 - 1{,}64\sqrt{18} \approx 13{,}04 \approx 13$ ergibt sich als Annahmebereich für H_0 das Intervall [13; 200] und als Ablehnungsbereich das Intervall [0; 12].

Die folgende Skizze verdeutlicht noch einmal die Berechnung:

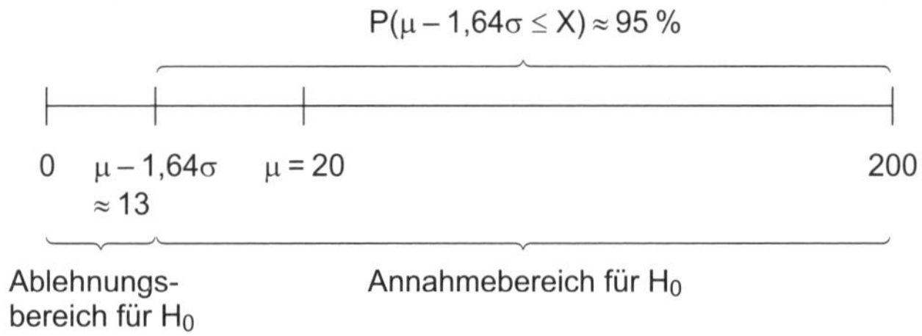

Hieraus leitet man die folgende Entscheidungsregel für die Polizei ab: Weisen in der kontrollierten Stichprobe von $n = 200$ Fahrrädern maximal 12 Räder Mängel auf, wird die Hypothese H_0 verworfen. Folglich geht man von einer Mängelwahrscheinlichkeit $p < 0{,}1$ aus und reduziert entsprechend die Anzahl der Kontrollen. Sind mehr als 12 Räder mangelhaft, wird H_0 beibehalten und die Anzahl der Kontrollen wird nicht reduziert.

H_0 wird als Nullhypothese gewählt, um die Wahrscheinlichkeit für einen Fehler erster Art unter 5 % zu halten. Damit soll vermieden werden, dass die Anzahl der Kontrollen zukünftig fälschlicherweise verringert wird.

(2) Der Wert 16 liegt im Annahmebereich von H_0, d. h., diese Hypothese wird nicht verworfen. Man kann nicht signifikant davon ausgehen, dass weniger als 10 % der Räder Mängel aufweisen.

(3) Ein Fehler 2. Art liegt vor, wenn die Hypothese H_1 ($p < 0{,}1$: weniger als 10 % der Räder haben Mängel) richtig ist, das Stichprobenergebnis aber im Annahmebereich von H_0 liegt. Es werden also zukünftig weiterhin monatlich Kontrollen durchgeführt, obwohl dies nicht erforderlich wäre.

Nordrhein-Westfalen – Mathematik Grundkurs
2013 – Aufgabe 2: Analysis (CAS)

Eine Firma baut Sprungschanzen für BMX-Fahrer in verschiedenen Formen, deren seitliches Profil jeweils durch den Graphen einer Funktion f_a mit der Gleichung

$$f_a(x) = -\frac{1}{4 \cdot a^2} x^3 + \frac{3}{4} x, \; -8 \le x \le 0,$$ [1]

beschrieben wird mit $3{,}2 \le a \le 4$ (x, a und $f_a(x)$ in Metern).

Die Sprungschanzen werden ausgehend vom Startpunkt $S_a(-8 \mid f_a(-8))$ von links nach rechts durchfahren und so eingebaut, dass der Absprungpunkt $A(0 \mid 0)$ auf dem Niveau des Erdbodens liegt, das in der Seitenansicht durch die x-Achse festgelegt ist. Der Funktionsgraph der Beispielfunktion $f_{3,6}$ ist in der Abbildung 1 dargestellt.

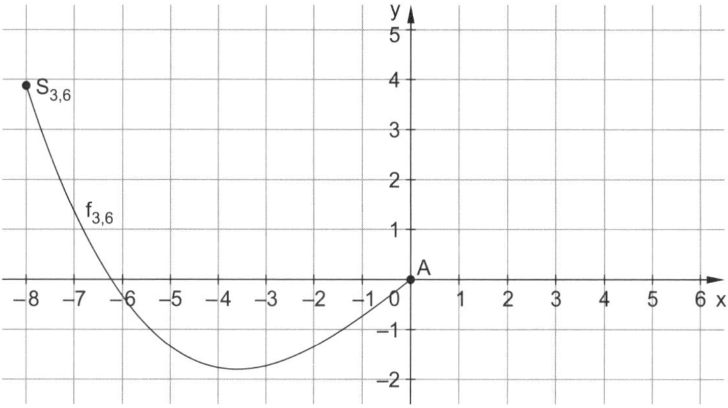

Abbildung 1

Punkte

a) (1) Berechnen Sie in Abhängigkeit vom Parameter a das Intervall, in dem die durch die Funktion f_a beschriebene Profillinie der Sprungschanze unterhalb des Niveaus des Erdbodens verläuft.

(2) Bestimmen Sie in Abhängigkeit von a die Koordinaten des tiefsten Punktes T_a des Sprungschanzen-Profils.

[Zur Kontrolle: $T_a\left(-a \,\middle|\, -\frac{1}{2}a\right)$]

(3) Skizzieren Sie den Graphen von f_4 in der Abbildung 1 und beschreiben Sie Gemeinsamkeiten und Unterschiede der Graphen verschiedener Funktionen der Funktionenschar. 19

1 Die Funktionen f_a sind für alle $x \in \mathbb{R}$ definiert, werden aber nur für $-8 \le x \le 0$ zur Modellierung verwendet.

b) Bei der Firma wird eine Sprungschanze bestellt, die im Punkt $S_a(-8 \mid f_a(-8))$ die Steigung –3 haben soll.

(1) Berechnen Sie den Wert von a, für den die Sprungschanze im Punkt S_a die Steigung –3 hat, und die Höhe über dem Erdboden, in der sich bei dieser Sprungschanze der Startpunkt S_a befindet.

[Zur Kontrolle: $a = \frac{8\sqrt{5}}{5}$]

(2) Laut Angabe der Firma hat die bestellte Sprungschanze zwischen dem Startpunkt S_a und dem Absprungpunkt A die durchschnittliche Steigung $-\frac{1}{2}$.
Prüfen Sie diese Angabe und zeigen Sie, dass der angegebene Durchschnittswert auch als Steigung in einem Punkt C des Sprungschanzen-Profils vorkommt.
Erklären Sie, warum der angegebene Durchschnittswert der Steigung nur wenig über den Verlauf der Sprungschanze aussagt.

(3) Die bestellte Sprungschanze ist 2 Meter breit. In dem Bereich, in dem ihr Profil unterhalb des Niveaus des Erdbodens verläuft, muss Erde ausgehoben werden.
Berechnen Sie, wie groß das Erdvolumen ist, das bis zur Profillinie dieser Sprungschanze ausgehoben werden muss. 18

c) (1) Zeigen Sie, dass alle Sprungschanzen, deren Profil durch eine der Funktionen f_a gegeben ist, im Absprungpunkt A dieselbe Steigung haben.

Um den BMX-Fahrern nach dem Sprung eine weichere Landung zu ermöglichen, soll rechts vom Punkt A im Bereich $0 \le x \le 5$ ein Aufsprunghügel angelegt werden, dessen Profil durch den Graphen der ganzrationalen Funktion 3. Grades h mit der Gleichung $h(x) = \frac{3}{100}x^3 - \frac{3}{10}x^2 + \frac{3}{4}x$ modelliert wird. Das Profil des Aufsprunghügels schließt im Punkt A ohne Knick an das Profil der Sprungschanze an und geht im Punkt $D(5 \mid 0)$ ebenfalls ohne Knick in die waagerechte Erdoberfläche über (siehe Abbildung 2).

(2) Den genannten Eigenschaften entsprechen Bedingungen, aus denen sich die Funktionsgleichung von h herleiten lässt.
Geben Sie diese Bedingungen an.

(3) Bestimmen Sie die Stelle, an der der durch den Graphen der Funktion h modellierte Aufsprunghügel die betragsmäßig größte Steigung hat. 13

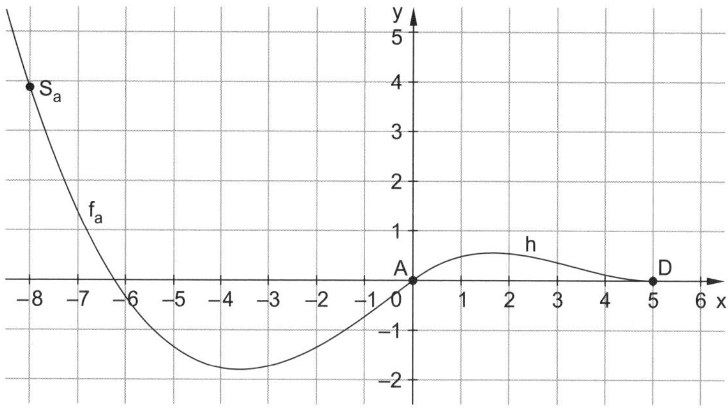

Abbildung 2

Hinweise und Tipps

Teilaufgabe a

(1) Berechnen Sie die Nullstellen der Funktion f_a. Hieraus ergibt sich das gesuchte Intervall.

Prüfen Sie für einen Wert aus diesem Intervall, ob der Funktionswert negativ ist.

(2) Bestimmen Sie zunächst die lokalen Extrema der Funktion f_a.

Führen Sie dann eine Untersuchung auf globale Minima im Intervall $[-8; 0]$ durch.

(3) Gemeinsamkeiten finden sich z. B. bei Funktionswerten, Steigungen und Krümmungsverhalten.

Teilaufgabe b

(1) Lösen Sie die Gleichung $f_a'(-8) = -3$ nach a auf und ermitteln Sie für diesen Wert von a den Funktionswert $f_a(-8)$.

(2) Berechnen Sie $\frac{y_A - y_{S_a}}{x_A - x_{S_a}}$ für $a = \frac{8}{5}\sqrt{5}$.

Berechnen Sie die Stelle x, an der $f_{\frac{8\sqrt{5}}{5}}$ die Steigung $-\frac{1}{2}$ besitzt.

(3) Berechnen Sie zunächst die Querschnittsfläche mithilfe des bestimmten Integrals über das Intervall $[-\sqrt{3}a; 0]$.

Um das Volumen auszurechnen, müssen Sie das Ergebnis noch mit der Breite multiplizieren.

Teilaufgabe c

(1) Berechnen Sie $f_a'(0)$.

(2) Die gesuchten Bedingungen ergeben sich aus den Anforderungen, den Aufsprunghügel ohne Knick und ohne Höhenunterschied einzupassen.

(3) Berechnen Sie die Wendestelle.

Berechnen Sie die Steigung an der Wendestelle und vergleichen Sie sie mit der Steigung an den Randstellen.

Lösung

a) (1) Gesucht ist das Intervall, für das $f_a(x) < 0$ gilt:

Dazu werden zunächst die Nullstellen von $f_a(x)$ ermittelt:

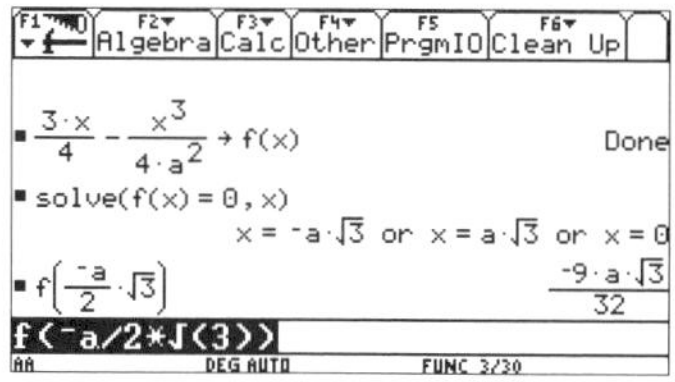

$f_a(x) = 0 \iff$

$x = -a\sqrt{3}$ oder $x = a\sqrt{3}$ oder $x = 0$

Wegen $-8 \le x \le 0$ und $3{,}2 \le a \le 4$ kommen nur die Nullstellen $x_1 = -a\sqrt{3}$ und $x_2 = 0$ in Betracht.

$$f_a\left(-\frac{a}{2}\sqrt{3}\right) = -\frac{9a \cdot \sqrt{3}}{32} < 0 \qquad (\text{da } a > 0)$$

Damit folgt:

$f_a(x) < 0 \iff -a\sqrt{3} < x < 0$

(2) Für die Ableitungen gilt:

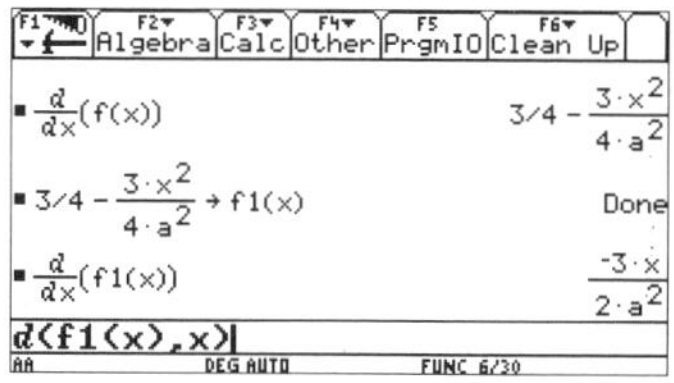

$$f_a'(x) = -\frac{3}{4a^2}x^2 + \frac{3}{4}$$

$$f_a''(x) = -\frac{3}{2a^2}x$$

Notwendiges Kriterium für ein lokales Extremum:

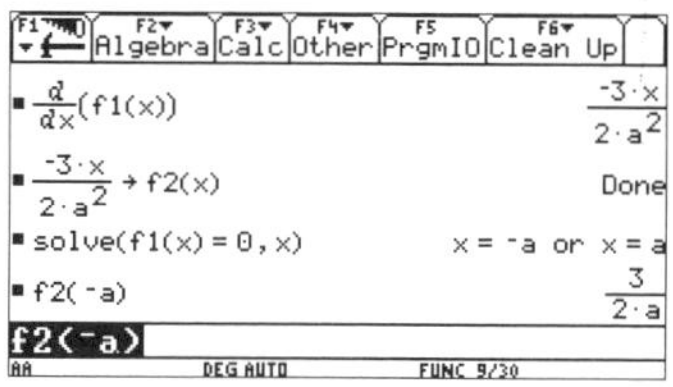

$f_a'(x) = 0 \iff x = a$ oder $x = -a$

Da $a > 0$, kommt im Kontext nur die Nullstelle $x = -a$ in Betracht.

Hinreichendes Kriterium für ein lokales Extremum: $f_a'(x) = 0 \wedge f_a''(x) \neq 0$

$$f_a''(-a) = \frac{3}{2a} > 0$$

$f_a(x)$ hat an der Stelle $x = -a$ ein lokales Minimum.

Untersuchung auf Randextrema:

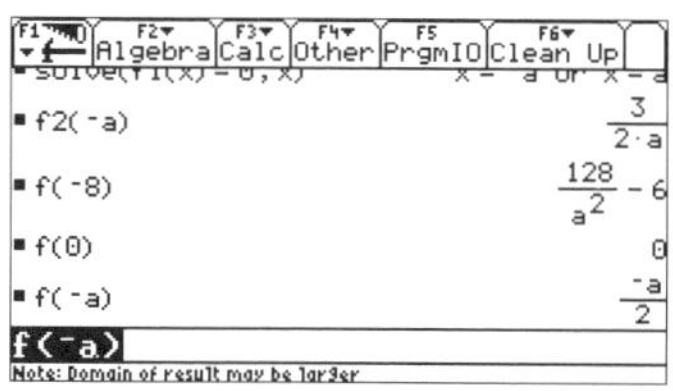

$$f_a(-8) = \frac{128}{a^2} - 6 > 0 \qquad (\text{da } 3{,}2 \le a \le 4)$$

$$f_a(0) = 0$$

$$f_a(-a) = -\frac{a}{2}$$

Damit liegt an der Stelle $x = -a$ ein globales Minimum vor.

Alternativ:

$f_a''(x) = -\frac{3}{2a^2} \cdot x > 0$ für $-8 \leq x < 0$

Daran erkennt man, dass $f_a(x)$ im Intervall $[-8; 0]$ linksgekrümmt ist. Damit liegt an der Stelle $x = -a$ zugleich die globale Minimalstelle von f_a.

Der tiefste Punkt des Schanzenprofils ist $T_a\left(-a \,\middle|\, -\frac{1}{2}a\right)$.

(3) Der Screenshot zeigt die Graphen von $f_{3,6}$ und f_4. Dieser hilft bei der Erstellung der Zeichnung.

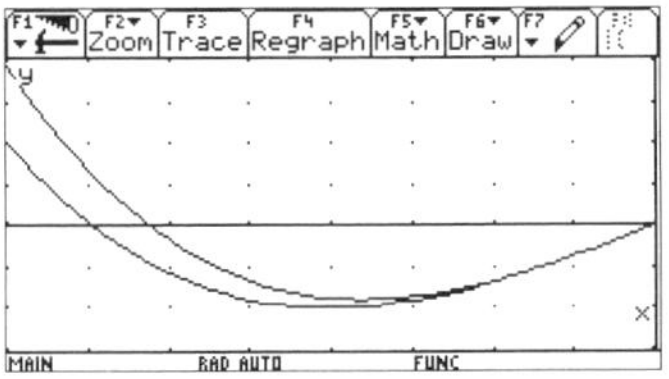

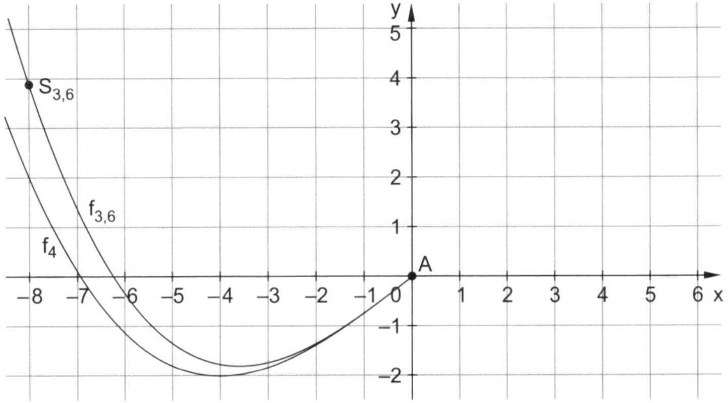

Gemeinsamkeiten der Graphen verschiedener Scharfunktionen:

- Die Funktionsgraphen aller Scharfunktionen sind im Intervall $[-8; 0]$ linksgekrümmt.
- Alle Funktionsgraphen haben den Punkt $A(0 \mid 0)$ gemeinsam.
- Die Steigung aller Funktionsgraphen im Punkt $A(0 \mid 0)$ beträgt:

  $f_a'(0) = -\frac{3}{4a^2} \cdot 0^2 + \frac{3}{4} = \frac{3}{4}$

Unterschiede der Graphen:

- Für $b > a$ mit $3{,}2 \leq a < b \leq 4$ verläuft der Graph von f_b (hier f_4) im Intervall $[-8; 0[$ unterhalb des Graphen von f_a (hier $f_{3,6}$).

b) (1) Gesucht ist der Parameter a, für den gilt:

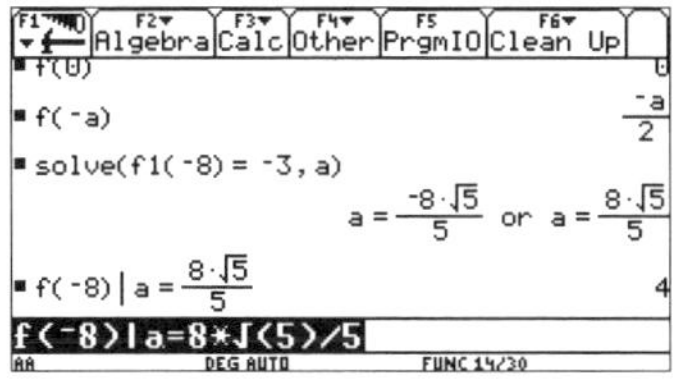

$$f_a'(-8) = -3 \quad \Leftrightarrow \quad a = \pm\frac{8\sqrt{5}}{5} \approx \pm 3{,}58$$

Da $3{,}2 \le a \le 4$ gilt, kommt nur der Wert $\frac{8\sqrt{5}}{5}$ infrage. Der Parameterwert, für den die Sprungschanze im Punkt S_a die Steigung –3 hat, ist $a = \frac{8\sqrt{5}}{5}$.

Ferner gilt:

$$f_{\frac{8\sqrt{5}}{5}}(-8) = 4$$

Der Startpunkt der Sprungschanze liegt 4 m über dem Erdboden.

(2) Die durchschnittliche Steigung des Funktionsgraphen f_a zwischen dem Startpunkt S_a und dem Absprungpunkt A ist die Steigung der Sekante durch die Punkte S_a und A.

Für den Parameterwert $a = \frac{8\sqrt{5}}{5}$ ergibt sich:

$$\frac{y_A - y_{S_a}}{x_A - x_{S_a}} = \frac{0-4}{0-(-8)} = -\frac{1}{2}$$

Die Angaben der Firma sind korrekt.

Gesucht ist im Intervall [–8; 0] eine Lösung der folgenden Gleichung:

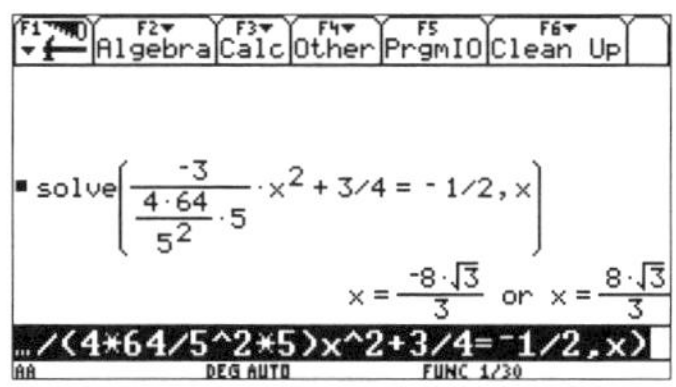

$$f'_{\frac{8}{5}\sqrt{5}}(x_c) = -\frac{1}{2}$$

$$\Leftrightarrow \quad -\frac{3}{4 \cdot \frac{64}{5^2} \cdot 5} x_c^2 + \frac{3}{4} = -\frac{1}{2}$$

$$\Leftrightarrow \quad x_c = -\frac{8}{3}\sqrt{3} \approx -4{,}62$$

$\left(\frac{8}{3}\sqrt{3} \text{ scheidet aus}\right)$

Aus dem negativen Vorzeichen der durchschnittlichen Steigung ergibt sich, dass der Punkt A tiefer liegt als der Punkt S_a. Über den sonstigen Verlauf der Sprungschanze kann man aus dieser Angabe keine Rückschlüsse ziehen.

(3) Das Intervall, in dem die Sprungschanze unterhalb des Niveaus des Erdbodens verläuft, ist laut Teilaufgabe a (1) der Bereich $]-\sqrt{3}a; 0[$.

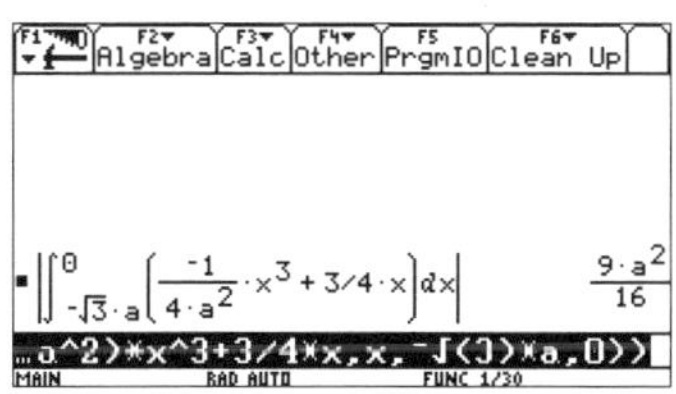

Der Flächeninhalt des zwischen dem Graphen von f_a und der x-Achse eingeschlossenen Flächenstücks beträgt also:

$$\left| \int_{-\sqrt{3}a}^{0} f_a(x)\,dx \right| = \frac{9}{16} a^2 \; [m^2]$$

Da die Sprungschanze 2 m breit ist, ergibt sich für $a = \frac{8\sqrt{5}}{5}$ ein Erdvolumen von:

$$\frac{9}{16} \cdot \left(\frac{8\sqrt{5}}{5}\right)^2 \cdot 2 = \frac{9}{8} \cdot \frac{8 \cdot 8 \cdot 5}{5 \cdot 5} = \frac{72}{5} = 14{,}4\,[\text{m}^3]$$

c) (1) Alle Funktionen f_a haben im Absprungpunkt A dieselbe Steigung, wenn sie unabhängig von a ist.

$$f_a'(x) = -\frac{3}{4a^2}x^2 + \frac{3}{4}$$

$$f_a'(0) = \frac{3}{4}$$

Dieser Wert ist unabhängig von a.

(2) Die Funktionsgleichung von h lässt sich aus den folgenden Bedingungen herleiten:

I	$h(0) = 0$	(Kein Absatz zur Sprungschanze)
II	$h'(0) = f'(0) = \frac{3}{4}$	(Kein Knick beim Übergang von Sprungschanze zum Aufsprunghügel)
III	$h(5) = 0$	(Bei $x = 5$ geht der Aufsprunghügel in die Horizontale über.)
IV	$h'(5) = 0$	(Der Übergang soll auch hier knickfrei erfolgen.)

(3) Der Graph von h kann die betragsmäßig größte Steigung nur an einer Wendestelle oder an einer der beiden Randstellen $x_A = 0$ oder $x_D = 5$ des betrachteten Intervalls haben.

Es gilt:

$$h(x) = \frac{3}{100}x^3 - \frac{3}{10}x^2 + \frac{3}{4}x$$

$$h'(x) = \frac{9}{100}x^2 - \frac{6}{10}x + \frac{3}{4}$$

$$h''(x) = \frac{18}{100}x - \frac{6}{10}$$

$$h'''(x) = \frac{18}{100}$$

Notwendiges Kriterium für eine Wendestelle: $h''(x) = 0$

$$\frac{18}{100}x - \frac{6}{10} = 0$$

$$\frac{18}{100}x = \frac{6}{10}$$

$$x = \frac{10}{3}$$

Hinreichendes Kriterium für eine Wendestelle: $h''(x) = 0 \wedge h'''(x) \neq 0$

$$h'''\left(\frac{10}{3}\right) = \frac{18}{100} \neq 0$$

h hat an der Stelle $x = \frac{10}{3}$ eine Wendestelle.

$$h'\left(\frac{10}{3}\right) = -\frac{1}{4}$$

An den Randstellen gilt:

$$h'(0) = \frac{3}{4}$$

$$h'(5) = 0$$

Damit ist die betragsmäßig größte Steigung $\frac{3}{4}$, die an der Stelle $x_A = 0$ vorliegt.

Nordrhein-Westfalen – Mathematik Grundkurs 2013 – Aufgabe 4: Analytische Geometrie (CAS)

Von einem Forstbetrieb werden auf verschiedenen Waldflächen Tannen gezogen.[1]
Entsprechend ihrer Höhe werden die Tannen in drei Größenklassen eingeteilt: Tannen, die weniger als einen Meter groß sind, gehören zur Größenklasse K (klein); Tannen, die mindestens einen Meter, aber weniger als zwei Meter groß sind, gehören zur Größenklasse M (mittel); Tannen, die mindestens zwei Meter groß sind, gehören zur Größenklasse G (groß).
Jeweils zu Beginn eines festen Zeitraums (Wachstumsperiode), auf den sich im Folgenden die Übergänge zwischen den drei Größenklassen beziehen, wird eine Bestandsaufnahme durchgeführt. Die Übergangsquoten berücksichtigen, dass abgestorbene, kranke oder beschädigte Bäume im Laufe jeder Wachstumsperiode aus dem Bestand entfernt werden.

Punkte

a) Auf einer der Waldflächen erreichen von den Tannen der Größenklasse K innerhalb einer Wachstumsperiode 50 % die Größenklasse M und 10 % die Größenklasse G, während 30 % in der Größenklasse K verbleiben. Von den Tannen der Größenklasse M erreichen innerhalb einer Wachstumsperiode 55 % die Größenklasse G, während 40 % in der Größenklasse M verbleiben. Von den Tannen der Größenklasse G sind am Ende einer Wachstumsperiode noch 98 % in der Größenklasse G.
Stellen Sie dieses Wachstumsverhalten durch ein Übergangsdiagramm dar und bestimmen Sie eine Übergangsmatrix, die dieses Wachstumsverhalten beschreibt. 10

Auf einer anderen Waldfläche wird eine andere Art von Tannen gezogen. Eine Zählung ergab die folgende Übergangsmatrix A für das Übergangsverhalten zwischen den oben genannten Größenklassen innerhalb einer Wachstumsperiode:

$$\begin{array}{ll} & \text{von:}\quad K \quad\; M \quad\; G \\ \text{nach:} & \\ \begin{array}{c} K \\ M \\ G \end{array} & A = \begin{pmatrix} 0{,}25 & 0 & 0 \\ 0{,}7 & 0{,}55 & 0 \\ 0 & 0{,}4 & 0{,}95 \end{pmatrix} \end{array}$$

In Teilaufgabe b wird angenommen, dass diese Übergangsquoten auch für die vorangegangenen und folgenden Wachstumsperioden gelten.

[1] Dort wachsen nur Bäume, die von dem Forstbetrieb angepflanzt wurden.

b) Die Bestandsaufnahme zu Beginn einer bestimmten Wachstumsperiode ergibt 450 Tannen der Größenklasse K, 4 230 Tannen der Größenklasse M und 5 320 Tannen der Größenklasse G.

(1) Bestimmen Sie die Anzahl der Tannen in den einzelnen Größenklassen nach zwei Wachstumsperioden.

(2) Bestimmen Sie die Anzahl der Tannen in den einzelnen Größenklassen zwei Wachstumsperioden vor dem Zeitpunkt der Bestandsaufnahme.

(3) Zeigen Sie ausgehend von einem beliebigen Bestandsvektor $\vec{x} = \begin{pmatrix} x_1 \\ x_2 \\ x_3 \end{pmatrix}$, dass der Gesamtbestand an Tannen am Ende einer Wachstumsperiode 95 % des Bestandes zu Beginn dieser Wachstumsperiode beträgt, und berechnen Sie, nach wie vielen Wachstumsperioden erstmals weniger als 60 % des ursprünglichen Gesamtbestandes an Tannen vorhanden sind.

(4) Ermitteln Sie ausgehend vom oben genannten Anfangsbestand (K: 450, M: 4 230, G: 5 320), nach wie vielen Wachstumsperioden erstmals mehr als 90 % der vorhandenen Tannen zur Größenklasse G gehören. 21

Nun wird davon ausgegangen, dass jeweils am Ende einer Wachstumsperiode, innerhalb derer sich der Bestand zunächst gemäß der Übergangsmatrix A entwickelt hat, 56 % des dann vorhandenen Bestandes der Größenklasse G gefällt und danach genau so viele Tannen in der Größenklasse K neu gesetzt werden, wie zuvor in der Größenklasse G gefällt wurden.

c) (1) Bestimmen Sie ausgehend von einem beliebigen Bestandsvektor $\vec{x} = \begin{pmatrix} x_1 \\ x_2 \\ x_3 \end{pmatrix}$ zu Beginn einer Wachstumsperiode, wie viele Tannen in den einzelnen Größenklassen am Ende der Wachstumsperiode **nach** dem Fällen und **vor** dem Wiederaufforsten **vorhanden** sind.

[Kontrollergebnis: $\begin{pmatrix} 0{,}25x_1 \\ 0{,}7x_1 + 0{,}55x_2 \\ 0{,}176x_2 + 0{,}418x_3 \end{pmatrix}$]

(2) Gesucht ist eine Übergangsmatrix C, die den Übergang zwischen den Größenklassen K, M und G innerhalb einer Wachstumsperiode unter Berücksichtigung der abschließenden Fäll- und Wiederaufforstungsarbeiten beschreibt.

Zeigen Sie, dass $C = \begin{pmatrix} 0{,}25 & 0{,}224 & 0{,}532 \\ 0{,}7 & 0{,}55 & 0 \\ 0 & 0{,}176 & 0{,}418 \end{pmatrix}$ gilt.

(3) Begründen Sie, dass nach der Wiederaufforstung am Ende einer Wachstumsperiode der Gesamtbestand an Tannen 95 % des Bestandes zu Beginn dieser Wachstumsperiode beträgt.

(4) Bestimmen Sie bezogen auf einen beliebigen Bestandsvektor $\vec{x} = \begin{pmatrix} x_1 \\ x_2 \\ x_3 \end{pmatrix}$ zu Beginn einer Wachstumsperiode, wie viele Tannen der Größenklasse K nach den Fällarbeiten am Ende der Wachstumsperiode **insgesamt** neu gesetzt werden müssten, damit die Gesamtzahl der Tannen am Ende der Wachstumsperiode gleich der Anzahl der Tannen zu Beginn dieser Wachstumsperiode ist. 19

Hinweise und Tipps

Teilaufgabe a

Das zu zeichnende Übergangsdiagramm hat die Knoten K, M und G. Die Kanten zwischen den Knoten erhalten die im Text angegebenen Übergangswerte.

Die Werte für die Übergangsmatrix lassen sich aus dem Übergangsdiagramm direkt ablesen.

Teilaufgabe b

(1) Multiplizieren Sie den Größenklassenvektor $\begin{pmatrix} 450 \\ 4\,230 \\ 5\,320 \end{pmatrix}$ mit dem Quadrat der Übergangsmatrix A.

(2) Lösen Sie die Gleichung $A^2 \cdot \begin{pmatrix} x_1 \\ x_2 \\ x_3 \end{pmatrix} = \begin{pmatrix} 450 \\ 4\,230 \\ 5\,320 \end{pmatrix}$ nach $\begin{pmatrix} x_1 \\ x_2 \\ x_3 \end{pmatrix}$ auf.

(3) Berechnen Sie den Bestand am Ende der Wachstumsperiode mittels $A \cdot \vec{x}$.

Vergleichen Sie dann den Gesamtbestand zu Beginn und am Ende.

Berechnen Sie, für welches n $0{,}95^n$ kleiner als 0,6 wird.

(4) Die Aufgabenstellung ist heuristisch zu lösen.

Berechnen Sie die Anzahlen von G für die ersten Wachstumsperioden, bis 90 % überschritten werden.

Teilaufgabe c

(1) Beachten Sie Teilaufgabe b (3). Dort haben Sie bereits ermittelt, wie groß der Bestand am Ende der Wachstumsperiode ist.

Da 56 % des Bestandes von Größenklasse G gefällt werden, verbleiben 44 % in dieser Größenklasse.

(2) Berechnen Sie die Anzahl der Tannen, die in Größenklasse K neu gesetzt werden sollen.

Diese entspricht der Anzahl der Tannen, die zuvor in Größenklasse G gefällt wurden.

Aus diesen Angaben lässt sich der Bestandsvektor nach dem Fällen und nach dem Wiederaufforsten ermitteln.

Aus diesem Bestandsvektor ist die gesuchte Übergangsmatrix ableitbar.

(3) Bedenken Sie, dass so viele Tannen neu gepflanzt werden, wie zuvor gefällt wurden.

(4) Nach Teilaufgabe b (3) sind am Ende einer Wachstumsperiode noch 95 % des Bestandes zu Beginn der Wachstumsperiode vorhanden.

Es sind noch 5 % des Anfangsbestandes zusätzlich anzupflanzen, damit sich die Gesamtzahl des Bestandes nicht verändert.

Lösung

a) Das Übergangsdiagramm mit den Knoten K, M und G hat die nebenstehende Gestalt.

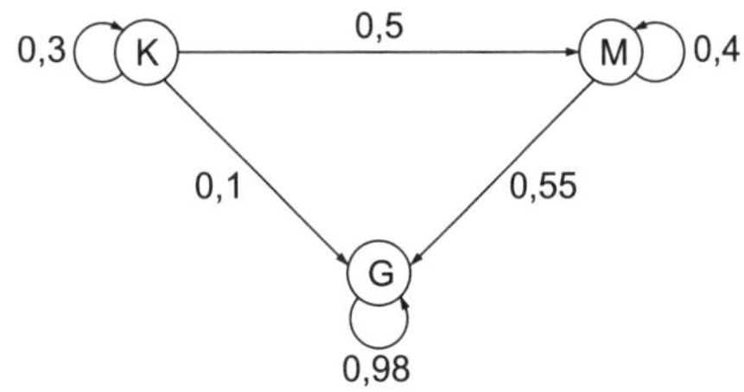

Die zugehörige Übergangsmatrix hat folgende Gestalt:

$$\begin{array}{lc} & \text{von:}\quad K \quad\; M \quad\; G \\ \text{nach:} & \\ \begin{array}{c} K \\ M \\ G \end{array} & W = \begin{pmatrix} 0{,}3 & 0 & 0 \\ 0{,}5 & 0{,}4 & 0 \\ 0{,}1 & 0{,}55 & 0{,}98 \end{pmatrix} \end{array}$$

b) (1) Die Anzahl der Tannen in den einzelnen Größenklassen nach zwei Wachstumsperioden ergibt sich durch Multiplikation des Größenklassenvektors mit dem Quadrat der Übergangsmatrix.

$$A^2 \cdot \begin{pmatrix} 450 \\ 4\,230 \\ 5\,320 \end{pmatrix} = \begin{pmatrix} 0{,}25 & 0 & 0 \\ 0{,}7 & 0{,}55 & 0 \\ 0 & 0{,}4 & 0{,}95 \end{pmatrix}^2 \cdot \begin{pmatrix} 450 \\ 4\,230 \\ 5\,320 \end{pmatrix} = \begin{pmatrix} 28{,}125 \\ 1\,531{,}58 \\ 7\,465{,}3 \end{pmatrix}$$

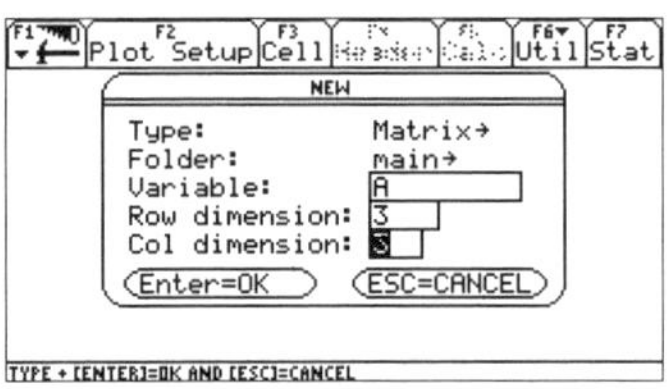

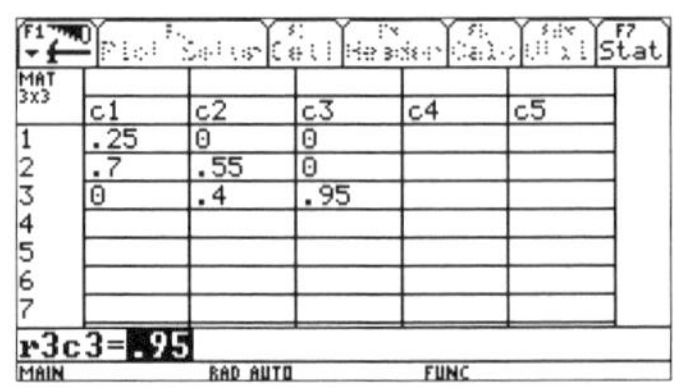

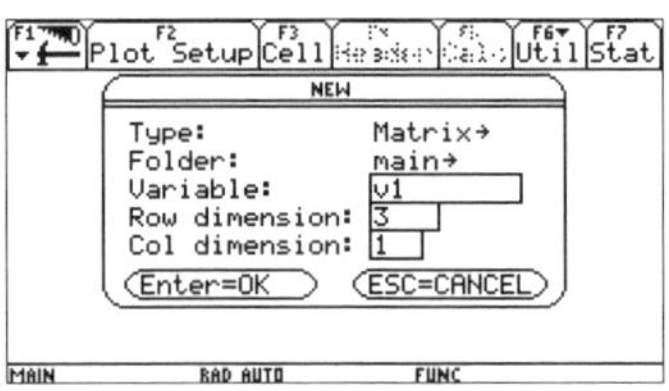

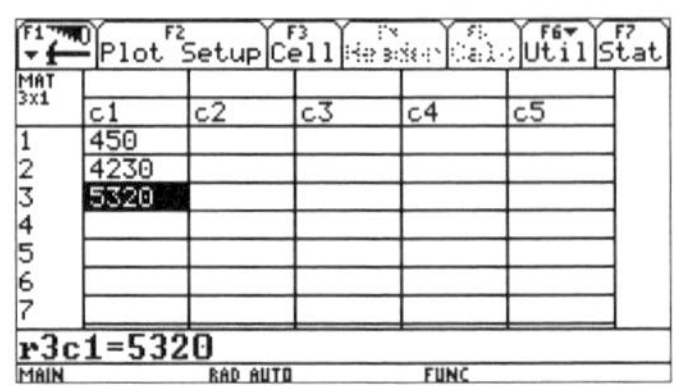

Nach zwei Wachstumsperioden befinden sich auf der Waldfläche ca. 28 Tannen der Größenklasse K, 1 532 Tannen der Größenklasse M und 7 465 Tannen der Größenklasse G.

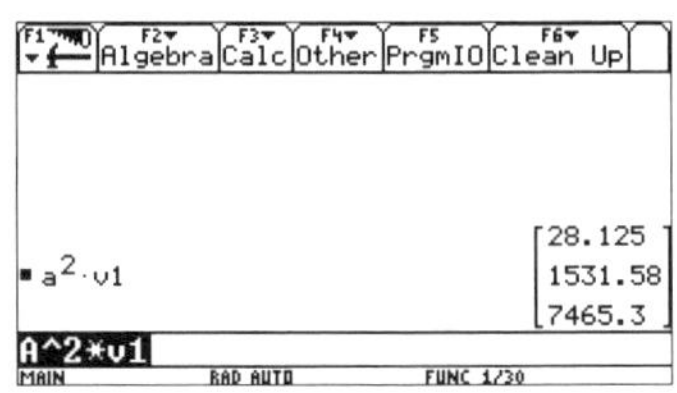

(2) Um zu ermitteln, wie viele Tannen in den einzelnen Größenklassen zwei Wachstumsperioden vor dem Zeitpunkt der Bestandsaufnahme vorhanden waren, ist folgende Gleichung zu lösen:

$$A^2 \cdot \begin{pmatrix} x_1 \\ x_2 \\ x_3 \end{pmatrix} = \begin{pmatrix} 450 \\ 4\,230 \\ 5\,320 \end{pmatrix}$$

$$\Leftrightarrow \quad \begin{pmatrix} x_1 \\ x_2 \\ x_3 \end{pmatrix} = A^{-2} \cdot \begin{pmatrix} 450 \\ 4\,230 \\ 5\,320 \end{pmatrix}$$

$$\Leftrightarrow \quad \begin{pmatrix} x_1 \\ x_2 \\ x_3 \end{pmatrix} \approx \begin{pmatrix} 7\,200 \\ 655 \\ 3\,226 \end{pmatrix}$$

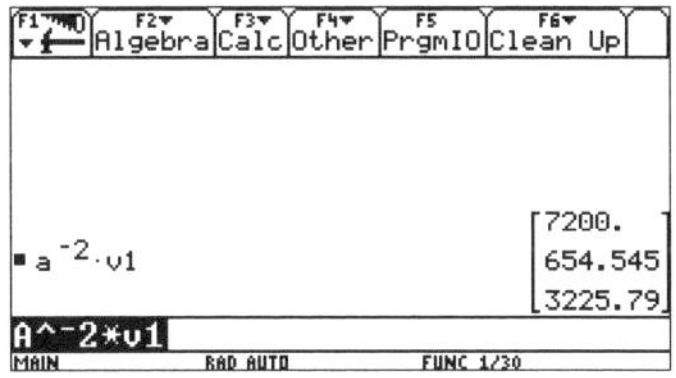

Zwei Wachstumsperioden zuvor waren 7 200 Tannen der Größenklasse K, 655 Tannen der Größenklasse M und 3 226 Tannen der Größenklasse G vorhanden.

(3) Der Bestandsvektor zu Beginn einer beliebigen Wachstumsperiode sei
$\vec{x} = \begin{pmatrix} x_1 \\ x_2 \\ x_3 \end{pmatrix}.$

Der Bestand am Ende der Wachstumsperiode ergibt sich durch Multiplikation mit der Übergangsmatrix A.

$$A \cdot \begin{pmatrix} x_1 \\ x_2 \\ x_3 \end{pmatrix} = \begin{pmatrix} 0{,}25x_1 \\ 0{,}7x_1 + 0{,}55x_2 \\ 0{,}4x_2 + 0{,}95x_3 \end{pmatrix}$$

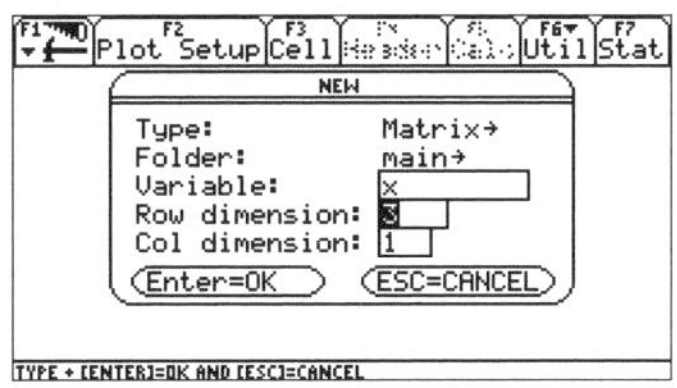

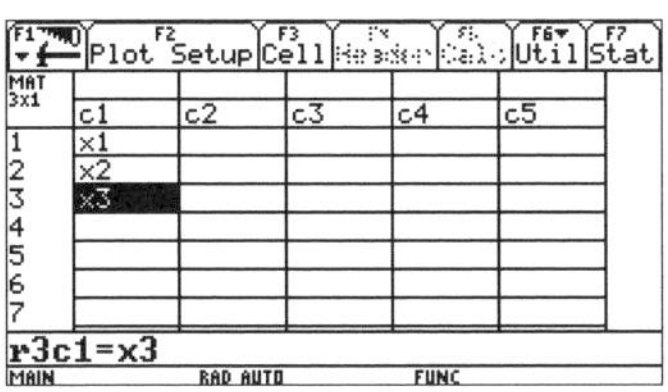

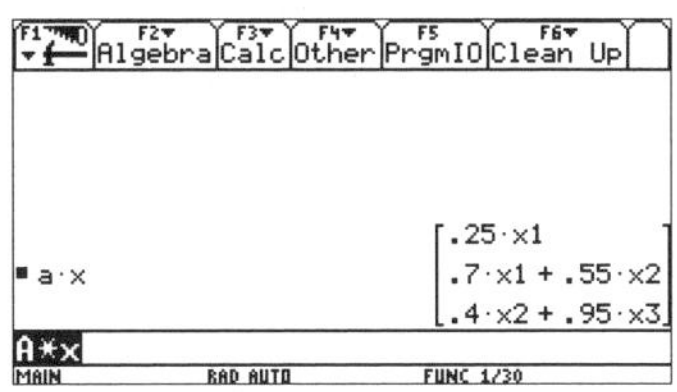

Der Gesamtbestand ergibt sich durch Addition der Einzelbestände:

$$0{,}25x_1 + 0{,}7x_1 + 0{,}55x_2 + 0{,}4x_2 + 0{,}95x_3 = 0{,}95x_1 + 0{,}95x_2 + 0{,}95x_3$$
$$= 0{,}95(x_1 + x_2 + x_3)$$

Der Gesamtbestand am Ende einer beliebigen Wachstumsperiode beträgt 95 % des Bestandes zu Beginn der Wachstumsperiode.

Um zu berechnen, nach wie vielen Wachstumsperioden n erstmals weniger als 60 % des ursprünglichen Gesamtbestandes vorhanden sind, ist die folgende Ungleichung zu lösen:

$$0{,}95^{n} < 0{,}6 \quad\Leftrightarrow\quad n \cdot \ln 0{,}95 < \ln 0{,}6$$

$$\Leftrightarrow\quad n > \frac{\ln 0{,}6}{\ln 0{,}95} \qquad |\ \ln 0{,}95 < 0$$

$$\Leftrightarrow\quad n > 9{,}95892$$

$$\Leftrightarrow\quad n \geq 10$$

Nach 10 Wachstumsperioden sind erstmals weniger als 60 % des ursprünglichen Gesamtbestandes an Tannen vorhanden.

(4) Die Aufgabenstellung wird heuristisch gelöst.

n = 1

Verteilung nach einer Wachstumsperiode:

$$A \cdot \begin{pmatrix} 450 \\ 4\,230 \\ 5\,320 \end{pmatrix} = \begin{pmatrix} 112{,}5 \\ 2\,641{,}5 \\ 6\,746 \end{pmatrix}$$

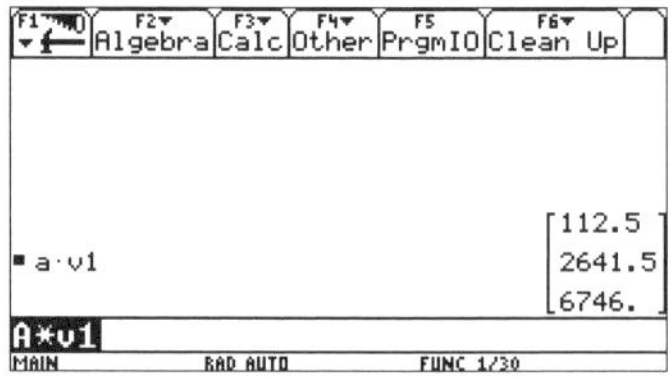

Anteil Größenklasse G am Gesamtbestand:

$$\frac{6\,746}{113 + 2\,642 + 6\,746} \approx 71{,}0\ \%$$

n = 2

Verteilung nach zwei Wachstumsperioden:

$$A^{2} \cdot \begin{pmatrix} 450 \\ 4\,230 \\ 5\,320 \end{pmatrix} = \begin{pmatrix} 28{,}125 \\ 1\,531{,}58 \\ 7\,465{,}3 \end{pmatrix}$$

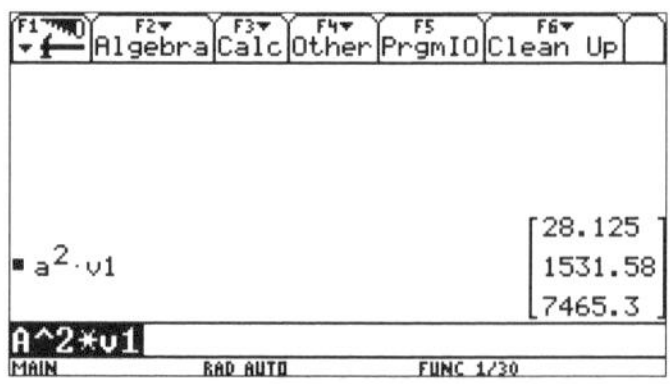

Anteil Größenklasse G am Gesamtbestand:

$$\frac{7\,465}{28 + 1\,532 + 7\,465} \approx 82{,}7\ \%$$

n = 3

Verteilung nach drei Wachstumsperioden:

$$A^{3} \cdot \begin{pmatrix} 450 \\ 4\,230 \\ 5\,320 \end{pmatrix} = \begin{pmatrix} 7{,}03 \\ 862{,}05 \\ 7\,704{,}67 \end{pmatrix}$$

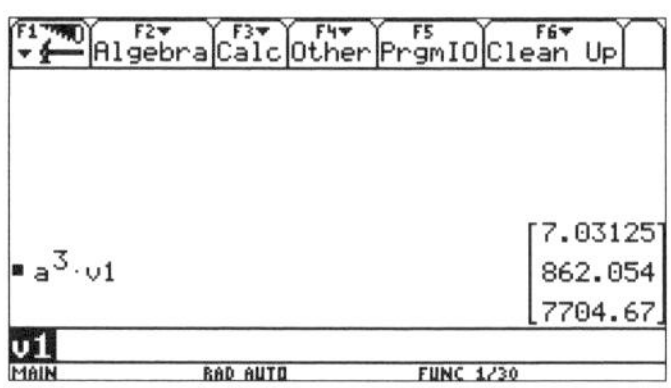

Anteil Größenklasse G am Gesamtbestand:

$$\frac{7\,705}{7 + 862 + 7\,705} \approx 89{,}9\ \%$$

n = 4

Verteilung nach vier Wachstumsperioden:

$$A^4 \cdot \begin{pmatrix} 450 \\ 4\,230 \\ 5\,320 \end{pmatrix} = \begin{pmatrix} 1{,}76 \\ 479{,}05 \\ 7\,664{,}25 \end{pmatrix}$$

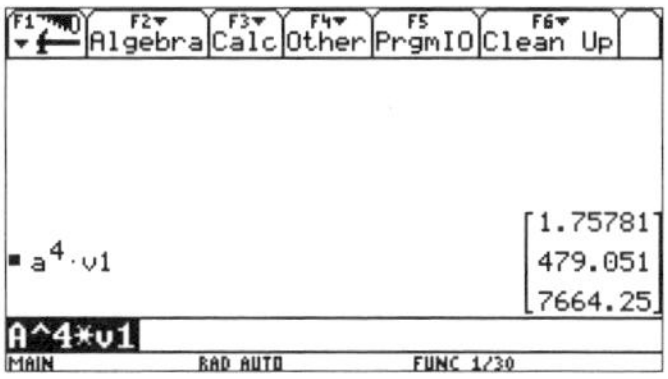

Anteil Größenklasse G am Gesamtbestand:

$$\frac{7\,664}{2 + 479 + 7\,664} \approx 94{,}1\,\%$$

Nach vier Wachstumsperioden gehören erstmals mehr als 90 % der vorhandenen Tannen zur Größenklasse G.

c) (1) Der Bestand am Ende einer Wachstumsperiode wurde bereits in Teilaufgabe b (3) berechnet.

$$\vec{x} = A \cdot \begin{pmatrix} x_1 \\ x_2 \\ x_3 \end{pmatrix} = \begin{pmatrix} 0{,}25x_1 \\ 0{,}7x_1 + 0{,}55x_2 \\ 0{,}4x_2 + 0{,}95x_3 \end{pmatrix}$$

Da 56 % des Bestandes an Tannen der Größenklasse G am Ende der Wachstumsperiode gefällt werden, verbleibt die folgende Anzahl von Tannen in dieser Größenklasse:

$$0{,}44 \cdot (0{,}4x_2 + 0{,}95x_3) = 0{,}176x_2 + 0{,}418x_3$$

Nach dem Fällen ergibt sich somit folgender Bestandsvektor:

$$\begin{pmatrix} 0{,}25x_1 \\ 0{,}7x_1 + 0{,}55x_2 \\ 0{,}176x_2 + 0{,}418x_3 \end{pmatrix}$$

(2) Die Anzahl der Tannen, die in der Größenklasse K neu gesetzt werden sollen, entspricht der Anzahl der Tannen, die in der Größenklasse G gefällt wurden:

$$0{,}56 \cdot (0{,}4x_2 + 0{,}95x_3) = 0{,}224x_2 + 0{,}532x_3$$

Damit ergibt sich folgender Bestandsvektor nach dem Wiederaufforsten:

$$\begin{pmatrix} 0{,}25x_1 + 0{,}224x_2 + 0{,}532x_3 \\ 0{,}7x_1 + 0{,}55x_2 \\ 0{,}176x_2 + 0{,}418x_3 \end{pmatrix}$$

Somit ergibt sich die neue Übergangsmatrix C mit:

$$C = \begin{pmatrix} 0{,}25 & 0{,}224 & 0{,}532 \\ 0{,}7 & 0{,}55 & 0 \\ 0 & 0{,}176 & 0{,}418 \end{pmatrix}$$

(3) Da in der Größenklasse K so viele Tannen neu gepflanzt werden sollen, wie zuvor in der Größenklasse G gefällt worden sind, ändert sich an der Gesamtsituation im Vergleich zu Teilaufgabe b (3) nichts. Der Gesamtbestand am Ende einer Wachstumsperiode beträgt wieder 95 % des Anfangsbestands.

(4) Damit der Bestand am Ende der Wachstumsperiode wieder genauso groß ist wie zu Beginn der Wachstumsperiode, müssen zusätzlich zu den $0{,}56 \cdot (0{,}4x_2 + 0{,}95x_3) = 0{,}224x_2 + 0{,}532x_3$ Tannen aus Teilaufgabe c (2) (Ersatzbedarf für gefällte Tannen) weitere 5 %, also $0{,}05 \cdot (x_1 + x_2 + x_3)$ Tannen gesetzt werden.

Das ergibt insgesamt:
$0{,}224x_2 + 0{,}532x_3 + 0{,}05 \cdot (x_1 + x_2 + x_3) = 0{,}05x_1 + 0{,}274x_2 + 0{,}582x_3$
Dies ist die Anzahl der Tannen, die insgesamt in Größenklasse K neu gesetzt werden müssen.

Die Funktion f ist gegeben durch $f(x) = (2 - x) \cdot e^x$, $x \in \mathbb{R}$.
Die Graphen der Funktion f und ihrer Ableitungsfunktion f' sind in der Abbildung dargestellt.

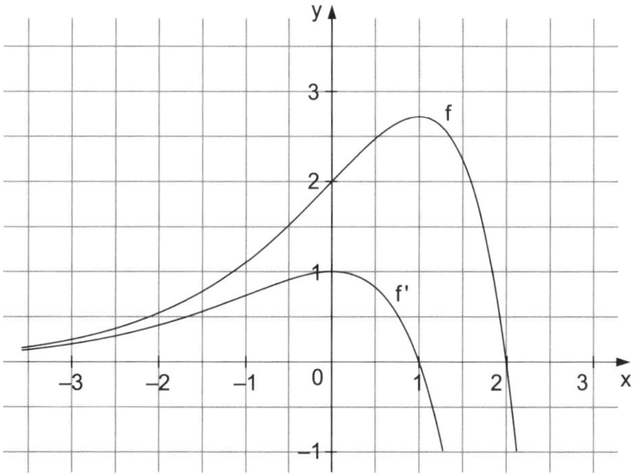

Abbildung

		Punkte
a)	(1) Berechnen Sie die Koordinaten der Schnittpunkte des Graphen von f mit den Koordinatenachsen.	5
	(2) Bestimmen Sie rechnerisch die Koordinaten der Extrem- und Wendepunkte des Graphen von f. [Zur Kontrolle: $f'(x) = (1 - x) \cdot e^x$]	16
	(3) Untersuchen Sie, ob sich die Graphen der Funktionen f und f' schneiden.	4
b)	(1) Zeigen Sie, dass die Funktion F mit der Gleichung $F(x) = (3 - x) \cdot e^x$ eine Stammfunktion von f ist.	4
	(2) Ermitteln Sie für $0 \le z \le 2$ den Inhalt A(z) der zwischen dem Graphen von f und der x-Achse im Intervall [0; z] eingeschlossenen Fläche in Abhängigkeit von z. [Zur Kontrolle: $A(z) = (3 - z) \cdot e^z - 3$]	6

c) Auf einem Erdölfeld wird Öl gefördert. Durch die Funktion f wird nun für $0 \leq x \leq 2$ die Förderrate[1] von Beginn des Jahres 2013 bis Ende des Jahres 2014 modelliert. Dabei wird x als Maßzahl der Zeit zur Einheit 1 Jahr und f(x) als Maßzahl der Förderrate zur Einheit 1 Million Tonnen pro Jahr aufgefasst.

(1) Beschreiben Sie den Verlauf des Graphen von f im Intervall [0; 2] im Sachzusammenhang. 3

(2) Bestimmen Sie die für den gesamten Zeitraum von Beginn des Jahres 2013 bis Ende des Jahres 2014 zu erwartende Fördermenge. 4

(3) Am Ende des ersten Quartals 2014 erkennt der Betreiber, dass die Förderrate von diesem Zeitpunkt an – im Gegensatz zur Modellierung durch die Funktion f – bis zum Ende der Ölförderung linear abnehmen wird. Zur Darstellung der Förderrate für die verbleibende Dauer der Ölförderung wird daher eine lineare Funktion g gesucht, deren Graph zum Zeitpunkt $x = \frac{5}{4}$ dieselbe Steigung hat wie der Graph der Funktion f.
Ermitteln Sie eine Gleichung dieser Funktion g.
Berechnen Sie den Zeitpunkt, zu dem die Ölförderung enden wird.
[Zur Kontrolle: $g(x) = \frac{1}{16}e^{\frac{5}{4}} \cdot (17 - 4x)$] 8

---

1 Unter **Förderrate** ist stets die **momentane Förderrate** zu verstehen.

Hinweise und Tipps

Teilaufgabe a

(1) Setzen Sie zur Bestimmung des Schnittpunktes mit der x-Achse den y-Wert gleich null und zur Bestimmung des Schnittpunktes mit der y-Achse den x-Wert gleich null.

(2) Leiten Sie die Funktion f mithilfe der Produktregel ab.

Die notwendige Bedingung für Extremstellen lautet: $f'(x) = 0$

Die hinreichende Bedingung für eine Extremstelle lautet: $f'(x) = 0$ und bei der möglichen Extremstelle hat f' einen Vorzeichenwechsel oder $f''(x) \neq 0$ ($f''(x) < 0 \Rightarrow$ Maximumstelle; $f''(x) > 0 \Rightarrow$ Minimumstelle)

Die notwendige Bedingung für Wendestellen lautet: $f''(x) = 0$

Die hinreichende Bedingung für eine Wendestelle lautet: $f''(x) = 0$ und bei der möglichen Wendestelle hat f'' einen Vorzeichenwechsel oder $f'''(x) \neq 0$

(3) Setzen Sie die Funktionsterme von f und f' gleich.

Gibt es ein x, das die Gleichung erfüllt?

Teilaufgabe b

(1) Berechnen Sie die Ableitung von F(x) und vergleichen Sie sie mit f(x).

(2) Beachten Sie die Stammfunktion aus Teilaufgabe b (1).

Teilaufgabe c

(1) Führen Sie in der Beschreibung den Anfangs- und Endwert, das Maximum sowie das Steigungsverhalten an.

(2) Die gesamte Fördermenge entspricht der Fläche, die der Graph der Funktion f mit der x-Achse einschließt.

Benutzen Sie das Ergebnis aus Teilaufgabe b (1).

(3) Benutzen Sie $f\left(\frac{5}{4}\right)$ und $f'\left(\frac{5}{4}\right)$ zum Aufstellen des Funktionsterms der Geraden g.

Die allgemeine Form der Geradengleichung lautet: $y = mx + b$

Die Erdölförderung endet zu dem Zeitpunkt, zu dem die Gerade die x-Achse schneidet.

Lösung

a) (1) Beim Schnittpunkt mit der y-Achse ist der x-Wert null.

$f(0) = (2-0) \cdot e^0 = 2$

Beim Schnittpunkt mit der x-Achse ist der y-Wert null.

$$\begin{aligned} (2-x) \cdot e^x &= 0 \quad \left|: e^x \neq 0 \right. \\ 2-x &= 0 \\ x &= 2 \end{aligned}$$

Der Schnittpunkt S_y des Graphen mit der y-Achse hat die Koordinaten $S_y(0\,|\,2)$ und der Schnittpunkt N des Graphen mit der x-Achse die Koordinaten $N(2\,|\,0)$.

(2) Die Ableitungen der Funktion f werden mithilfe der Produktregel berechnet.

$f'(x) = (-1) \cdot e^x + (2-x) \cdot e^x = (-1+2-x) \cdot e^x = (1-x) \cdot e^x$

$f''(x) = (-1) \cdot e^x + (1-x) \cdot e^x = (-1+1-x) \cdot e^x = -x \cdot e^x$

Notwendige Bedingung für Extremstellen: $f'(x) = 0$

$$\begin{aligned} (1-x) \cdot e^x &= 0 \quad \left|: e^x \neq 0 \right. \\ 1-x &= 0 \\ x &= 1 \end{aligned}$$

Bei $x = 1$ liegt eine mögliche Extremstelle.

Hinreichende Bedingung für eine Extremstelle: $f'(x) = 0$ und bei der möglichen Extremstelle hat f' einen Vorzeichenwechsel

	$1-x$	e^x	$f'(x)$
$x < 1$	+	+	+
$x > 1$	–	+	–

Bei $x = 1$ hat die Ableitungsfunktion f' einen Vorzeichenwechsel von + nach –. $x = 1$ ist somit eine Maximumstelle.

Alternativ:
Hinreichende Bedingung für eine Extremstelle: $f'(x) = 0$ und $f''(x) \neq 0$

$f''(1) = -1 \cdot e^1 = -e < 0$

Somit liegt ein Maximum vor.

Für den Funktionswert gilt:

$f(1) = (2-1) \cdot e^1 = e$

Der Graph der Funktion hat den lokalen (relativen) Hochpunkt $H(1\,|\,e)$.

Notwendige Bedingung für Wendestellen: $f''(x)=0$

$-x \cdot e^x = 0 \quad |:(-e^x) \neq 0$

$x = 0$

Bei $x=0$ liegt eine mögliche Wendestelle.

Hinreichende Bedingung für eine Wendestelle: $f''(x)=0$ und bei der möglichen Wendestelle hat f'' einen Vorzeichenwechsel

	$-x$	e^x	$f''(x)$
$x<0$	+	+	+
$x>0$	−	+	−

Bei $x=0$ hat die Ableitungsfunktion f'' einen Vorzeichenwechsel von + nach −. $x=0$ ist somit eine Wendestelle.

Alternativ:
Hinreichende Bedingung für eine Wendestelle: $f''(x)=0$ und $f'''(x) \neq 0$

Die Ableitung der Funktion f''' wird wieder mithilfe der Produktregel berechnet.

$f'''(x) = -e^x - x \cdot e^x = (-1-x) \cdot e^x$

$f'''(0) = (-1-0) \cdot e^0 = -1 \neq 0$

Für den Funktionswert gilt:

$f(0) = (2-0) \cdot e^0 = 2$

Der Graph der Funktion hat im Schnittpunkt mit der y-Achse den Wendepunkt $W(0|2)$.

(3) Durch Gleichsetzen der Funktionsterme der Funktionen f und f' erhält man folgende Gleichung:

$(2-x) \cdot e^x = (1-x) \cdot e^x \quad |: e^x \neq 0$

$2-x = 1-x$

$2 = 1$ falsche Aussage

Es gibt kein x, das die Gleichung erfüllt. Die Graphen der Funktionen f und f' schneiden sich nicht.

b) (1) Eine Funktion F ist dann eine Stammfunktion der Funktion f, wenn $F'(x)=f(x)$ gilt.
Die Ableitung der Funktion F(x) wird mithilfe der Produktregel berechnet.

$F'(x) = (-1) \cdot e^x + (3-x) \cdot e^x = (-1+3-x) \cdot e^x = (2-x) \cdot e^x = f(x)$

Die Funktion F(x) ist eine Stammfunktion der Funktion f.

(2) Für $0 \le z \le 2$ verläuft der Graph der Funktion im I. Quadranten (siehe Abbildung sowie Teilaufgaben a (1) und a (2)). Daher ist der Wert des Integrals positiv, sodass man den Betrag weglassen kann.

Mit der Stammfunktion aus Teilaufgabe b (1) erhält man:

$$A(z) = \int_0^z f(x)\,dx = F(z) - F(0) = (3-z)\cdot e^z - (3-0)\cdot e^0 = (3-z)\cdot e^z - 3$$

c) (1) Zu Beginn des Jahres 2013 beträgt die Förderrate 2 Millionen Tonnen pro Jahr. Vom Anfang des Jahres 2013 steigt die Förderrate bis zum Ende des Kalenderjahres streng monoton an und erreicht Ende des Jahres 2013 das Maximum mit ca. 2,7 Millionen Tonnen pro Jahr. Von Beginn des Jahres 2014 an fällt die Förderrate streng monoton. Gegen Ende des Jahres ist die Förderrate 0.

(2) Die gesamte Fördermenge in den Jahren 2013 und 2014 entspricht der Fläche, die der Graph der Funktion f und die x-Achse im Intervall [0; 2] einschließen.

Mit dem Ergebnis aus Teilaufgabe b (1) erhält man:

$A(2) = (3-2)\cdot e^2 - 3 = e^2 - 3 \approx 4{,}39$

In den Jahren 2013 und 2014 werden ca. 4,39 Millionen Tonnen Erdöl gefördert.

(3) Das Ende des ersten Quartals 2014 entspricht $x = \frac{5}{4}$. Die Gerade schließt sich an der Stelle $x = \frac{5}{4}$ versatzfrei $\left(f\left(\frac{5}{4}\right) = g\left(\frac{5}{4}\right)\right)$ und knickfrei $\left(f'\left(\frac{5}{4}\right) = g'\left(\frac{5}{4}\right)\right)$ an.

Es gelten:

$$f\left(\frac{5}{4}\right) = \left(2 - \frac{5}{4}\right)\cdot e^{\frac{5}{4}} = \frac{3}{4}\cdot e^{\frac{5}{4}}$$

$$f'\left(\frac{5}{4}\right) = \left(1 - \frac{5}{4}\right)\cdot e^{\frac{5}{4}} = -\frac{1}{4}\cdot e^{\frac{5}{4}}$$

Einsetzen in die allgemeine Form der Geradengleichung $y = mx + b$ ergibt folgende Gleichung:

$$\frac{3}{4}\cdot e^{\frac{5}{4}} = -\frac{1}{4}\cdot e^{\frac{5}{4}}\cdot\frac{5}{4} + b$$

$$b = \frac{3}{4}\cdot e^{\frac{5}{4}} + \frac{5}{16}\cdot e^{\frac{5}{4}}$$

$$b = \frac{17}{16}\cdot e^{\frac{5}{4}}$$

Die Gleichung der Geraden g lautet:

$$g(x) = -\frac{1}{4}\cdot e^{\frac{5}{4}}\cdot x + \frac{17}{16}\cdot e^{\frac{5}{4}} = \frac{17}{16}\cdot e^{\frac{5}{4}} - \frac{4}{16}\cdot e^{\frac{5}{4}}\cdot x = \frac{1}{16}\cdot e^{\frac{5}{4}}(17-4x)$$

Die Erdölförderung endet, wenn die Förderrate gleich null ist. Das ist im Schnittpunkt der Geraden g mit der x-Achse der Fall:

$$\frac{1}{16}\cdot e^{\frac{5}{4}}(17-4x)=0 \quad \Big|:\left(\frac{1}{16}\cdot e^{\frac{5}{4}}\right)\neq 0$$

$$17-4x=0$$

$$4x=17$$

$$x=\frac{17}{4}=4\frac{1}{4}$$

Die Erdölförderung endet 4,25 Jahre nach Beginn der Modellierung im Jahr 2013. Dies ist am Ende des 1. Quartals des Jahres 2017.

Nordrhein-Westfalen – Mathematik Grundkurs
2014 – Aufgabe 3: Analytische Geometrie (WTR/CAS)

Ein Blatt DIN-A4-Papier liegt in der x_1x_2-Ebene. Gegeben sind seine Eckpunkte $O(0\,|\,0\,|\,0)$, $A(\sqrt{2}\,|\,0\,|\,0)$, $B(\sqrt{2}\,|\,1\,|\,0)$ und $C(0\,|\,1\,|\,0)$ sowie der Punkt $D(1\,|\,1\,|\,0)$.[1]
Das Blatt wird jetzt entlang der Strecke $\overline{OD}$ gefaltet. Das Dreieck ODC bleibt dabei fest, während das Viereck OABD in das Viereck OA'B'D übergeht, das wieder in der x_1x_2-Ebene liegt. Die Gegebenheiten sind in den folgenden Schrägbildern dargestellt. Zur Veranschaulichung kann das beigefügte DIN-A4-Blatt entsprechend gefaltet werden.[2]

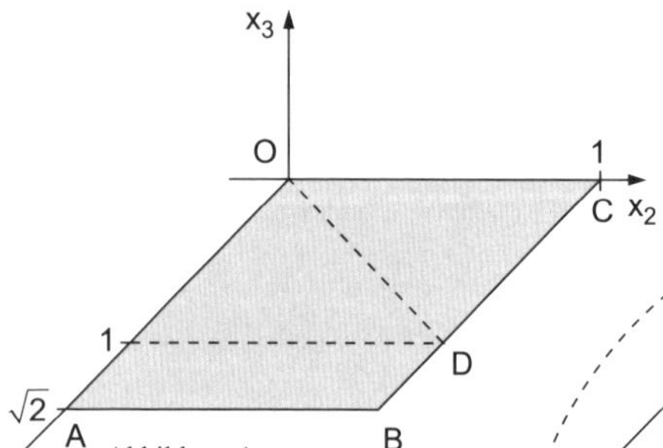

Abbildung 1

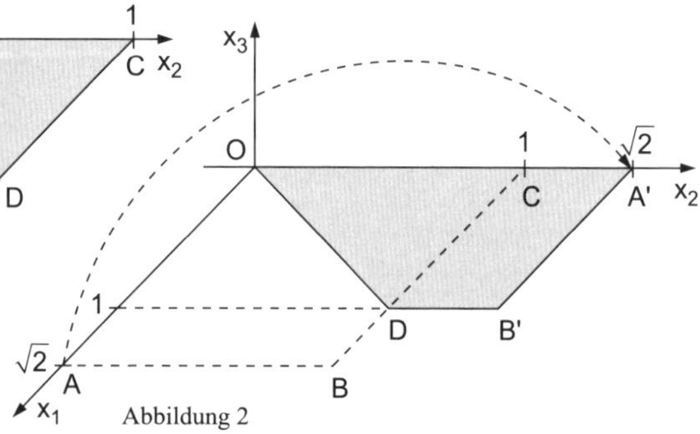

Abbildung 2

		Punkte
a)	(1) Geben Sie die Koordinaten des Mittelpunktes M der Strecke $\overline{OD}$ an.	3
	(2) Zeigen Sie, dass die Gerade CM senkrecht zur Geraden OD ist.	5
	(3) Bestimmen Sie den Abstand des Punktes C von der Geraden OD.	4
b)	Die Ecke des Blattes, die durch das Falten aus der Position A in die Position A' gebracht wird, bewegt sich bei dem Faltvorgang auf einem Halbkreis in einer Ebene E, die senkrecht zur x_1x_2-Ebene ist (siehe Abbildungen 1 bis 3).	
	(1) Leiten Sie je eine Gleichung dieser Ebene E in Parameterform und in Koordinatenform her. [Zur Kontrolle: E: $x_1 + x_2 = \sqrt{2}$]	8

1 Als Längeneinheit (LE) wird die Länge der kürzeren Seite des DIN-A4-Blattes verwendet.
2 Anmerkung der Redaktion: In der Originalaufgabe wurde ein DIN-A4-Blatt beigelegt, das in dem vorliegenden Buch fehlt.

(2) Bestimmen Sie die Koordinaten des Schnittpunktes S der Ebene E mit der Geraden OD.

[Zur Kontrolle: $S\left(\frac{1}{2}\sqrt{2}\,\middle|\,\frac{1}{2}\sqrt{2}\,\middle|\,0\right)$] 6

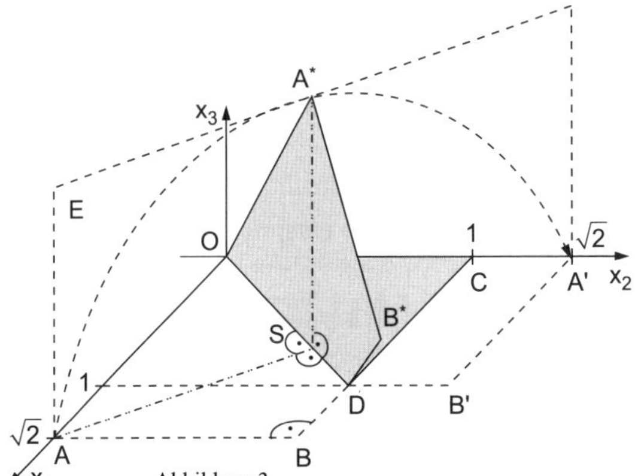

Abbildung 3

Während des Faltvorgangs wird das beim Falten bewegte Papier-Viereck auch in die Position des Vierecks OA^*B^*D gebracht, das in einer sowohl zur x_1x_2-Ebene als auch zur Ebene E aus b) senkrechten Ebene E^* liegt (siehe Abbildung 3).

c) (1) Leiten Sie eine Gleichung der Ebene E^* in Parameterform her. 4

(2) Ermitteln Sie die Koordinaten des Punktes A^*. 6

d) (1) Begründen Sie, dass das Viereck ABDS ein Drachenviereck ist. 8

(2) Ermitteln Sie den Flächeninhalt des Vierecks ABDS. 6

Hinweise und Tipps

Teilaufgabe a

(1) Der Mittelpunkt M der Strecke $\overline{AB}$ kann durch $\vec{m} = \frac{1}{2}(\vec{a} + \vec{b})$ berechnet werden.

(2) Geraden stehen dann senkrecht aufeinander, wenn die Richtungsvektoren der Geraden senkrecht aufeinander stehen.

Vektoren stehen senkrecht aufeinander, wenn das Skalarprodukt der Vektoren gleich null ist.

(3) Beachten Sie, dass die Geraden OD und CM senkrecht aufeinander stehen.

Der Abstand des Punktes C von der Geraden OD entspricht der Länge der Strecke $\overline{CM}$.

Für die Länge eines Vektors $\vec{a}$ gilt: $|\vec{a}| = \left|\begin{pmatrix} a_1 \\ a_2 \\ a_3 \end{pmatrix}\right| = \sqrt{a_1^2 + a_2^2 + a_3^2}$

Teilaufgabe b

(1) Bestimmen Sie aus der Lagebeschreibung der Ebene E zwei Spannvektoren der Ebene.

Wählen Sie einen Punkt der Ebene und stellen Sie die Parameterform der Ebene auf.

Ein Normalenvektor $\vec{n} = \begin{pmatrix} n_1 \\ n_2 \\ n_3 \end{pmatrix}$ der Ebene steht senkrecht auf den Spannvektoren der Ebene.

Vektoren stehen senkrecht aufeinander, wenn das Skalarprodukt der Vektoren gleich null ist.

Stellen Sie die Punkt-Normalenform der Ebenengleichung auf.

Formen Sie die Punkt-Normalenform um in die Koordinatenform.

(2) Es ist günstig, die Koordinatenform der Ebene E zu benutzen.

Setzen Sie die Koordinatengleichungen der Geraden in die Koordinatenform der Ebene E ein.

Teilaufgabe c

(1) Bestimmen Sie aus der Lagebeschreibung der Ebene E zwei Spannvektoren der Ebene.

Wählen Sie einen Punkt der Ebene und stellen Sie die Parameterform der Ebene auf.

(2) Beachten Sie, dass S der Lotfußpunkt von A^* auf die x_1x_2-Ebene ist, und überlegen Sie, welche Bedeutung dies für die Koordinaten des Punktes A^* hat.

A^* liegt auf der Schnittgeraden h der Ebenen E und E^*.

Die Gerade h ist festgelegt durch den Punkt S und den Normalenvektor der x_1x_2-Ebene.

Beachten Sie, dass $|\overline{SA}| = |\overline{SA^*}|$ ist.

Bestimmen Sie mithilfe der Länge $|\overline{SA}|$ die fehlende Koordinate des Punktes A^*.

Alternativ: Beachten Sie, dass $\vec{n} = \begin{pmatrix} 0 \\ 0 \\ 1 \end{pmatrix}$ ein Einheitsnormalenvektor ist.

Tragen Sie von S aus das k-Fache des Einheitsnormalenvektors ab, wobei k die Länge von $|\overline{SA}|$ ist.

Teilaufgabe d

(1) Bei einem Drachenviereck sind je zwei benachbarte Seiten gleich lang.

Berechnen Sie die Seitenlängen und vergleichen Sie die Längen.

(2) Der Drachen lässt sich in zwei rechtwinklige Dreiecke zerlegen.

Der Flächeninhalt eines rechtwinkligen Dreiecks mit den Katheten a und b berechnet sich nach folgender Formel: $A = \frac{1}{2} \cdot a \cdot b$

Alternativ: Der Flächeninhalt eines Drachens ist gleich dem halben Produkt der Längen der Diagonalen: $A = \frac{1}{2} \cdot e \cdot f$

Lösung

a) (1) Der Mittelpunkt M der Strecke $\overline{AB}$ kann durch die folgende Formel berechnet werden:

$$\vec{m} = \tfrac{1}{2}(\vec{a} + \vec{b})$$

Damit erhält man:

$$\vec{m} = \frac{1}{2}\left[\begin{pmatrix}0\\0\\0\end{pmatrix} + \begin{pmatrix}1\\1\\0\end{pmatrix}\right] = \begin{pmatrix}\frac{1}{2}\\\frac{1}{2}\\0\end{pmatrix}$$

Der Mittelpunkt M der Strecke $\overline{OD}$ hat die Koordinaten $M\left(\frac{1}{2} \mid \frac{1}{2} \mid 0\right)$.

(2) Die Geraden CM und OD stehen dann senkrecht aufeinander, wenn die Richtungsvektoren der Geraden senkrecht aufeinander stehen. Dies ist der Fall, wenn das Skalarprodukt der Richtungsvektoren den Wert null ergibt.

$$\overrightarrow{CM} = \begin{pmatrix}\frac{1}{2}\\\frac{1}{2}\\0\end{pmatrix} - \begin{pmatrix}0\\1\\0\end{pmatrix} = \begin{pmatrix}\frac{1}{2}\\-\frac{1}{2}\\0\end{pmatrix}$$

$$\overrightarrow{CM} \circ \overrightarrow{OD} = \begin{pmatrix}\frac{1}{2}\\-\frac{1}{2}\\0\end{pmatrix} \circ \begin{pmatrix}1\\1\\0\end{pmatrix} = \frac{1}{2} - \frac{1}{2} = 0$$

Die Geraden CM und OD stehen senkrecht aufeinander.

(3) Der Abstand des Punktes C von der Geraden OD ist, da die Geraden CM und OD senkrecht aufeinander stehen, gleich dem Abstand der Punkte C und M.

Für die Länge eines Vektors $\vec{a}$ gilt:

$$|\vec{a}| = \left|\begin{pmatrix}a_1\\a_2\\a_3\end{pmatrix}\right| = \sqrt{a_1^2 + a_2^2 + a_3^2}$$

Damit gilt:

$$|\overrightarrow{CM}| = \left|\begin{pmatrix}\frac{1}{2}\\-\frac{1}{2}\\0\end{pmatrix}\right| = \sqrt{\frac{1}{4} + \frac{1}{4}} = \frac{1}{2}\sqrt{2}\ [LE]$$

Der Abstand des Punktes C von der Geraden OD beträgt $\frac{1}{2}\sqrt{2}$ Längeneinheiten.

b) (1) Die Ebene E verläuft senkrecht zur x_1x_2-Ebene mit dem Normalenvektor

$\vec{n}_1 = \begin{pmatrix} 0 \\ 0 \\ 1 \end{pmatrix}$ und enthält die Gerade AA' mit folgendem Richtungsvektor:

$$\vec{v} = \begin{pmatrix} 0 \\ \sqrt{2} \\ 0 \end{pmatrix} - \begin{pmatrix} \sqrt{2} \\ 0 \\ 0 \end{pmatrix} = \begin{pmatrix} -\sqrt{2} \\ \sqrt{2} \\ 0 \end{pmatrix}$$

Wählt man A als Anbindungspunkt und die Vektoren $\vec{n}_1$ und $\vec{v}$ als Spannvektoren der Ebene E, so erhält man die Parameterform:

$$E\colon \vec{x} = \begin{pmatrix} \sqrt{2} \\ 0 \\ 0 \end{pmatrix} + r \cdot \begin{pmatrix} -\sqrt{2} \\ \sqrt{2} \\ 0 \end{pmatrix} + s \cdot \begin{pmatrix} 0 \\ 0 \\ 1 \end{pmatrix}$$

Ist $\vec{n} = \begin{pmatrix} n_1 \\ n_2 \\ n_3 \end{pmatrix}$ ein Normalenvektor der Ebene E, so gelten:

$$\begin{pmatrix} -\sqrt{2} \\ \sqrt{2} \\ 0 \end{pmatrix} \circ \begin{pmatrix} n_1 \\ n_2 \\ n_3 \end{pmatrix} = 0 \quad \Leftrightarrow \quad -\sqrt{2} \cdot n_1 + \sqrt{2} \cdot n_2 = 0 \quad \Leftrightarrow \quad n_1 = n_2$$

$$\begin{pmatrix} 0 \\ 0 \\ 1 \end{pmatrix} \circ \begin{pmatrix} n_1 \\ n_2 \\ n_3 \end{pmatrix} = 0 \quad \Leftrightarrow \quad n_3 = 0$$

Wählt man $n_1 = n_2 = 1$ als Komponenten des Normalenvektors und den Punkt A als Anbindungspunkt der Ebene, so erhält man die Punkt-Normalenform:

$$E\colon \begin{pmatrix} 1 \\ 1 \\ 0 \end{pmatrix} \circ \vec{x} - \begin{pmatrix} 1 \\ 1 \\ 0 \end{pmatrix} \circ \begin{pmatrix} \sqrt{2} \\ 0 \\ 0 \end{pmatrix} = 0$$

$$E\colon x_1 + x_2 = \sqrt{2}$$

Alternativ:
Die Koordinatengleichungen der Ebene E lauten:

I $\quad x_1 = \sqrt{2} - \sqrt{2} \cdot r$

II $\quad x_2 = \sqrt{2} \cdot r$

III $\quad x_3 = s$

Addition der Gleichungen I und II führt zur Koordinatenform:

$$E\colon x_1 + x_2 = \sqrt{2}$$

(2) Einsetzen der Koordinatengleichungen der Geraden OD: $\vec{x} = \begin{pmatrix} 0 \\ 0 \\ 0 \end{pmatrix} + r \cdot \begin{pmatrix} 1 \\ 1 \\ 0 \end{pmatrix}$ in die Koordinatenform von E: $x_1 + x_2 = \sqrt{2}$ ergibt:

$$r + r = \sqrt{2}$$
$$r = \frac{1}{2} \cdot \sqrt{2}$$

Einsetzen von r in die Geradengleichung ergibt:

$$\vec{s} = \begin{pmatrix} 0 \\ 0 \\ 0 \end{pmatrix} + \frac{1}{2}\sqrt{2} \cdot \begin{pmatrix} 1 \\ 1 \\ 0 \end{pmatrix} = \begin{pmatrix} \frac{1}{2}\sqrt{2} \\ \frac{1}{2}\sqrt{2} \\ 0 \end{pmatrix}$$

Die Koordinaten des Schnittpunktes S lauten: $S\left(\frac{1}{2}\sqrt{2} \mid \frac{1}{2}\sqrt{2} \mid 0\right)$

c) (1) Die Ebene E^*, die das Viereck OA^*B^*D enthält, wird aufgespannt vom Richtungsvektor der Geraden OD und dem Normalenvektor der x_1x_2-Ebene. Mit dem Ursprung als Anbindungspunkt der Ebene E^* erhält man die Parameterform:

$$E^*: \vec{x} = \begin{pmatrix} 0 \\ 0 \\ 0 \end{pmatrix} + r \begin{pmatrix} 1 \\ 1 \\ 0 \end{pmatrix} + s \cdot \begin{pmatrix} 0 \\ 0 \\ 1 \end{pmatrix}$$

(2) Da der Punkt S der Lotfußpunkt von A^* auf die x_1x_2-Ebene ist, sind die x_1- und die x_2-Koordinate von A^* und S gleich.

A^* liegt auf der Schnittgeraden h der Ebenen E und E^*. Diese Gerade ist festgelegt durch den Punkt S und den Normalenvektor der x_1x_2-Ebene.

$$h: \vec{x} = \begin{pmatrix} \frac{1}{2}\sqrt{2} \\ \frac{1}{2}\sqrt{2} \\ 0 \end{pmatrix} + t \cdot \begin{pmatrix} 0 \\ 0 \\ 1 \end{pmatrix}$$

Somit gilt:

$$\vec{a}^* = \begin{pmatrix} \frac{1}{2}\sqrt{2} \\ \frac{1}{2}\sqrt{2} \\ 0 \end{pmatrix} + t \cdot \begin{pmatrix} 0 \\ 0 \\ 1 \end{pmatrix} = \begin{pmatrix} \frac{1}{2}\sqrt{2} \\ \frac{1}{2}\sqrt{2} \\ t \end{pmatrix}$$

Zunächst wird die Länge der Strecke $\overline{SA}$ berechnet:

$$|\overrightarrow{SA}| = \left| \begin{pmatrix} \sqrt{2} \\ 0 \\ 0 \end{pmatrix} - \begin{pmatrix} \frac{1}{2}\sqrt{2} \\ \frac{1}{2}\sqrt{2} \\ 0 \end{pmatrix} \right| = \left| \begin{pmatrix} -\frac{1}{2}\sqrt{2} \\ -\frac{1}{2}\sqrt{2} \\ 0 \end{pmatrix} \right| = \sqrt{\frac{1}{4} \cdot 2 + \frac{1}{4} \cdot 2} = \sqrt{1} = 1$$

Für die Länge der Strecke $\overline{SA^*}$ gilt in Abhängigkeit von t:

$$|\overrightarrow{SA^*}| = \left|\begin{pmatrix} \frac{1}{2}\sqrt{2} \\ \frac{1}{2}\sqrt{2} \\ t \end{pmatrix} - \begin{pmatrix} \frac{1}{2}\sqrt{2} \\ \frac{1}{2}\sqrt{2} \\ 0 \end{pmatrix}\right| = \left|\begin{pmatrix} 0 \\ 0 \\ t \end{pmatrix}\right| = \sqrt{t^2} = \pm t$$

Wegen $|\overline{SA}| = |\overline{SA^*}| = 1$ gilt:
$t = 1$

Abbildung 3 entnimmt man, dass $t = 1$ sein muss. Für $t = -1$ würde A^* unterhalb der x_1x_2-Ebene verlaufen.

Die Koordinaten des Punktes A^* sind somit $A^*\left(\frac{1}{2}\sqrt{2} \mid \frac{1}{2}\sqrt{2} \mid 1\right)$.

Alternativ:

$$|\overrightarrow{SA^*}| = |\overrightarrow{SA}| = \left|\begin{pmatrix} \sqrt{2} \\ 0 \\ 0 \end{pmatrix} - \begin{pmatrix} \frac{1}{2}\sqrt{2} \\ \frac{1}{2}\sqrt{2} \\ 0 \end{pmatrix}\right| = \left|\begin{pmatrix} \frac{1}{2}\sqrt{2} \\ -\frac{1}{2}\sqrt{2} \\ 0 \end{pmatrix}\right| = \sqrt{\frac{1}{2} + \frac{1}{2}} = 1$$

$\vec{n} = \begin{pmatrix} 0 \\ 0 \\ 1 \end{pmatrix}$ ist ein Einheitsnormalenvektor, der von S aus in Richtung A^* zeigt.

Trägt man einen Vektor von S aus 1 LE in Richtung des Vektors $\vec{n}$ ab, so erhält man den Ortsvektor des Punktes A^*:

$$\vec{a}^* = \vec{s} + 1 \cdot \vec{n} = \begin{pmatrix} \frac{1}{2}\sqrt{2} \\ \frac{1}{2}\sqrt{2} \\ 0 \end{pmatrix} + 1 \cdot \begin{pmatrix} 0 \\ 0 \\ 1 \end{pmatrix} = \begin{pmatrix} \frac{1}{2}\sqrt{2} \\ \frac{1}{2}\sqrt{2} \\ 1 \end{pmatrix}$$

Die Koordinaten des Punktes A^* sind $A^*\left(\frac{1}{2}\sqrt{2} \mid \frac{1}{2}\sqrt{2} \mid 1\right)$.

d) (1) Ein Drachen ist ein Viereck, bei dem eine der beiden Diagonalen die Symmetrieachse ist. Die zwei benachbarten Seiten, die zueinander symmetrisch liegen, sind somit gleich lang.

Betrachtet man die Abbildung 3, so muss Folgendes gezeigt werden:
$|\overline{SA}| = |\overline{AB}|$ und $|\overline{DS}| = |\overline{DB}|$

Aus Teilaufgabe b (2) ist bekannt, dass $|\overline{SA}| = 1$ LE ist.
Da das Viereck OABC ein Rechteck ist, gilt $|\overline{AB}| = |\overline{OC}| = 1$ LE.
Damit gilt $|\overline{SA}| = |\overline{AB}|$.

Für die Längen von $|\overline{DS}|$ und $|\overline{DB}|$ gilt:

$$|\overrightarrow{DS}| = \left|\begin{pmatrix} \frac{1}{2}\sqrt{2} \\ \frac{1}{2}\sqrt{2} \\ 0 \end{pmatrix} - \begin{pmatrix} 1 \\ 1 \\ 0 \end{pmatrix}\right| = \sqrt{\left(\frac{1}{2}\sqrt{2}-1\right)^2 + \left(\frac{1}{2}\sqrt{2}-1\right)^2}$$

$$= \sqrt{2\cdot\left(\frac{1}{2}\sqrt{2}-1\right)^2}$$

$$= \sqrt{2}\cdot\left|\left(\frac{1}{2}\sqrt{2}-1\right)\right|$$

$$= \sqrt{2}\cdot\left(1-\frac{1}{2}\sqrt{2}\right)$$

$$= \sqrt{2}-1\,[\text{LE}]$$

$$|\overrightarrow{DB}| = \left|\begin{pmatrix} \sqrt{2} \\ 1 \\ 0 \end{pmatrix} - \begin{pmatrix} 1 \\ 1 \\ 0 \end{pmatrix}\right| = \sqrt{(\sqrt{2}-1)^2}$$

$$= |(\sqrt{2}-1)|$$

$$= \sqrt{2}-1\,[\text{LE}]$$

Damit gilt $|\overline{DS}| = |\overline{DB}|$.

Die benachbarten Seiten sind gleich lang. Bei dem Viereck ABDS handelt es sich um einen Drachen.

(2) Die Symmetrieachse unterteilt den Drachen in zwei kongruente Dreiecke. Abbildung 3 entnimmt man, dass diese Dreiecke rechtwinklig sind.
Der Flächeninhalt eines rechtwinkligen Dreiecks mit den Katheten a und b berechnet sich nach folgender Formel:

$$A = \frac{1}{2}\cdot a\cdot b$$

Mit den in Teilaufgabe d (1) berechneten Kathetenlängen erhält man als Flächeninhalt:

$$A = 2\cdot\frac{1}{2}\cdot 1\cdot(\sqrt{2}-1) = \sqrt{2}-1\,[\text{FE}]$$

Alternativ:
Der Flächeninhalt eines Drachens ist gleich dem halben Produkt der Längen der Diagonalen:

$$A = \frac{1}{2}\cdot e\cdot f$$

Für die Länge der Diagonalen gilt:

$$|\overrightarrow{AD}| = \left| \begin{pmatrix} 1 \\ 1 \\ 0 \end{pmatrix} - \begin{pmatrix} \sqrt{2} \\ 0 \\ 0 \end{pmatrix} \right| = \left| \begin{pmatrix} 1-\sqrt{2} \\ 1 \\ 0 \end{pmatrix} \right| = \sqrt{(1-\sqrt{2})^2+1}$$

$$= \sqrt{1-2\sqrt{2}+2+1}$$

$$= \sqrt{4-2\sqrt{2}}$$

$$= \sqrt{2\cdot(2-\sqrt{2})}\ [\text{LE}]$$

$$|\overrightarrow{BS}| = \left| \begin{pmatrix} \frac{1}{2}\sqrt{2} \\ \frac{1}{2}\sqrt{2} \\ 0 \end{pmatrix} - \begin{pmatrix} \sqrt{2} \\ 1 \\ 0 \end{pmatrix} \right| = \left| \begin{pmatrix} \frac{-1}{2}\sqrt{2} \\ \frac{1}{2}\sqrt{2}-1 \\ 0 \end{pmatrix} \right| = \sqrt{\frac{1}{2}+\left(\frac{1}{2}\sqrt{2}-1\right)^2}$$

$$= \sqrt{\frac{1}{2}+\frac{1}{2}-\sqrt{2}+1}$$

$$= \sqrt{2-\sqrt{2}}\ [\text{LE}]$$

Damit folgt:

$$A = \frac{1}{2}\cdot\sqrt{2\cdot(2-\sqrt{2})}\cdot\sqrt{2-\sqrt{2}} = \frac{1}{2}\cdot\sqrt{2}\cdot(2-\sqrt{2}) = \sqrt{2}-1\,[\text{FE}]$$

Nordrhein-Westfalen – Mathematik Grundkurs
2014 – Aufgabe 5: Stochastik (WTR / CAS)

Das Produkt „Fußball-Bundesliga“ ist ein Erfolgsmodell. Die Zuschauerzahlen erreichten in der Saison 2011 / 12 einen Rekord von durchschnittlich mehr als 40 000 pro Spiel. Dabei ist das Publikum mittlerweile zu 25 % weiblich.
Dieser Prozentsatz soll im Folgenden als Wahrscheinlichkeit verwendet werden.

Punkte

a) Berechnen Sie die Wahrscheinlichkeit, dass sich unter 200 bei einem Bundesliga-Spiel zufällig ausgewählten Zuschauern[1]

(1) genau 48 weibliche Zuschauer befinden, 2

(2) mindestens 35 und höchstens 60 weibliche Zuschauer befinden, 3

(3) eine Anzahl von weiblichen Zuschauern befindet, die um mindestens 10 von ihrem Erwartungswert abweicht. 5

b) Beschreiben Sie im vorliegenden Sachzusammenhang ein Ereignis E, dessen Wahrscheinlichkeit mit dem Term

$$P(E) = 1 - \sum_{k=0}^{300} \binom{1\,000}{k} \cdot 0{,}25^k \cdot 0{,}75^{1\,000-k}$$

berechnet werden kann.
[Hinweis: Der Wert dieses Terms muss nicht berechnet werden.] 4

c) Bei einem Bundesliga-Spiel strömen 20 000 Zuschauer ins Stadion. An weibliche Zuschauer soll ein Flyer verteilt werden, der auf ein spezielles Getränkeangebot hinweist.

(1) Ermitteln Sie auf der Grundlage der 20 000 Zuschauer das zum Erwartungswert symmetrische Intervall kleinster Länge, in dem die Anzahl der weiblichen Zuschauer mit einer Wahrscheinlichkeit von mindestens 0,9 liegt. 6

(2) Vor dem Spiel bildet sich an einem Kassenhäuschen eine Schlange von 50 Zuschauern.
Nennen Sie eine Voraussetzung, unter der die Wahrscheinlichkeit P, dass sich in der Schlange 12 weibliche Zuschauer befinden, folgendermaßen berechnet werden kann:

$$P = \binom{50}{12} \cdot 0{,}25^{12} \cdot 0{,}75^{38}$$

Entscheiden Sie, ob diese Berechnung in der vorliegenden Situation zulässig ist. 5

1 Der Begriff „Zuschauer“ soll stets männliche und weibliche Zuschauer umfassen.

d) Im Deutschen Fußballbund (DFB) sind 1 077 215 weibliche Mitglieder gemeldet[2], was einem Anteil von (ungefähr) 15,84 % entspricht. Von diesen gehören 31,78 % zur Altersklasse „**Mädchen**", der Rest zur Altersklasse „**Frauen**". Bei den männlichen Mitgliedern unterscheidet man die Altersklassen „**Junioren**" und „**Senioren**". Insgesamt beträgt der Anteil der Jugendlichen („Mädchen" und „Junioren") im DFB 33,09 %.

(1) Stellen Sie die gegebenen Daten in dem folgenden Baumdiagramm dar und notieren Sie alle fehlenden relativen Häufigkeiten.

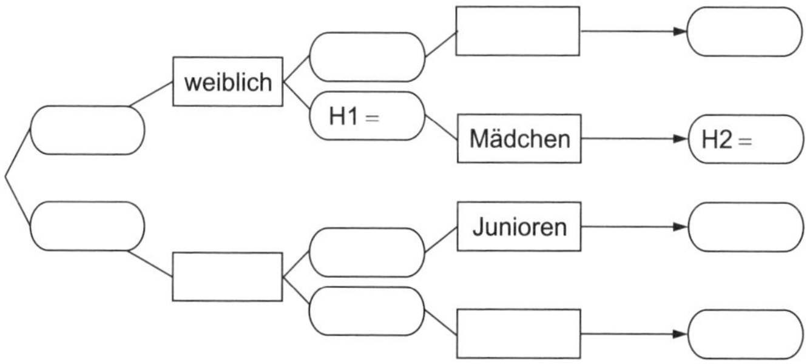

7

(2) Beschreiben Sie die relativen Häufigkeiten, die im Diagramm als H1 bzw. H2 bezeichnet werden, mit Worten. 3

(3) Zwei Mitglieder des DFB werden zufällig ausgewählt.
Ermitteln Sie die Wahrscheinlichkeit, dass es sich bei den beiden Personen um einen männlichen Jugendlichen (Junior) und ein Mädchen handelt. 4

e) Um den Stadionbesuch für weibliche Zuschauer attraktiver zu gestalten, werden für diese an den Imbissständen des Stadions spezielle Angebote gemacht.
Der Verkaufsleiter vermutet, dass der Anteil weiblicher Zuschauer sogar auf über 25 % gestiegen ist, so dass er zusätzliche Vorräte für die speziellen Angebote bereitstellen müsste. Er möchte aber unbedingt vermeiden, auf größeren Mengen verderblicher Ware sitzen zu bleiben.
Um eine Entscheidung treffen zu können, nutzt er Fotos, die im Rahmen eines Anti-Hooligan-Programms von jedem einzelnen Zuschauer beim Einlass gemacht werden. Er lässt 1 000 Fotos zufällig auswählen und in dieser Stichprobe die Anzahl der Fotos bestimmen, die weibliche Zuschauer zeigen.

(1) Der Verkaufsleiter testet die Nullhypothese H_0: $p \leq 0{,}25$
Begründen Sie die Wahl dieser Nullhypothese aus der Sicht des Verkaufsleiters und ermitteln Sie eine Entscheidungsregel für die genannte Stichprobe (Irrtumswahrscheinlichkeit 0,05). 7

2 Gehen Sie davon aus, dass es sich um aktuelle Daten handelt.

(2) Beschreiben Sie den Fehler 2. Art im Sachzusammenhang und berechnen Sie die Wahrscheinlichkeit seines Auftretens für den Fall, dass der Anteil der weiblichen Zuschauer tatsächlich 30 % beträgt. 4

Die benötigten Tabellen finden Sie im Abschnitt „Tabellen".

Hinweise und Tipps

Teilaufgabe a

Benutzen Sie zur Berechnung die Binomialverteilung und die Tabellen.

(1) Berechnen Sie $P(X=48)$.

(2) Berechnen Sie $P(35 \le X \le 60)$.

(3) Berechnen Sie den Erwartungswert μ und dann $P(X \le \mu - 10) + P(X \ge \mu + 10)$.

Teilaufgabe b

Beachten Sie, dass bei dem Term die Gegenwahrscheinlichkeit berechnet wurde.

Wie viele Zuschauer werden insgesamt betrachtet und für welche Anzahlen wird die Wahrscheinlichkeit berechnet?

Teilaufgabe c

(1) Die Zufallsgröße X gibt die Anzahl der weiblichen Zuschauer für $p=0{,}25$ und $n=20\,000$ an.

Überprüfen Sie die Laplace-Bedingung und wählen Sie dann eine geeignete σ-Umgebung von μ, um das gesuchte Intervall zu bestimmen.

Verwenden Sie die Tabelle zu den σ-Regeln.

Runden Sie die Werte so, dass die Bedingung „mindestens 0,9" erfüllt ist.

(2) Überlegen Sie, ob die Zusammensetzung der Stichprobe geeignet ist, um eine Binomialverteilung anzusetzen.

Sind die Zuschauer in der Schlange unabhängig voneinander?

Teilaufgabe d

(1) Tragen Sie zuerst alle im Text gegebenen Wahrscheinlichkeiten ein.

Berechnen Sie die weiteren Wahrscheinlichkeiten mithilfe der Pfadregeln.

Beachten Sie, dass sich der Anteil der Jugendlichen aus zwei verschiedenen Pfaden zusammensetzt.

(2) Achten Sie darauf, dass H1 eine bedingte Wahrscheinlichkeit ist und H2 am Ende des Pfades steht.

(3) Beachten Sie, dass es nicht auf die Reihenfolge ankommt.

Teilaufgabe e

(1) Der Verkaufsleiter möchte das Risiko eines Fehlers 1. Art möglichst klein halten.

Bestimmen Sie den Ablehnungsbereich mithilfe einer geeigneten σ-Umgebung.

(2) Ein Fehler 2. Art tritt auf, wenn die Nullhypothese irrtümlich nicht verworfen wird, obwohl H_0 nicht zutrifft.

Es ist also $P_{p=0{,}3}(X \le 272)$ zu berechnen.

Lösung

a) Die Zufallsgröße X gibt die Anzahl der weiblichen Zuschauer in einer zufällig ausgewählten Stichprobe von 200 Besuchern eines Bundesliga-Fußballspiels an. X wird als binomialverteilt mit $n = 200$ und $p = 0{,}25$ angenommen.

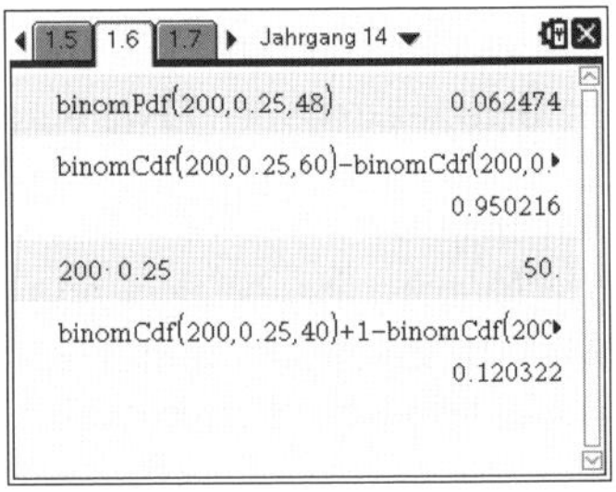

(1) $P(X = 48) = P(X \leq 48) - P(X \leq 47)$
$\approx 0{,}4083 - 0{,}3458$ (Tabelle)
$= 0{,}0625$

Alternativ:

$$P(X = 48) = \binom{200}{48} \cdot 0{,}25^{48} \cdot 0{,}75^{152}$$
$$\approx 0{,}0625$$

(2) $P(35 \leq X \leq 60) = P(X \leq 60) - P(X \leq 34)$
$\approx 0{,}9546 - 0{,}0044$ (Tabelle)
$= 0{,}9502$

(3) Für den Erwartungswert gilt:
$\mu = n \cdot p = 200 \cdot 0{,}25 = 50$

Die gesuchte Wahrscheinlichkeit ist also:
$P(X \leq 40) + P(X \geq 60) = P(X \leq 40) + (1 - P(X \leq 59))$
$\approx 0{,}0578 + (1 - 0{,}9375)$ (Tabelle)
$= 0{,}1203$

b) $\sum_{k=0}^{300} \binom{1\,000}{k} \cdot 0{,}25^k \cdot 0{,}75^{1\,000-k}$ gibt die Wahrscheinlichkeit dafür an, dass unter 1 000 zufällig ausgewählten Zuschauern zwischen 0 und 300 weiblich sind.

$1 - \sum_{k=0}^{300} \binom{1\,000}{k} \cdot 0{,}25^k \cdot 0{,}75^{1\,000-k}$ gibt dann das Gegenereignis hierfür an.

Im vorliegenden Sachzusammenhang kann man das Ereignis E folglich beschreiben durch:
„Unter 1 000 zufällig ausgewählten Zuschauern eines Fußballspiels sind mehr als 300 weiblich."

c) (1) Die Zufallsgröße X bezeichnet jetzt die Anzahl der weiblichen Zuschauer mit $p = 0{,}25$ und $n = 20\,000$. X wird als binomialverteilt angenommen.

Für den Erwartungswert gilt:
$\mu = n \cdot p = 20\,000 \cdot 0{,}25 = 5\,000$

Für die Standardabweichung gilt:
$\sigma = \sqrt{n \cdot p \cdot (1-p)} = \sqrt{20\,000 \cdot 0{,}25 \cdot 0{,}75} \approx 61{,}24 > 3$

Damit ist die Laplace-Bedingung erfüllt und es können die σ-Regeln zur Abschätzung von Wahrscheinlichkeiten angewendet werden.

Zur Intervallwahrscheinlichkeit von 0,9 gehört die 1,64σ-Umgebung von μ und es gilt:
$P(\mu - 1{,}64\sigma \le X \le \mu + 1{,}64\sigma) \approx 0{,}9$

Einsetzen von μ und σ ergibt:
$$5\,000 - 1{,}64 \cdot 61{,}24 \le X \le 5\,000 + 1{,}64 \cdot 61{,}24$$
$$4\,899{,}57 \le X \le 5\,100{,}43$$

Da die Wahrscheinlichkeit mindestens 0,9 betragen soll, muss die untere Grenze abgerundet und die obere Grenze aufgerundet werden. Würde man anders runden, wäre das Intervall kleiner und die Wahrscheinlichkeit eventuell kleiner als 0,9.

Das gesuchte Intervall ist [4 899; 5 101].

(2) Die Benutzung der Formel setzt voraus, dass die Zufallsvariable X: „Anzahl der weiblichen Personen in der Schlange“ binomialverteilt ist mit $p = 0{,}25$ und $n = 50$.

Die Binomialverteilung kann verwendet werden, wenn es nur zwei verschiedene Versuchsausgänge gibt und jeder Versuchsausgang unabhängig von den anderen ist.

Es gibt zwar nur die Versuchsausgänge „männlich“ oder „weiblich“, jedoch kann man hier nicht von Unabhängigkeit ausgehen.
Bei einem Bundesligaspiel reisen Besucher häufig in größeren Gruppen (z. B. als Fanklub, zusammen mit Freunden oder Familie) an, sodass die einzelnen Personen voneinander abhängig sind.

d) (1) Die gegebenen Daten sind grau unterlegt.

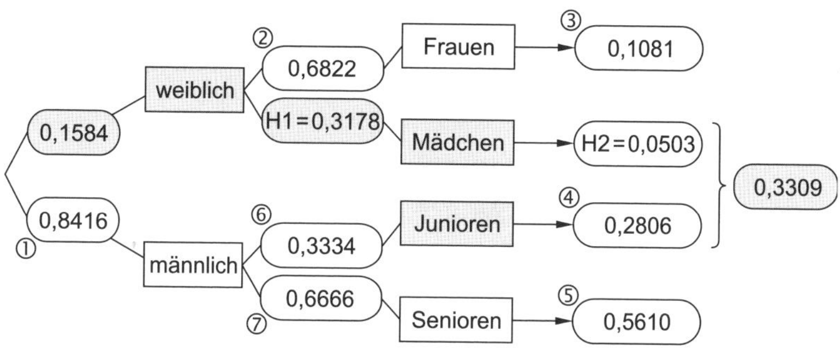

Die Berechnung der anderen Knoten erfolgt wie folgt:

① $=1-0{,}1584=0{,}8416$

② $=1-0{,}3178=0{,}6822$

③ $=0{,}1584\cdot 0{,}6822\approx 0{,}1081$

$H2=0{,}1584\cdot 0{,}3178\approx 0{,}0503$

④ $=0{,}3309-H2=0{,}3309-0{,}0503=0{,}2806$

⑤ $=1-(0{,}1081+0{,}0503+0{,}2806)=0{,}5610$

⑥ $=\dfrac{0{,}2806}{0{,}8416}\approx 0{,}3334$

⑦ $=1-0{,}3334=0{,}6666$

(2) H1 = Anteil der Mädchen an den weiblichen Mitgliedern im DFB
H2 = Anteil der Mädchen an allen Mitgliedern im DFB

(3) Wegen der zufälligen Auswahl können die relativen Anteile als Wahrscheinlichkeiten verwendet werden.

Die Wahrscheinlichkeit, zufällig einen männlichen Jugendlichen auszuwählen, beträgt 0,2806.
Die Wahrscheinlichkeit, zufällig ein Mädchen auszuwählen, beträgt 0,0503.
Die gesuchte Wahrscheinlichkeit, einen männlichen Jugendlichen und ein Mädchen auszuwählen, ist dann:
$2\cdot 0{,}2806\cdot 0{,}0503\approx 0{,}0282$.

Die zwei möglichen Reihenfolgen „Junior Mädchen" bzw. „Mädchen Junior" müssen berücksichtigt werden.

e) (1) Der Verkaufsleiter möchte das Risiko, auf verderblicher Ware sitzen zu bleiben, möglichst gering (5 %) halten. Mit der Wahl von H_0: $p\leq 0{,}25$ als Nullhypothese beschränkt er dieses Risiko (Auftreten eines Fehlers 1. Art) auf höchstens 0,05.

Die Zufallsvariable X: „Anzahl weiblicher Zuschauer in der Stichprobe" ist binomialverteilt mit $n=1\,000$ und $p=0{,}25$. Es liegt ein rechtsseitiger Hypothesentest vor.

Es gilt:
$\mu=n\cdot p=1000\cdot 0{,}25=250$

$\sigma=\sqrt{n\cdot p\cdot(1-p)}=\sqrt{1000\cdot 0{,}25\cdot 0{,}75}\approx 13{,}69>3$

Damit ist die Laplace-Bedingung erfüllt und es können σ-Umgebungen zur Abschätzung von Wahrscheinlichkeiten herangezogen werden. Zur vorgegebenen Irrtumswahrscheinlichkeit von 5 % gehört beim rechtsseitigen Test die 1,64σ-Umgebung von μ und es gilt:
$P(X>\mu+1{,}64\sigma)=P(X>272{,}5)\approx 0{,}05$

Daraus ergibt sich die Entscheidungsregel:
Die Nullhypothese wird verworfen, falls 273 oder mehr weibliche Zuschauer in der Stichprobe aus den bereitgestellten Fotos gezählt wurden.

(2) Der Fehler 2. Art besteht darin, dass die Nullhypothese irrtümlich nicht verworfen wird, weil das Versuchsergebnis im Annahmebereich von H_0 liegt. Das bedeutet, dass weniger als 273 weibliche Besucher in der Stichprobe gezählt wurden, obwohl mehr als 25 % der Zuschauer im Stadion weiblich sind.

Die Wahrscheinlichkeit für das Auftreten eines solchen Fehlers beträgt:

$\beta = P_{p=0,3}(X \leq 272)$

$\approx 0,0280$ (Tabelle)

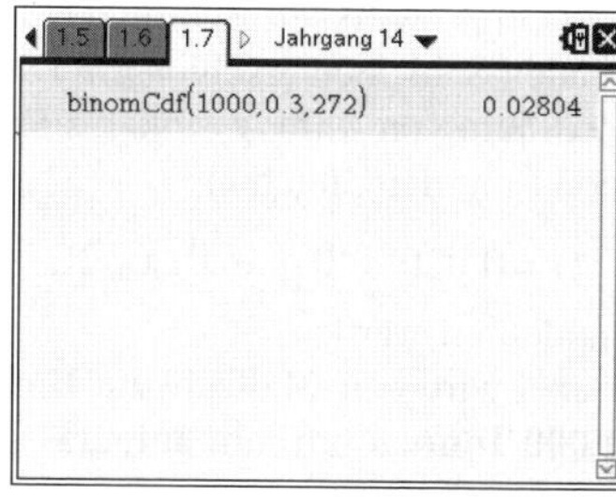

Nordrhein-Westfalen – Mathematik Grundkurs
2014 – Aufgabe 1: Analysis (CAS)

Ein Ölfeld wird seit Beginn des Jahres 1990 mit Bohrungen in mehreren Erdöl führenden Schichten erschlossen. Die momentane Förderrate[1] aus diesem Ölfeld im Zeitraum von Anfang 1990 bis Ende 2009 kann im Intervall [0; 20] durch die Funktion f mit der Gleichung

$$f(t) = (1\,020 - 40t) \cdot e^{\frac{1}{10}t},\ t \in \mathbb{R},$$

modelliert werden.
Dabei wird t als Maßzahl zur Einheit 1 Jahr und f(t) als Maßzahl zur Einheit **1 000 Tonnen** pro Jahr aufgefasst. Der Zeitpunkt $t = 0$ entspricht dem Beginn des Jahres 1990.
Der Graph von f ist in der Abbildung 1 in dem für die Modellierung zu betrachtenden Intervall dargestellt.

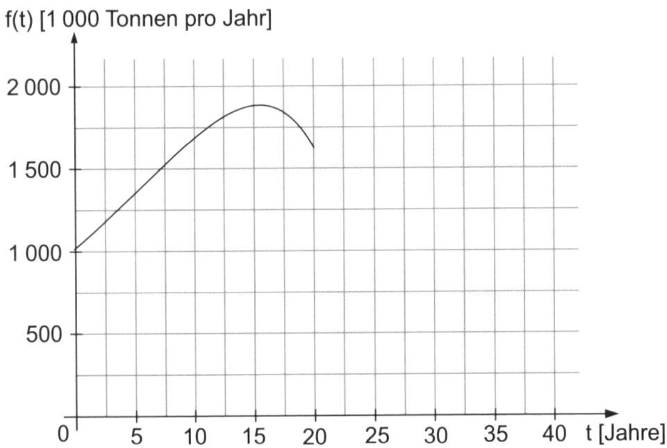

Abbildung 1

Punkte

a) (1) Berechnen Sie mithilfe der Funktion f die Förderraten zu Beginn der Jahre 1990 und 1995 sowie die zugehörige prozentuale Zunahme der Förderrate. 7

(2) Bestimmen Sie den Zeitpunkt im betrachteten Zeitraum von Anfang 1990 bis Ende 2009, zu dem die Förderrate maximal ist, und berechnen Sie den Maximalwert.
[Zur Kontrolle: $f'(t) = (62 - 4t) \cdot e^{\frac{1}{10}t}$] 8

1 Im Folgenden wird vereinfachend nur der Begriff der **Förderrate** verwendet, wobei durchgehend die **momentane Förderrate** gemeint und zu betrachten ist.

b) Die Menge des Erdöls, das seit dem Beginn der Ölförderung Anfang 1990 bis zu einem beliebigen Zeitpunkt t des betrachteten Zeitraums aus dem Ölfeld gefördert wurde, wird durch eine Funktion M: $t \mapsto M(t)$, $0 \leq t \leq 20$, beschrieben.

(1) Bestimmen Sie eine Gleichung dieser Funktion M.
[Zur Kontrolle: $M(t) = (14\,200 - 400t) \cdot e^{\frac{1}{10}t} - 14\,200$] 5

(2) Berechnen Sie die gesamte Fördermenge aus dem Ölfeld von Anfang 1990 bis Ende 2009. 3

Die Förderrate seit Anfang des Jahres 2010 soll für $t > 20$ durch eine Funktion g_b mit der Gleichung
$g_b(t) = (220 \cdot e^4 - b \cdot e^2) \cdot e^{-\frac{1}{10}t} + b$, $b \in \mathbb{R}$, $t \in \mathbb{R}$,
modelliert werden. Dabei wird wieder t als Maßzahl zur Einheit 1 Jahr und $g_b(t)$ als Maßzahl zur Einheit 1 000 Tonnen pro Jahr aufgefasst. Der Zeitpunkt $t = 20$ entspricht dem Beginn des Jahres 2010.

c) (1) Zeigen Sie, dass $P(20 \mid f(20))$ ein Punkt des Graphen jeder Funktion g_b ist. 5

(2) Bestimmen Sie den Wert des Parameters b so, dass die Graphen der beiden Funktionen g_b und f an der Stelle $t = 20$ die gleiche Steigung haben. 4

Für $b = 40 \cdot e^2$ wird die Funktion g_b der Einfachheit halber mit g bezeichnet:
$g(t) = 180 \cdot e^{4 - \frac{1}{10}t} + 40 \cdot e^2$, $t \in \mathbb{R}$
Sie modelliert für $20 < t \leq 40$ die Förderrate von Anfang 2010 bis Ende 2029. Die Abbildung 2 stellt die Graphen von f und g in den jeweils für die Modellierung zu betrachtenden Intervallen dar.

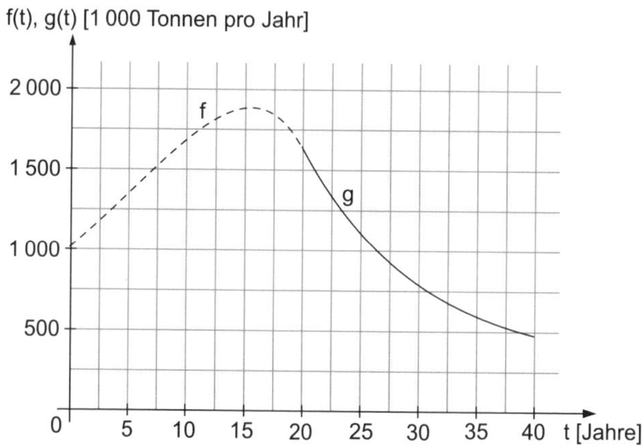

Abbildung 2

d) (1) Begründen Sie anhand des Funktionsterms von g, warum die Funktion g die Förderrate nicht über einen längeren Zeitraum sinnvoll beschreiben könnte. 4

(2) Weisen Sie nach, dass im Jahr 2013 rund 1,233 Millionen Tonnen Erdöl aus dem Ölfeld gefördert wurden. Berechnen Sie die Einnahmen aus dem Verkauf dieses Erdöls, wenn man von einem Verkaufspreis von 82 Euro pro Barrel ausgeht.
1 Barrel Erdöl (ca. 159 Liter) wiegt ca. 137 kg. 8

(3) Der Betreiber kalkuliert, dass die Ölförderung für ihn nur oberhalb einer Förderrate von mindestens 600 000 Tonnen pro Jahr wirtschaftlich ist.
Bestimmen Sie näherungsweise den Zeitpunkt (Jahr und Monat), zu dem die Ölförderung erstmals nicht mehr wirtschaftlich sein wird. 6

Hinweise und Tipps

Teilaufgabe a

(1) Vergleichen Sie die Jahreszahlen mit dem vorgegebenen Anfangswert.

Berechnen Sie die Funktionswerte für $t=0$ und $t=5$.

Achten Sie auf die richtige Einheit.

Überlegen Sie, was der Grundwert und was der Prozentwert ist.

(2) Die notwendige Bedingung für eine Extremstelle ist: $f'(t) = 0$

Die hinreichende Bedingung für eine Maximumstelle lautet: $f'(t) = 0$ und $f''(t) < 0$

Alternativ: Bestimmen Sie die Maximumstelle mithilfe einer Funktion des CAS.

Beachten Sie, dass ein globales Maximum auch am Rand des Definitionsbereichs liegen kann.

Teilaufgabe b

(1) Die Funktion M ist eine Stammfunktion der Funktion f.

Beachten Sie beim Aufstellen der Stammfunktion, dass zu Beginn des Jahres 1990 noch kein Öl gefördert wurde.

(2) Denken Sie daran, dass die Funktion M(t) die Fördermenge ab dem Jahr 1990 angibt.

Teilaufgabe c

(1) Überlegen Sie, welche Bedingung die y-Koordinate des Punktes P erfüllen muss.

Dies muss für alle b gelten.

(2) Berechnen Sie $f'(20)$ und $g_b'(20)$.

Setzen Sie diese Werte gleich und lösen Sie die entstehende Gleichung nach b auf.

Teilaufgabe d

(1) Bestimmen Sie $\lim\limits_{t \to \infty} g(t)$ und überlegen Sie, ob dies realistisch ist.

(2) Überlegen Sie, durch welche t Anfang und Ende des Jahres 2013 festgelegt sind.

Die Fördermenge entspricht dem Integral über der Funktion g in diesem Zeitraum.

Beachten Sie, dass die Fördermenge in 1 000 Tonnen, der Preis aber in $\frac{\text{Euro}}{\text{Barrel}}$ angegeben ist.

(3) Bestimmen Sie den t-Wert, zu dem die Förderrate 600 000 Tonnen unterschreitet.

Beachten Sie, dass der Zeitpunkt anzugeben ist.

Lösung

a) (1) Anfang 1990 entspricht dem Zeitpunkt $t=0$ und Anfang 1995 entspricht dem Zeitpunkt $t=5$.

$f(0)=1\,020$

$f(5)\approx 1\,351{,}95$

Zu Beginn des Jahres 1990 betrug die Förderrate 1 020 000 Tonnen pro Jahr und zu Beginn des Jahres 1995 ca. 1 352 000 Tonnen pro Jahr.

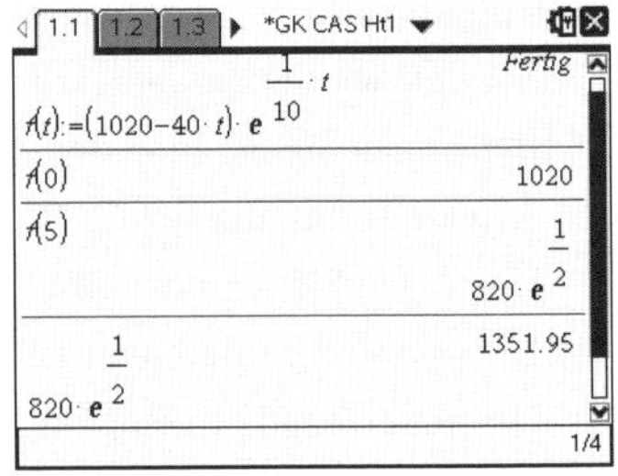

Die Förderrate im Jahr 1990 ist der Grundwert, die Differenz der Förderraten in den Jahren 1995 und 1990 der Prozentwert.

$$p=\frac{f(5)-f(0)}{f(0)}\approx 0{,}325$$

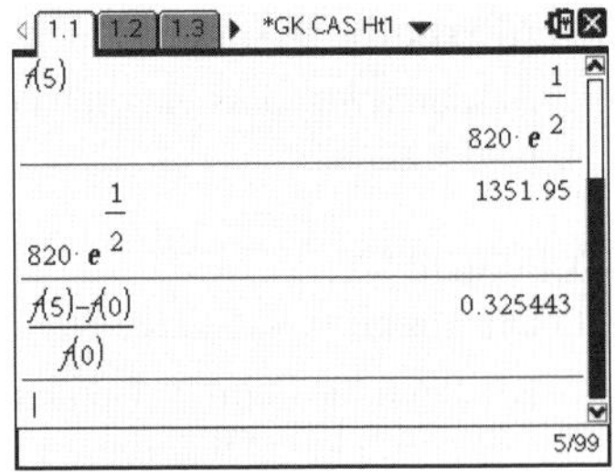

Die Förderrate ist von 1990 bis 1995 um ca. 32,5 % gestiegen.

(2) Die notwendige Bedingung für eine Extremstelle ist: $f'(t)=0$

$$\Rightarrow \quad t=\frac{31}{2}$$

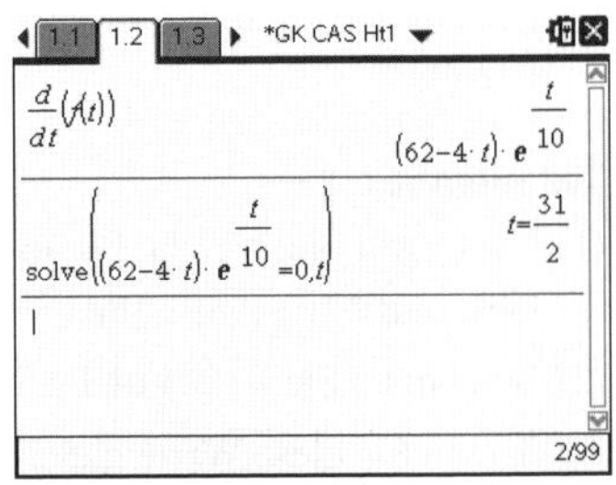

Hinreichende Bedingung für eine Maximumstelle: $f'(t)=0$ und $f''(t)<0$

$$f''\left(\frac{31}{2}\right)=-4e^{\frac{31}{20}}<0$$

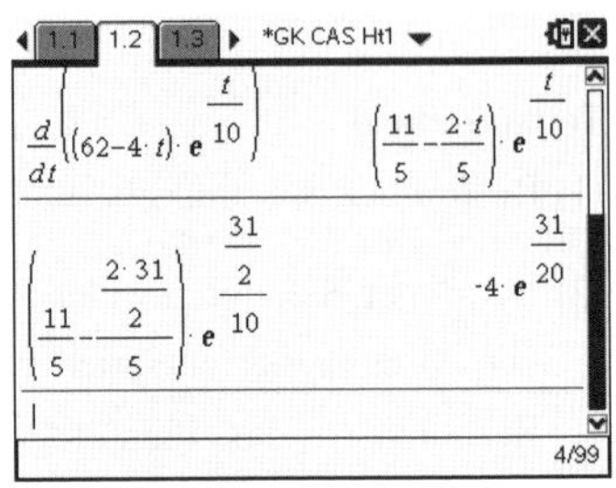

Alternativ:
Bestimmung des relativen Maximums mithilfe der Funktion fMax.

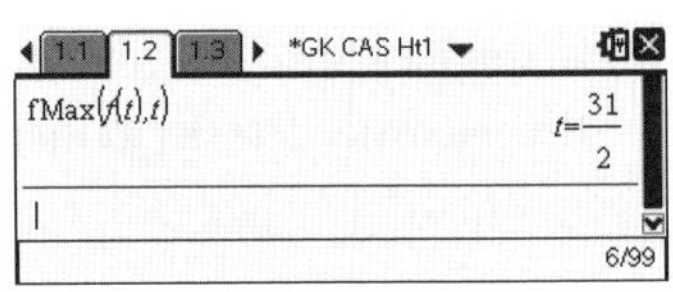

Um zu überprüfen, ob dieses Maximum auch das globale Maximum ist, muss der Funktionswert an der Maximumstelle mit den Funktionswerten am Rand des Definitionsbereichs verglichen werden.

$$f\left(\frac{31}{2}\right)=1884{,}59$$

$$f(0)=1020$$

$$f(20)\approx 1625{,}59$$

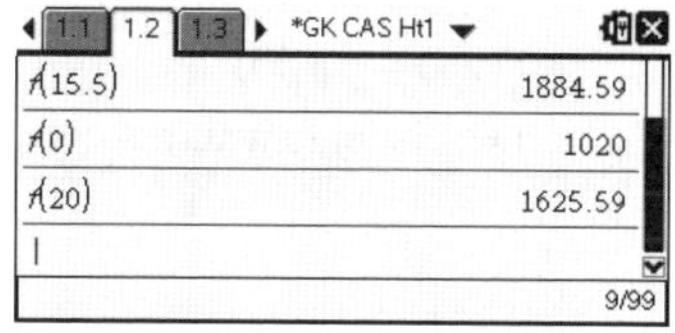

Zum Zeitpunkt $t=15{,}5$, also Mitte des Jahres 2005, ist die Förderrate maximal. Sie beträgt zu diesem Zeitpunkt ca. 1,9 Millionen $\frac{t}{\text{Jahr}}$.

b) (1) Die Funktion M ist eine Stammfunktion der Funktion f.

$$M(t)=\int f(t)dt$$

$$=(14\,200-400t)\cdot e^{\frac{1}{10}t}+C$$

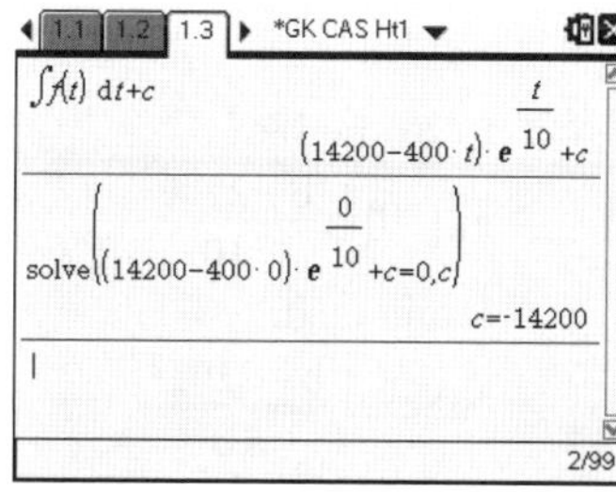

Zu Beginn des Jahres 1990, also zum Zeitpunkt $t=0$, wurden 0 Tonnen gefördert:

$$(14\,200-400\cdot 0)\cdot e^{\frac{1}{10}\cdot 0}+C=0$$

$$\Rightarrow\quad C=-14\,200$$

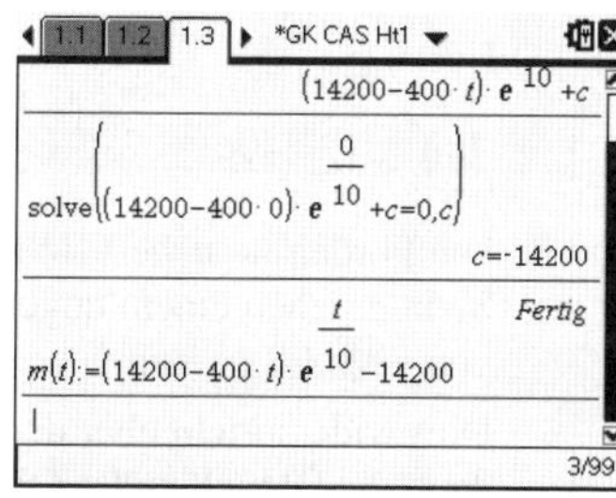

Die gesuchte Funktion M hat folgende Gleichung:

$$M(t)=(14\,200-400t)e^{\frac{1}{10}t}-14\,200$$

(2) Die gesamte Fördermenge innerhalb des Zeitraums von Anfang 1990 bis Ende 2009 entspricht dem Funktionswert M(20).

$$M(20)\approx 31\,612{,}1$$

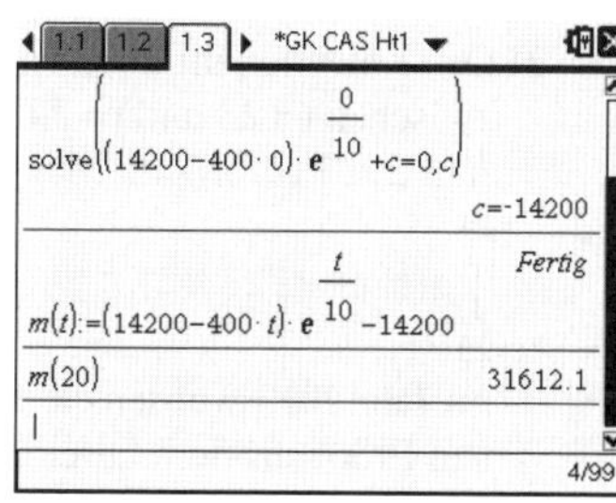

Im Zeitraum von Anfang 1990 bis Ende 2009 wurden ca. 31,61 Millionen Tonnen Erdöl aus dem Ölfeld gefördert.

c) (1) Der Punkt P(20 | f(20)) ist unabhängig von b ein Punkt der Funktionenschar g_b, wenn die Funktionswerte an der Stelle t = 20 übereinstimmen:

$f(20) = g_b(20)$

Dies ist eine wahre Aussage.

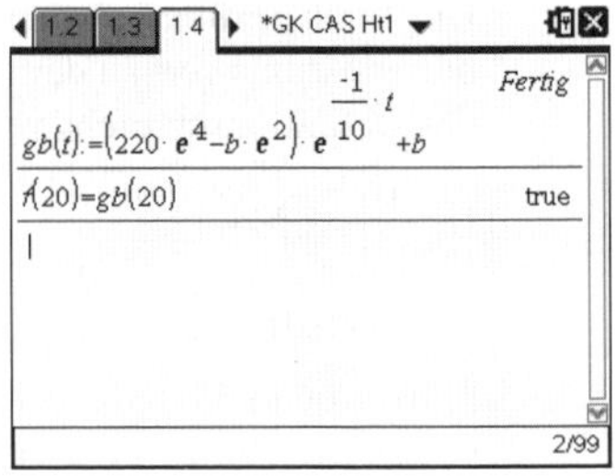

(2) Zur Bestimmung des Parameters b müssen die Funktionswerte der 1. Ableitungsfunktion f'(20) und g'(20) gleichgesetzt werden und die entstehende Gleichung muss nach b aufgelöst werden.

$f'(20) = -18e^2$

$g_b'(20) = \dfrac{b - 220e^2}{10}$

Damit folgt:

$-18e^2 = \dfrac{b - 220e^2}{10} \quad \Rightarrow \quad b = 40e^2$

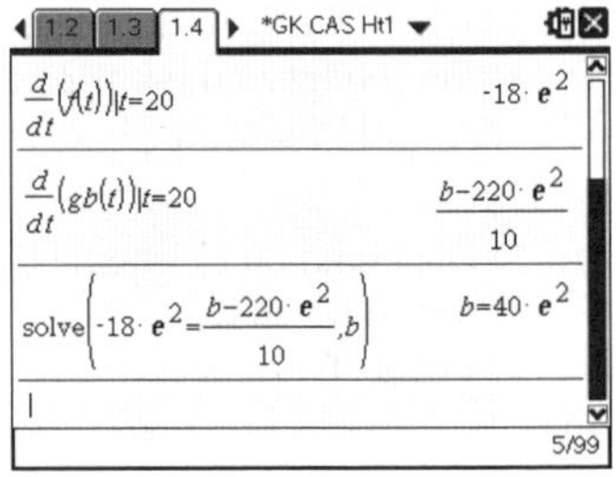

d) (1) Es ist:

$\lim\limits_{t \to \infty} g(t) = 40e^2 \approx 295{,}6 \left[\dfrac{1\,000\ t}{\text{Jahr}}\right]$

Die Förderrate nähert sich auf lange Sicht gesehen einem ungefähren Wert von 295 600 $\frac{t}{\text{Jahr}}$ an.

Dies widerspricht aber der Realität, denn die Ölquellen des Ölfeldes sind irgendwann versiegt.

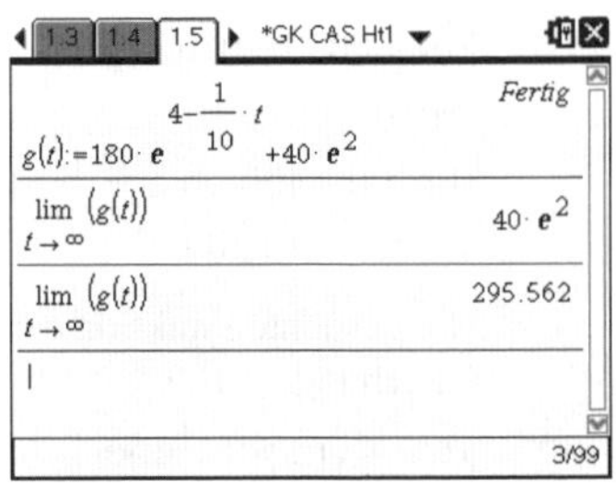

(2) Das Kalenderjahr 2013 ist der Zeitraum zwischen t = 23 und t = 24. Für die im Jahr 2013 geförderte Menge gilt daher:

$\int_{23}^{24} g(t)\,dt \approx 1\,233{,}21$

Im Jahr 2013 wurden ca. 1 233 000 Tonnen Erdöl aus dem Ölfeld gefördert.

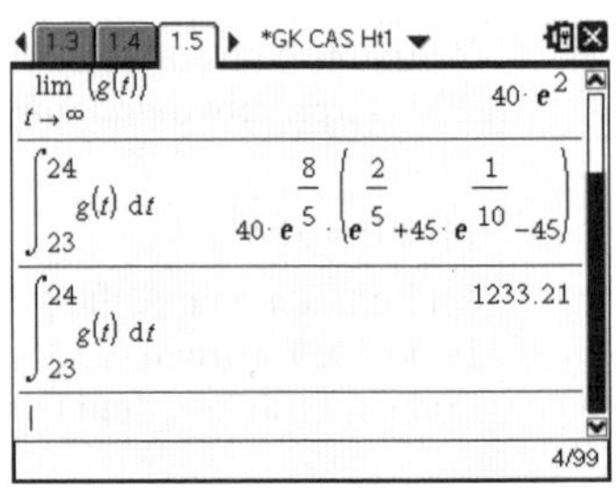

Für die Umrechnung von Tonnen in Barrel gilt:

$$1\text{ Barrel} \mathrel{\hat{=}} \frac{137}{1\,000}\text{ Tonnen}$$

$$\frac{1\,000}{137}\text{ Barrel} \mathrel{\hat{=}} 1\text{ Tonne}$$

Damit folgt:

$$1\,233\,000 \cdot \frac{1\,000}{137} \cdot 82 = 738\,000\,000$$

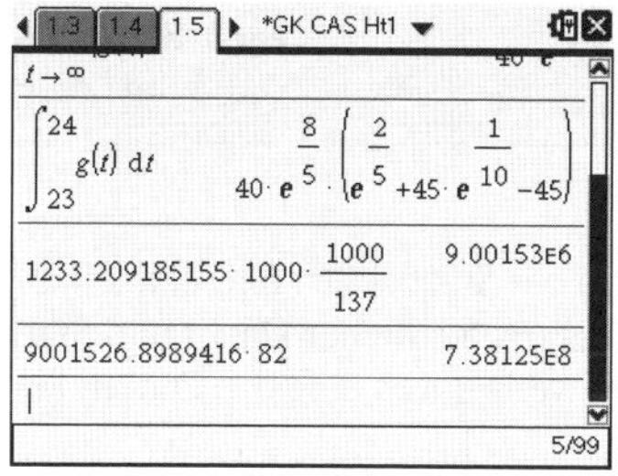

Die Einnahmen aus dem Ölfeld für das Jahr 2013 betragen ca. 738 Millionen Euro.

(3) Die Lösung der Gleichung g(t) = 600 liegt im betrachteten Zeitraum von Anfang 2010 bis Ende 2029.

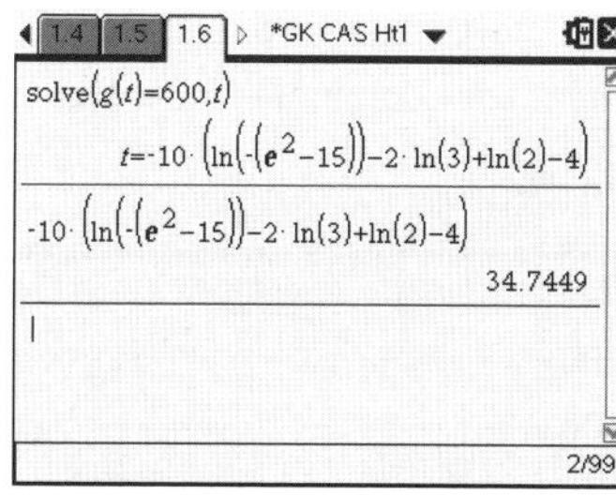

Da der Graph der Funktion im betrachteten Zeitraum streng monoton fällt, unterschreitet die Förderrate zu diesem Zeitpunkt 600 000 Tonnen im Jahr. Eine Umrechnung der Zeit ab Beginn der Modellierung ergibt, dass die Förderung nach 34 Jahren und 9 Monaten, also ab Ende September 2024, nicht mehr wirtschaftlich ist.

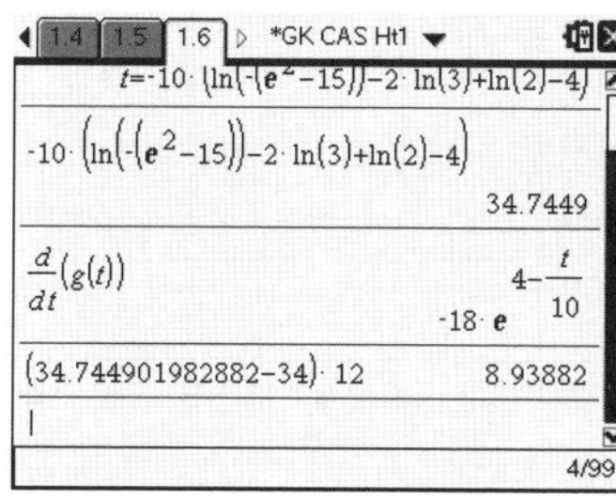

Nordrhein-Westfalen – Mathematik Grundkurs
2014 – Aufgabe 2: Analysis (CAS)

In ein Staubecken oberhalb eines Bergdorfes fließt ein Bach. Nach Regenfällen unterschiedlicher Dauer und Stärke kann die momentane[1] Zuflussrate aus dem Bach jeweils durch eine der Funktionen f_a mit der Gleichung

$$f_a(t) = \frac{1}{4}t^3 - 3a \cdot t^2 + 9a^2 \cdot t + 250,\ t \in \mathbb{R},$$

für einen bestimmten Beobachtungszeitraum modelliert werden, wobei a eine positive reelle Zahl ist und t als Maßzahl zur Einheit 1 h, $f_a(t)$ als Maßzahl zur Einheit $1\,\frac{m^3}{h}$ aufgefasst wird. Der Beobachtungszeitraum beginnt zum Zeitpunkt $t = 0$ und endet zum Zeitpunkt $t = 6a$. Der Graph von f_4 ist in der Abbildung dargestellt.

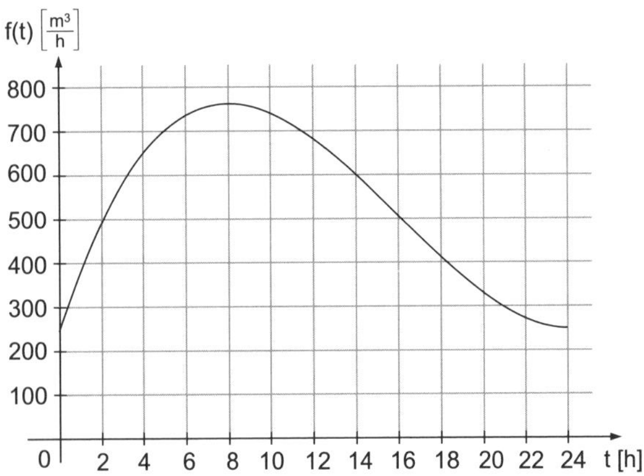

Abbildung

Punkte

a) (1) Berechnen Sie die Zuflussrate zu Beginn und am Ende des Beobachtungszeitraums. 3

(2) Bestimmen Sie in Abhängigkeit von a den Zeitpunkt $t_m \in [0; 6a]$, zu dem die Zuflussrate ihr Maximum annimmt. 9

b) (1) Bestimmen Sie die Wendestelle des Graphen der Funktion f_a. 6

(2) Bestimmen Sie den Zeitpunkt des Beobachtungszeitraums, zu dem sich die Zuflussrate am stärksten ändert. 6

(3) Geben Sie nun die Bedeutung der Wendestelle aus (1) im Sachzusammenhang an. 3

1 Im Folgenden wird zur besseren Lesbarkeit nur der Begriff **Zuflussrate** verwendet; darunter ist stets die **momentane Zuflussrate** zu verstehen.

c) Im Folgenden sei $a=4$: $f_4(t)=\frac{1}{4}t^3-12t^2+144t+250,\ t\in[0;24]$

Zum Zeitpunkt $t=0$ kann das Staubecken noch 4 500 m^3 Wasser aufnehmen.

(1) Entscheiden Sie, ob das Staubecken das gesamte Wasser aus dem Bach während der 24 Stunden des Beobachtungszeitraums aufnehmen könnte. 4

(2) Bestimmen Sie den Zeitpunkt, zu dem das Staubecken voll wäre. 4

Um ein Überlaufen des Staubeckens zu verhindern, wird zum Zeitpunkt $t=6$ ein vorher verschlossener Notablauf geöffnet. Durch diesen fließt Wasser mit einer konstanten Abflussrate von $600\,\frac{m^3}{h}$ aus dem Staubecken ab. Der Notablauf bleibt bis zum Ende des Beobachtungszeitraums geöffnet. Ohne Nachweis darf verwendet werden, dass die Zuflussrate für $6\le t<14$ größer und für $14<t\le 24$ kleiner als $600\,\frac{m^3}{h}$ ist (vgl. Abbildung auf vorheriger Seite).

(3) Interpretieren Sie den Ausdruck $\int_0^6 f(t)\,dt+\int_6^{14}(f(t)-600)\,dt$ im Sachzusammenhang.
Geben Sie insbesondere die Bedeutung des Zeitpunkts $t=14$ an. 6

(4) Entscheiden Sie nun, ob das Staubecken innerhalb des Beobachtungszeitraums überläuft. 4

(5) Bestimmen Sie den spätest möglichen Zeitpunkt $t_s\in[0;24]$, zu dem der Notablauf geöffnet werden müsste, damit das Staubecken nicht überläuft. 5

Hinweise und Tipps

Teilaufgabe a

(1) Berechnen Sie $f_a(0)$ und $f_a(6a)$.

(2) Bestimmen Sie zunächst die lokalen Extrema von f_a im Intervall [0; 6a].

Die notwendige Bedingung für Extremstellen lautet: $f_a'(t) = 0$

Die hinreichende Bedingung für Extremstellen lautet: $f_a'(t) = 0$ und $f_a''(t) \neq 0$

Zeigen Sie dann, dass das lokale Maximum auch globales Maximum im Intervall [0; 6a] ist.

Teilaufgabe b

(1) Die notwendige Bedingung für Wendestellen lautet: $f_a''(t) = 0$

Die hinreichende Bedingung für Wendestellen lautet: $f_a''(t) = 0$ und $f_a'''(t) \neq 0$

(2) Vergleichen Sie den Wert $f_a'(t_w)$ mit den Randwerten $f_a'(0)$ und $f_a'(6a)$.

(3) Was gilt für f_a' an der Stelle t_w?

Teilaufgabe c

(1) Berechnen Sie $\int_0^{24} f_4(t)\,dt$ und vergleichen Sie das Ergebnis mit der Kapazität des Staubeckens.

(2) Setzen Sie als obere Grenze des Integrals einen Parameter.

Der Wert des Integrals soll 4 500 m^3 betragen.

Verwenden Sie bei der Lösung das CAS und berechnen Sie dort direkt den Näherungswert.

(3) Das Integral $\int_0^{k} f_4(t)\,dt$ gibt an, wie viel Wasser im Intervall [0; k] in das Staubecken hineinfließt.

Warum wird im zweiten Integral 600 abgezogen?

(4) Berechnen Sie $\int_0^{6} f_4(t)\,dt + \int_6^{14} (f_4(t) - 600)\,dt$ und vergleichen Sie das Ergebnis mit der Kapazität des Staubeckens.

(5) Setzen Sie im Term aus Teilaufgabe c (3) für die Grenze b den Parameter t_s ein.

Setzen Sie den Term gleich 4 500 und lösen Sie die entstehende Gleichung mit dem CAS.

Lösung

a) (1) Zuflussrate zu Beginn des Beobachtungszeitraums:

$f_a(0) = 250$

Zuflussrate am Ende des Beobachtungszeitraums:

$f_a(6a) = 250$

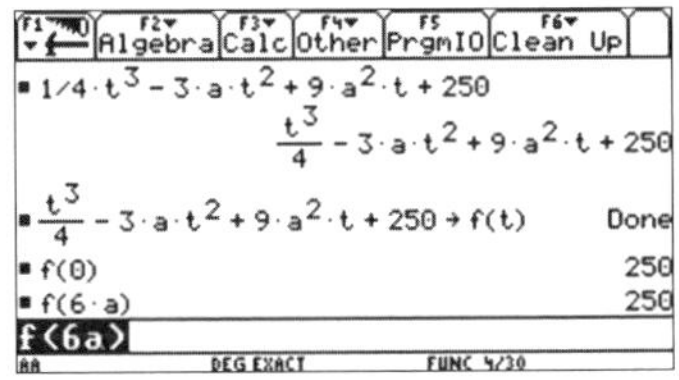

(2) Zunächst werden die lokalen Extrema bestimmt.

Notwendiges Kriterium: $f'_a(t) = 0$

$f'_a(t) = \frac{3}{4}t^2 - 6at + 9a^2 = 0$

$\Leftrightarrow \quad t = 6a \text{ oder } t = 2a$

Es gilt: $0 < 2a < 6a$

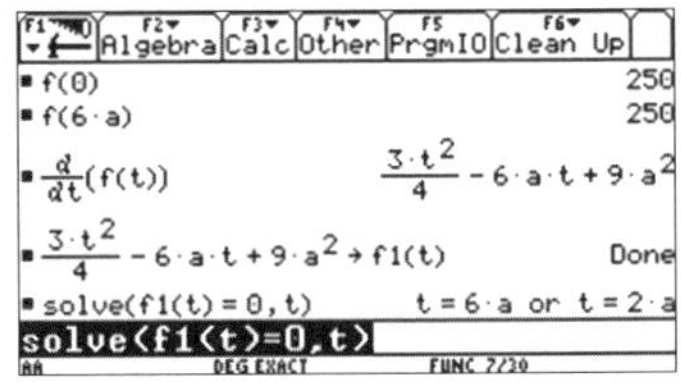

Hinreichendes Kriterium: $f'_a(t) = 0$ und $f''_a(t) \neq 0$

$f''_a(t) = \frac{3}{2}t - 6a$

$f''_a(2a) = -3a < 0$

An der Stelle $t = 2a$ hat $f_a(t)$ ein lokales Maximum.

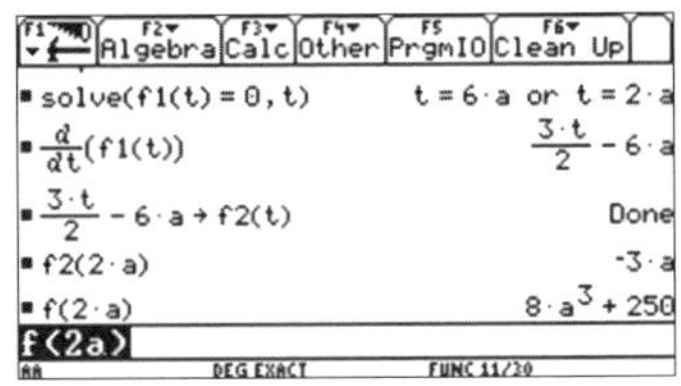

Notwendig ist noch der Vergleich mit den Funktionswerten an den Intervallrändern:

$f_a(0) = 250$

$f_a(2a) = 8a^3 + 250$

$f_a(6a) = 250$

Da $a > 0$ gilt, ist $8a^3 + 250 > 250$.

Daraus ergibt sich, dass zum Zeitpunkt $t_m = 2a$ die Zuflussrate $f_a(t)$ ihr Maximum auf dem Intervall [0; 6a] annimmt.

b) (1) Notwendiges Kriterium: $f''_a(t) = 0$

$\frac{3}{2}t - 6a = 0$

$\frac{3}{2}t = 6a$

$t_w = 4a$

Hinreichendes Kriterium: $f_a''(t)=0$ und $f_a'''(t)\neq 0$

$f_a'''(t)=\frac{3}{2}>0$

$f_a'''(4a)=\frac{3}{2}>0$

Folglich hat die Funktion $f_a(t)$ an der Stelle $t_w=4a$ eine Wendestelle.

(2) Die Zuflussrate ändert sich am stärksten zum Zeitpunkt t_w $(0<t_w<6a)$ oder an den Randstellen des Intervalls [0; 6a].

Dazu werden die folgenden Werte verglichen:

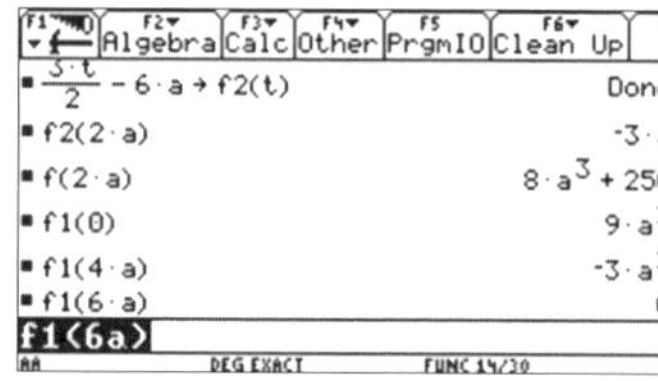

$f_a'(0)=9a^2$

$f_a'(4a)=-3a^2$

$f_a'(6a)=0$

Der Vergleich ergibt: Die Zuflussrate ändert sich am stärksten zu Beginn des Beobachtungszeitraums, also zum Zeitpunkt $t=0$.

(3) An der Wendestelle $t_w=4a$ hat $f_a'(t)$ ein lokales Minimum. Also bezeichnet die Stelle $t_w=4a$ den Zeitpunkt des Intervalls [0; 6a], zu dem die Gesamtzuflussrate am stärksten abnimmt.

c) (1) Der Wasserzufluss aus dem Bach ins Staubecken beträgt:

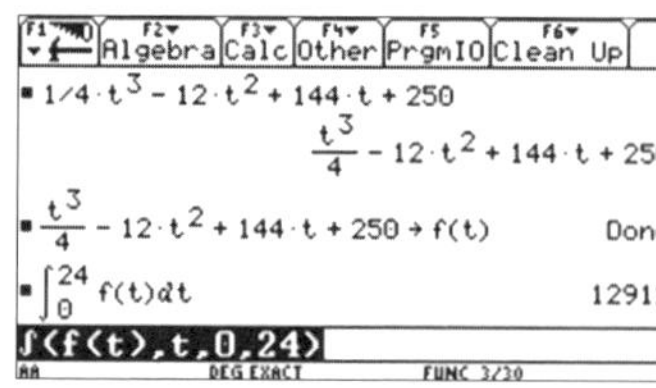

$$\int_0^{24} f_4(t)\,dt = 12\,912 > 4\,500$$

Damit kann nicht das gesamte Wasser aufgenommen werden.

(2) Das Staubecken wäre voll, wenn 4 500 m^3 hineinfließen würden:

$$\int_0^{b} f_4(t)\,dt = 4\,500$$

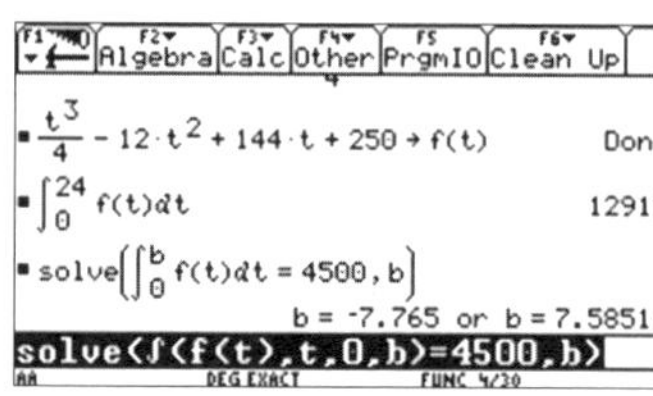

Die Gleichung hat die einzige positive Lösung $b\approx 7{,}59$.

Nach ca. 7,59 Stunden wäre das Staubecken voll.

(3) Der Ausdruck gibt an, um wie viel m^3 die Wassermenge im Staubecken in den ersten 14 Stunden des Beobachtungszeitraums zunimmt. Dabei wird berücksichtigt, dass zum Zeitpunkt $t=6$ ein vorher verschlossener Notablauf geöffnet wird, sodass im Intervall [6; 14] die Zulaufrate um den Betrag der Ablaufrate zu vermindern ist.

Wegen $f_4(14) = 600$ sind zum Zeitpunkt $t = 14$ die Zulaufrate und die Ablaufrate gleich groß. Da laut Aufgabenstellung die Zulaufrate für $0 \leq t < 14$ größer und für $14 < t \leq 24$ kleiner als $600\frac{m^3}{h}$ ist, ist zum Zeitpunkt $t = 14$ das meiste Wasser im Staubecken.

(4) Es gilt:

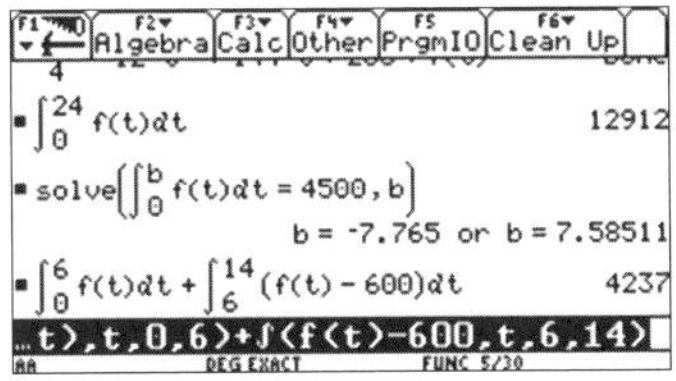

$$\int_0^6 f_4(t) + \int_6^{14} (f_4(t) - 600)\, dt = 4\,237$$

Da sich zum Zeitpunkt $t = 14$ mit $4\,237\ m^3$ das meiste Wasser im Staubecken befindet, läuft das Becken mit einer Kapazität von $4\,500\ m^3$ nicht über.

(5) Für den gesuchten Zeitpunkt t_s gilt:

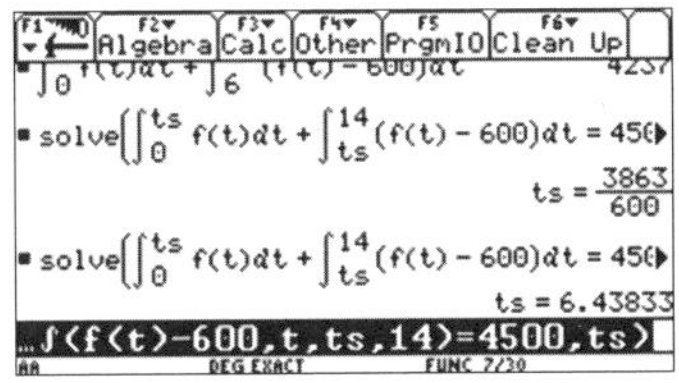

$$\int_0^{t_s} f_4(t)\, dt + \int_{t_s}^{14} (f_4(t) - 600)\, dt = 4\,500$$

für $0 \leq t_s \leq 14$

Die Gleichung hat die Lösung $t_s \approx 6{,}44$.

Spätestens nach 6,44 Stunden müsste der Notablauf geöffnet werden, um ein Überlaufen des Staubeckens zu verhindern.

Nordrhein-Westfalen – Mathematik Grundkurs
2014 – Aufgabe 4: Analytische Geometrie (CAS)

Die Entwicklung der Population einer bestimmten Seevogelart in einem festgelegten Beobachtungsgebiet wird durch folgende Modellannahmen beschrieben:
Die Überlebensrate der Vögel in den ersten beiden Lebensjahren wird jeweils mit 0,6 angenommen, in den späteren Lebensjahren mit 0,8. Die erste Brut findet im 3. Lebensjahr statt, der Bruterfolg wird mit 0,5 Jungvögeln pro Elternvogel und Jahr angenommen.

Die Vögel werden in drei Altersgruppen eingeteilt, deren Anzahlen

x_1: Anzahl der Jungvögel im 1. Lebensjahr (Altersgruppe 1)

x_2: Anzahl der Vögel im 2. Lebensjahr (Altersgruppe 2)

x_3: Anzahl der Altvögel, die älter als 2 Jahre sind (Altersgruppe 3)

durch jährliche Zählungen ermittelt und jeweils zu einer Verteilung[1] $\vec{x} = \begin{pmatrix} x_1 \\ x_2 \\ x_3 \end{pmatrix}$ zusammengefasst werden. Die Matrix $L = \begin{pmatrix} 0 & 0 & 0{,}5 \\ 0{,}6 & 0 & 0 \\ 0 & 0{,}6 & 0{,}8 \end{pmatrix}$ beschreibt dieses Modell.

Punkte

a) Die aktuelle Zählung ergibt $x_1 = 2\,000$, $x_2 = 4\,000$ und $x_3 = 15\,000$.

(1) Berechnen Sie, ausgehend von diesen Zahlen, die Verteilung der Vögel nach einem Jahr, nach 2 Jahren und nach 5 Jahren. 5

(2) Bestimmen Sie die Verteilung der Vögel, die sich aus dem Modell für das Vorjahr ergäbe. 5

(3) Fünf Elemente der Matrix L haben den Wert null.
Erklären Sie für jedes dieser Elemente aus dem Sachzusammenhang heraus, warum es den Wert null hat. 5

b) (1) Untersuchen Sie, ob es eine von $\begin{pmatrix} 0 \\ 0 \\ 0 \end{pmatrix}$ verschiedene stationäre Verteilung gibt, d. h. eine Verteilung, die sich innerhalb eines Jahres nicht ändert. 4

(2) Wenn sich die Population sehr lange nach dem durch die Matrix L beschriebenen Modell entwickelt, wird sie sich pro Jahr näherungsweise um einen festen Prozentsatz p verkleinern.
Berechnen Sie ausgehend von der in Teilaufgabe a) gegebenen Verteilung die Gesamtzahl aller Vögel der Population nach 20 Jahren und nach weiteren 10 Jahren.
Berechnen Sie anhand dieser Zahlen einen Näherungswert für den Prozentsatz p. 8

1 Verteilungsvektoren werden der Einfachheit halber im Folgenden kurz „Verteilung" genannt.

(3) Langfristig gilt $p \approx 1{,}462\,\%$.
Ermitteln Sie näherungsweise, in wie viel Jahren sich unter dieser Voraussetzung die Population jeweils halbiert. 4

(4) Durch Schutzmaßnahmen soll – bei sonst gleichbleibenden Modellannahmen – der Bruterfolg erhöht werden. Anstelle der bisherigen Quote von 0,5 Jungvögeln pro Elternvogel und Jahr ist ein Wert a gesucht, bei dem sich langfristig eine stationäre Verteilung $\vec{s} = \begin{pmatrix} s_1 \\ s_2 \\ s_3 \end{pmatrix} \neq \begin{pmatrix} 0 \\ 0 \\ 0 \end{pmatrix}$ einstellt.
Die Übergangsmatrix sei $\begin{pmatrix} 0 & 0 & a \\ 0{,}6 & 0 & 0 \\ 0 & 0{,}6 & 0{,}8 \end{pmatrix}$.
Berechnen Sie a sowie den Anteil jeder der 3 Altersgruppen an der Gesamtzahl der Vögel einer solchen stationären Verteilung. 7

c) Die Entwicklung einer Population einer anderen Vogelart ist durch den folgenden Übergangsgraphen gegeben, wobei sich die Übergangsquoten wieder auf ein Jahr beziehen.

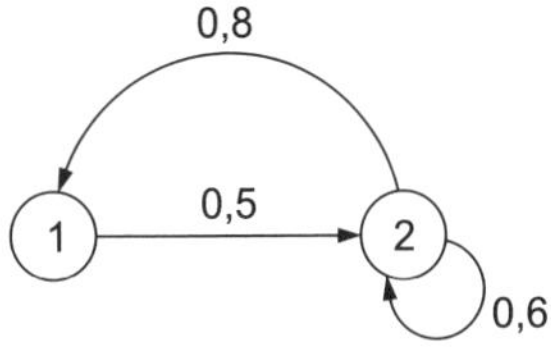

(1) Geben Sie dazu eine Übergangsmatrix M an. 4

(2) Beschreiben Sie anhand des Übergangsgraphen, nach welchen Modellannahmen die Entwicklung der Population dieser anderen Vogelart im Vergleich zur bisher betrachteten Seevogelart abläuft. 5

(3) Untersuchen Sie, ob bei der Anfangsverteilung $\binom{1\,000}{1\,000}$ der Bestand der Population dieser anderen Vogelart im durch den Übergangsgraphen gegebenen Modell gefährdet ist. 3

Hinweise und Tipps

Teilaufgabe a

(1) Die Verteilung nach einem Jahr erhalten Sie durch Multiplikation der Übergangsmatrix mit dem Verteilungsvektor.

Nach 2 bzw. 5 Jahren muss die Übergangsmatrix entsprechend potenziert werden.

(2) Berechnen Sie $L^{-1} \cdot \begin{pmatrix} x_1 \\ x_2 \\ x_3 \end{pmatrix}$.

(3) Beachten Sie, dass alle Vögel jedes Jahr in eine höhere Altersklasse kommen, kein Vogel eine Altersklasse zurückkommt und Vögel erst ab Altersklasse 3 Nachwuchs bekommen.

Teilaufgabe b

(1) Prüfen Sie, ob es einen Vektor $\vec{s}$ gibt, für den $L \cdot \vec{s} = \vec{s}$ gilt.

(2) Berechnen Sie zunächst Verteilung und Bestand nach 20 bzw. 30 Jahren mittels Matrix-Vektor-Produkt $L^{20} \cdot \vec{x}$ bzw. $L^{30} \cdot \vec{x}$.

Gehen Sie jetzt von einem festen Wachstumsfaktor q aus und machen Sie den Ansatz:

Anfangswert $\cdot\, q^{20}$ = Wert nach 20 Jahren
Anfangswert $\cdot\, q^{30}$ = Wert nach 30 Jahren

Hieraus lassen sich der Wert q und somit auch $p = 1 - q$ ermitteln.

(3) Bezeichnen Sie die Anzahl der Vogelpopulation mit Z.

Nach n Jahren beträgt die Anzahl der Vogelpopulation $\frac{1}{2}Z$.

Stellen Sie damit eine Gleichung auf und lösen Sie sie nach n auf.

(4) Untersuchen Sie für die neue Übergangsmatrix die stationäre Verteilung $L_a \cdot \vec{s} = \vec{s}$.

Hieraus lässt sich die Quote a ermitteln.

Berechnen Sie anschließend die stationäre Verteilung.

s_1, s_2 und s_3 müssen zusammen 1 ergeben.

Teilaufgabe c

(1) Der Übergangsgraph hat zwei Knoten. Was lässt sich dadurch über die Anzahl der Spalten und Zeilen aussagen?

(2) Vergleichen Sie hinsichtlich der Anzahl der Altersgruppen und des Aspekts, wann die erste Brut stattfindet.

(3) Probieren Sie mithilfe eines CAS, wie sich die Population $M^n \cdot \begin{pmatrix} 1\,000 \\ 1\,000 \end{pmatrix}$ für größer werdende n entwickelt.

Lösung

a) (1) Zunächst werden die Übergangsmatrix und der Verteilungsvektor im Data/Matrix-Editor eingegeben und abgespeichert, sodass sie für die Berechnungen zur Verfügung stehen.

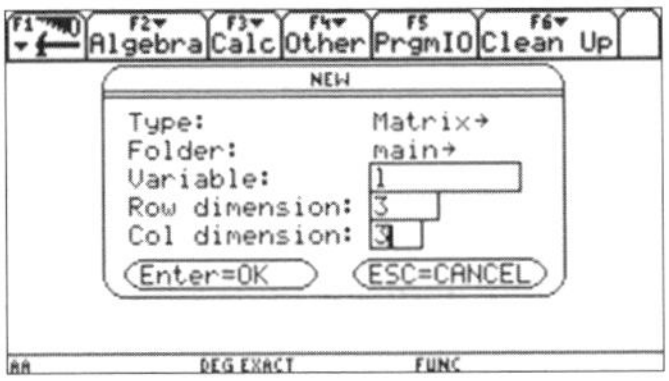

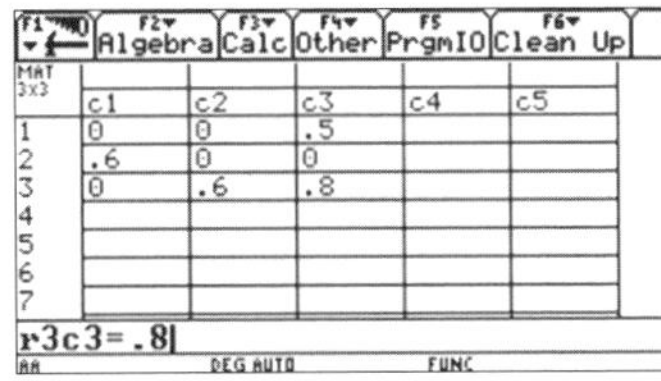

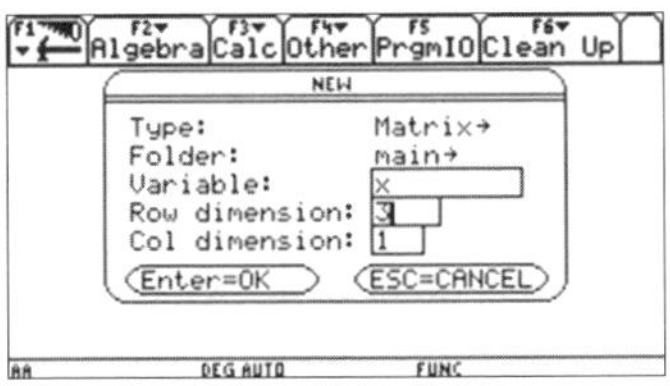

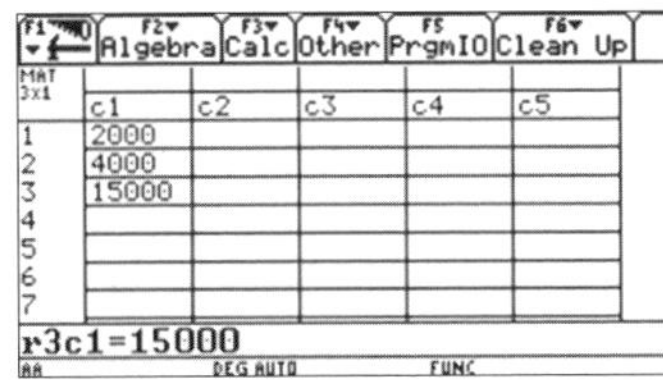

Für die Verteilung der Vögel nach einem Jahr gilt:

$$L \cdot \begin{pmatrix} 2\,000 \\ 4\,000 \\ 15\,000 \end{pmatrix} = \begin{pmatrix} 7\,500 \\ 1\,200 \\ 14\,400 \end{pmatrix}$$

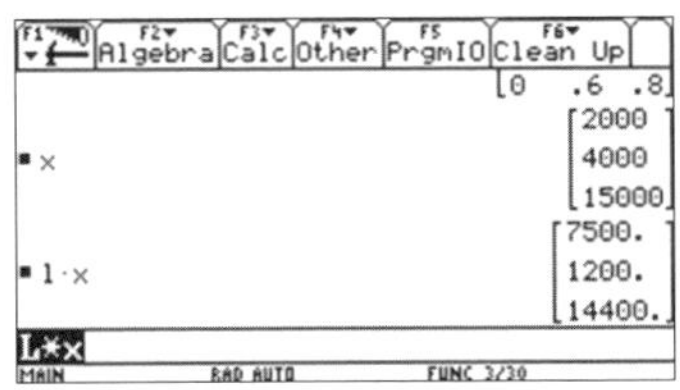

Für die Verteilung der Vögel nach 2 Jahren gilt:

$$L^2 \cdot \begin{pmatrix} 2\,000 \\ 4\,000 \\ 15\,000 \end{pmatrix} = \begin{pmatrix} 7\,200 \\ 4\,500 \\ 12\,240 \end{pmatrix}$$

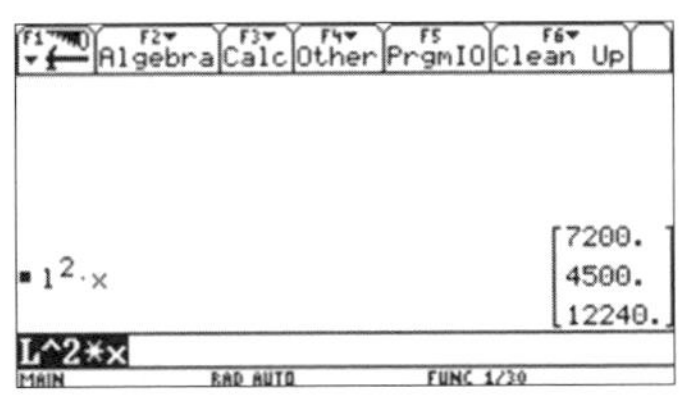

Für die Verteilung der Vögel nach 5 Jahren gilt:

$$L^5 \cdot \begin{pmatrix} 2\,000 \\ 4\,000 \\ 15\,000 \end{pmatrix} = \begin{pmatrix} 6\,292{,}8 \\ 3\,747{,}6 \\ 12\,271{,}7 \end{pmatrix} \approx \begin{pmatrix} 6\,293 \\ 3\,748 \\ 12\,272 \end{pmatrix}$$

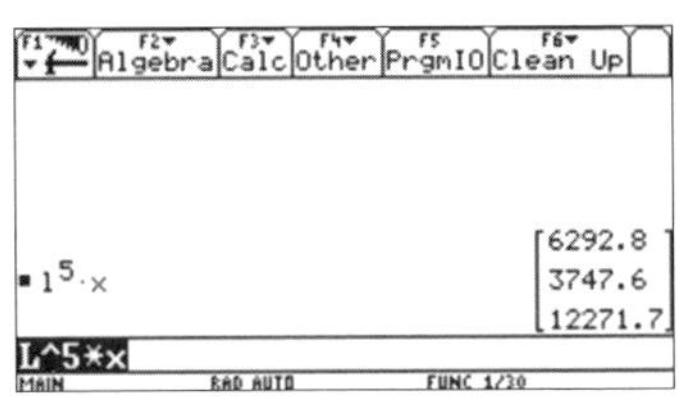

(2) Für die Verteilung des Vorjahres ist folgendes Produkt zu berechnen:

$$L^{-1}\cdot\begin{pmatrix}2\,000\\4\,000\\15\,000\end{pmatrix}=\begin{pmatrix}6\,666{,}67\\19\,666{,}7\\4\,000\end{pmatrix}\approx\begin{pmatrix}6\,667\\19\,667\\4\,000\end{pmatrix}$$

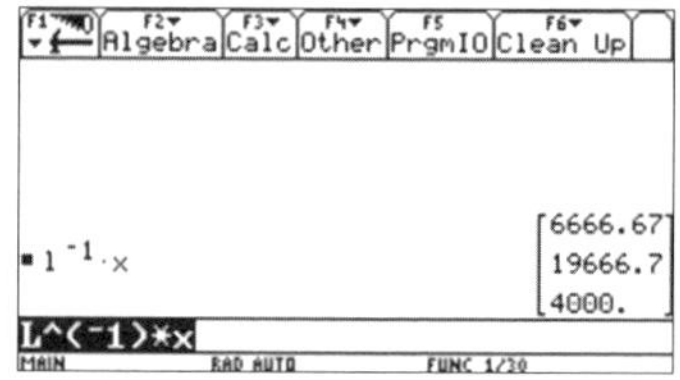

Dieses Produkt erhält man durch Umformen der folgenden Gleichung:

$L\cdot\vec{x}_{\text{Vorjahr}}=\vec{x}_{\text{aktuell}} \;\Leftrightarrow\; L^{-1}\cdot\vec{x}_{\text{aktuell}}=\vec{x}_{\text{Vorjahr}}$

(3) $\ell_{11}=0$: Alle Jungvögel wechseln nach einem Jahr in die Altersgruppe 2 und haben noch keinen Nachwuchs.

$\ell_{12}=0$: Vögel im zweiten Lebensjahr bekommen noch keinen Nachwuchs und wechseln auch nicht in Altersgruppe 1 zurück.

$\ell_{22}=0$: Vögel im zweiten Lebensjahr wechseln alle nach einem Lebensjahr in die Altersgruppe 3.

$\ell_{23}=0$: Vögel aus der Altersgruppe 3 können nicht in die Altersgruppe 2 zurückwechseln.

$\ell_{31}=0$: Aus der Altersgruppe 1 kann man nicht in Altersgruppe 3 wechseln, sondern kommt zunächst in Altersgruppe 2.

b) (1) Eine stationäre Verteilung liegt vor, wenn es einen Vektor $\vec{s}=\begin{pmatrix}s_1\\s_2\\s_3\end{pmatrix}$ gibt, für den gilt: $L\cdot\vec{s}=\vec{s}$

Als einzige Lösung der Gleichung $L\cdot\vec{s}=\vec{s}$ liefert das CAS $s_1=0$, $s_2=0$ und $s_3=0$.

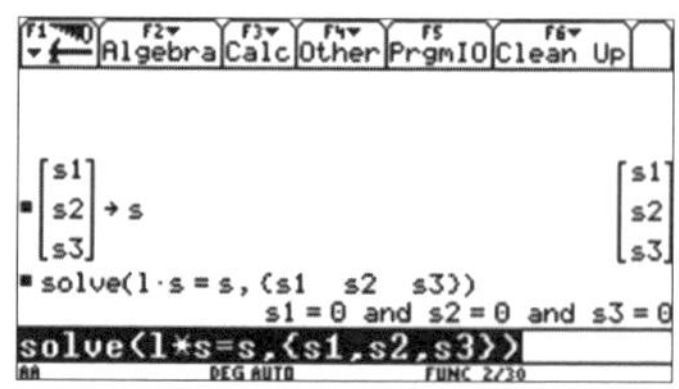

Alternativ:

Es muss gelten:

$$\begin{pmatrix}0&0&0{,}5\\0{,}6&0&0\\0&0{,}6&0{,}8\end{pmatrix}\cdot\begin{pmatrix}s_1\\s_2\\s_3\end{pmatrix}=\begin{pmatrix}s_1\\s_2\\s_3\end{pmatrix}$$

I $\quad 0{,}5s_3=s_1 \;\Rightarrow\; s_3=2s_1$

II $\quad 0{,}6s_1=s_2$

III $\quad 0{,}6s_2+0{,}8s_3=s_3$

(I) und (II) eingesetzt in (III) ergibt:

$$\begin{aligned}0{,}6\cdot 0{,}6s_1+0{,}8\cdot 2s_1&=2s_1\\0{,}36s_1+1{,}6s_1&=2s_1\\1{,}96s_1&=2s_1\end{aligned}$$

$\Rightarrow\; s_1=0,\; s_2=0$ und $s_3=0$

Folglich gibt es keine von $\begin{pmatrix}0\\0\\0\end{pmatrix}$ verschiedene stationäre Verteilung.

(2) Für die Gesamtzahl der Vögel am Anfang gilt:
$2\,000+4\,000+15\,000=21\,000$

Die Verteilung und die Gesamtzahl der Vögel nach 20 Jahren berechnen sich wie folgt:

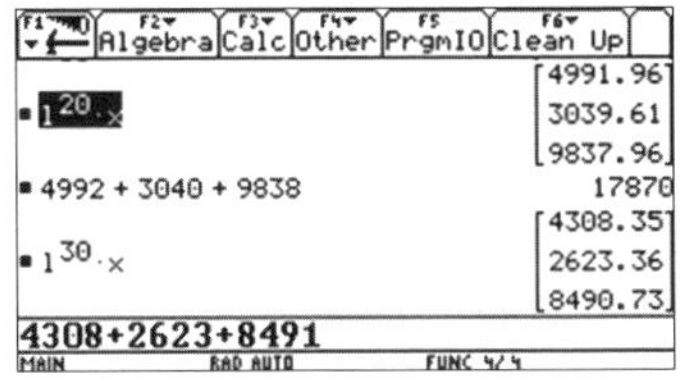

$$L^{20}\cdot\vec{x}=\begin{pmatrix}4\,991,96\\3\,039,61\\9\,837,96\end{pmatrix}$$

Gesamtzahl:
$4\,992+3\,040+9\,838=17\,870$

Die Verteilung und die Gesamtzahl der Vögel nach 30 Jahren berechnen sich wie folgt:

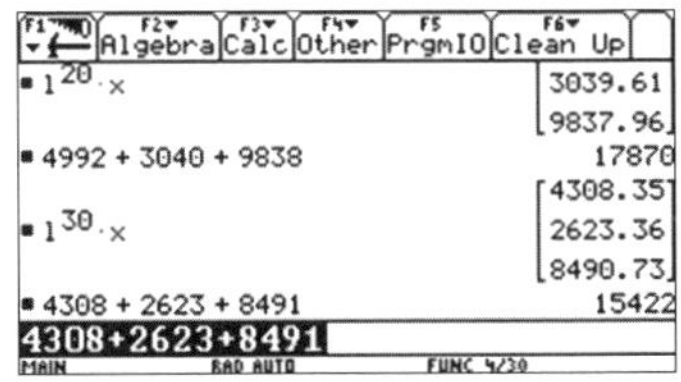

$$L^{30}\cdot\vec{x}=\begin{pmatrix}4\,308,35\\2\,623,36\\8\,490,73\end{pmatrix}$$

Gesamtzahl:
$4\,308+2\,623+8\,491=15\,422$

Geht man von einem festen Wachstumsfaktor q aus, bedeutet das:

$21\,000\cdot q^{20}=17\,870$

$21\,000\cdot q^{30}=15\,422$

Division der zweiten durch die erste Gleichung ergibt:

$$\frac{q^{30}}{q^{20}}=\frac{15\,422}{17\,870}$$

$$q^{10}=\frac{15\,422}{17\,870}$$

$$q=\sqrt[10]{\frac{15\,422}{17\,870}}\approx 0{,}985375$$

Für den gesuchten Prozentsatz q ergibt sich damit:
$p=1-q\approx 0{,}014625\approx 1{,}463\,\%$

(3) Die Anzahl der Vogelpopulation sei Z. Die Halbwertszeit sei n. Dann gilt:

$$Z \cdot (1-p)^n = \frac{1}{2} Z$$

$$(1-p)^n = \frac{1}{2}$$

$$n \cdot \ln(1-p) = \ln\left(\frac{1}{2}\right)$$

$$n = \frac{\ln\left(\frac{1}{2}\right)}{\ln(1-p)}$$

$$n = \frac{\ln\left(\frac{1}{2}\right)}{\ln(1-0{,}01462)}$$

$$n \approx 47{,}06$$

In ca. 47 Jahren halbiert sich die Population.

(4) Die Quote 0,5 wurde durch eine Quote a von Jungvögeln pro Elternvogel und Jahr ersetzt, bei der sich langfristig eine stationäre Verteilung $\vec{s} = \begin{pmatrix} s_1 \\ s_2 \\ s_3 \end{pmatrix} \neq \begin{pmatrix} 0 \\ 0 \\ 0 \end{pmatrix}$ einstellen soll.

Somit gilt:

$$\begin{pmatrix} 0 & 0 & a \\ 0{,}6 & 0 & 0 \\ 0 & 0{,}6 & 0{,}8 \end{pmatrix} \cdot \begin{pmatrix} s_1 \\ s_2 \\ s_3 \end{pmatrix} = \begin{pmatrix} s_1 \\ s_2 \\ s_3 \end{pmatrix}$$

$$\left.\begin{array}{ll} \text{I} & as_3 = s_1 \\ \text{II} & 0{,}6s_1 = s_2 \\ \text{III} & 0{,}6s_2 + 0{,}8s_3 = s_3 \end{array}\right\} \quad \text{mit } s_3 > 0,$$

da sonst $\begin{pmatrix} s_1 \\ s_2 \\ s_3 \end{pmatrix} = \begin{pmatrix} 0 \\ 0 \\ 0 \end{pmatrix}$ im Widerspruch zur Voraussetzung.

Aus I folgt:

$$a = \frac{s_1}{s_3}$$

Einsetzen von II in III liefert:

$$0{,}6 \cdot 0{,}6s_1 + 0{,}8s_3 = s_3$$

$$0{,}36s_1 = 0{,}2s_3$$

$$s_3 = 1{,}8s_1$$

Damit folgt:

$$a = \frac{s_1}{s_3} = \frac{s_1}{1{,}8s_1} = \frac{1}{\frac{18}{10}} = \frac{10}{18} = \frac{5}{9}$$

Damit ist die gesuchte Quote $a = \frac{5}{9}$ ermittelt.

Es muss noch die stationäre Verteilung berechnet werden:

$$\frac{s_1}{s_1+s_2+s_3}=\frac{s_1}{s_1+0{,}6s_1+1{,}8s_1}=\frac{s_1}{3{,}4s_1}=\frac{1}{\frac{34}{10}}=\frac{10}{34}=\frac{5}{17}\approx 0{,}294$$

$$\frac{s_2}{s_1+s_2+s_3}=\frac{s_2}{\frac{10}{6}s_2+s_2+3s_2}=\frac{s_2}{\frac{34}{6}s_2}=\frac{1}{\frac{34}{6}}=\frac{6}{34}=\frac{3}{17}\approx 0{,}176$$

$$\frac{s_3}{s_1+s_2+s_3}=\frac{s_3}{\frac{10}{18}s_3+\frac{1}{3}s_3+s_3}=\frac{s_3}{\frac{17}{9}s_3}=\frac{1}{\frac{17}{9}}=\frac{9}{17}\approx 0{,}529$$

Bei einer Bruterfolgsquote von $a=\frac{5}{9}$ pro Elternvogel und Jahr stellt sich langfristig eine stationäre Verteilung ein, die zu ca. 29 % aus Vögeln der Altersgruppe 1, zu ca. 18 % aus Vögeln der Altersgruppe 2 und zu ca. 53 % aus Vögeln der Altersgruppe 3 bestehen würde.

c) (1) Es handelt sich bei der Übergangsmatrix M um eine 2×2-Matrix, da der Übergangsgraph nur 2 Knoten enthält.

Die Matrix hat folgende Gestalt:

$$M=\begin{pmatrix}0 & 0{,}8\\ 0{,}5 & 0{,}6\end{pmatrix}$$

Denn aus dem Graphen sind die folgenden beiden Gleichungen abzuleiten:

$x_1=0{,}8x_2$

$x_2=0{,}5x_1+0{,}6x_2$

(2) Bei dieser Vogelart gibt es nur zwei Altersgruppen, wobei die erste Brut schon im 2. Lebensjahr stattfindet. Die Überlebensrate beträgt im 1. Lebensjahr 0,5 und in den folgenden Lebensjahren 0,6.
Der Bruterfolg beträgt 0,8 Jungvögel pro Elternvogel.

(3) Durch Probieren erhält man:

$$M^n\cdot\begin{pmatrix}1\,000\\ 1\,000\end{pmatrix}\approx\begin{pmatrix}857\\ 1\,071\end{pmatrix}$$

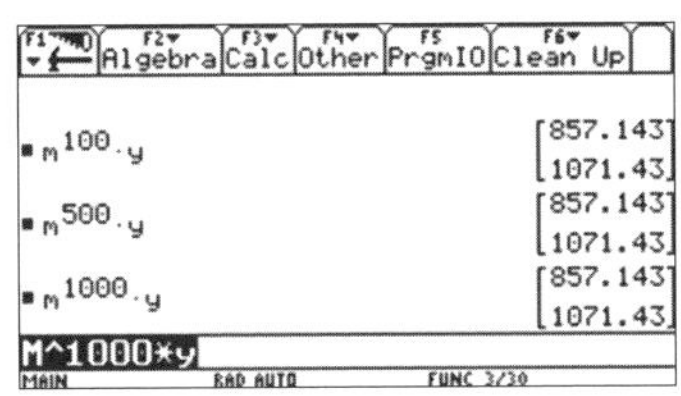

Dies gilt für alle hinreichend großen n und man erhält somit offensichtlich eine stationäre Verteilung:

$$\vec{s}\approx\begin{pmatrix}857\\ 1\,071\end{pmatrix}$$

Folglich ist der Bestand nicht gefährdet.

Ihre Meinung ist uns wichtig!

Ihre Anregungen sind uns immer willkommen. Bitte informieren Sie uns mit diesem Schein über Ihre Verbesserungsvorschläge!

Titel-Nr.	Seite	Vorschlag

Bitte hier abtrennen

Lernen • Wissen • Zukunft

STARK

Bitte hier abtrennen

Zutreffendes bitte ankreuzen!

Die Absenderin/der Absender ist:

- ☐ Lehrer/in in den Klassenstufen: ____
- ☐ Fachbetreuer/in
  Fächer: ____
- ☐ Seminarlehrer/in
  Fächer: ____
- ☐ Regierungsfachberater/in
  Fächer: ____
- ☐ Oberstufenbetreuer/in
- ☐ Schulleiter/in
- ☐ Referendar/in, Termin 2. Staats-
  examen: ____
- ☐ Leiter/in Lehrerbibliothek
- ☐ Leiter/in Schülerbibliothek
- ☐ Sekretariat
- ☐ Eltern
- ☐ Schüler/in, Klasse: ____
- ☐ Sonstiges: ____

Unterrichtsfächer: (Bei Lehrkräften!)

____

STARK Verlag
Postfach 1852
85318 Freising

24-V_Abi

Bitte ausfüllen und im frankierten Umschlag an uns einsenden. Für Fensterkuverts geeignet.

Kennen Sie Ihre Kundennummer? Bitte hier eintragen.

Absender (Bitte in Druckbuchstaben!)

Name/Vorname

Straße/Nr.

PLZ/Ort/Ortsteil

Telefon privat

Geburtsjahr

E-Mail

Schule/Schulstempel (Bitte immer angeben!)